遊戲開發講座｜基礎知識與RPG遊戲

廣瀨豪 著・許郁文 譯

- Python 為 Python Software Foundation 的註冊商標。
- 書中提及之公司名稱、商品名稱、服務名稱皆為各公司商標或註冊商標，內文中的 TM 或 的符號皆予以省略。
- 本書於 Windows 10 或 Mac OS High Sierra 確認執行過程。
- 本書使用的 Python 為 3.7.3 版，Windows 版與 Mac 版的版本相同。
- 本書介紹的軟體版本、URL 或相關畫面皆為執筆之際的版本（2019 年 7 月），上述內容有可能變更。若因本書的介紹的內容或操作產生任何損害，請恕作者與出版社不負任何責任。本書於製作之際已力求正確，惟內容有誤或不正確時，請恕本社不予負起任何責任。

序言

本書是由**專業遊戲開發者撰寫的遊戲開發入門書**，內容主要是以初學者也能快速上手的 Python 解說遊戲製作技術。

筆者在遊戲業界製作遊戲已 25 年（本書執筆之際），最初在大型遊戲開發商及中型開發商服務，後來創立遊戲製作公司，開發南夢宮（namco）與 SEGA 的遊戲，也與擁有忠實群眾的老牌遊戲開發商 KEMCO 攜手開發多種角色扮演遊戲。筆者根據過去的遊戲開發成績及在大學、專門學校教授程式語言的經驗，寫出了這本淺顯易懂的 Python 程式設計與遊戲開發技術的書。**不管是從未接觸 Python 或程式設計的讀者，還是已經擁有程式設計能力的讀者，都能透過本書在最快的時間之內，學到遊戲開發的技術**。

我想，有些讀者希望自己成為遊戲開發者，有些讀者則想學會 Python 程式設計語言，因此本書會在一開始簡單地介紹 Python 的基礎，之後的篇幅則用來解說遊戲開發技術。由於解說的都是於**工作現場實際使用的技術**，所以想成為遊戲開發者的讀者日後一定能將這些技術應用於實務上。如果只是基於興趣，想試看看遊戲開發是怎麼一回事的讀者，也能從本書學到需要的知識。想學習 Python 的讀者，也能從遊戲製作這項主題開心地學習。前言的最後一節（P.17）會解說該如何依照各位的應用程式使用本書，還請大家務必參閱。

請容我藉此機會分享一下教授遊戲開發過程中的感受。在教遊戲開發時，學生只要有不懂的地方，就會立刻舉手說「老師，我這邊不太懂」。等到角色真的動起來，或是能呈現想要的畫面時，教室裡總會歡聲四起。每位學生都很愛上課，整個教室也充滿活力，我想，這正是因為學生們很享受遊戲開發這件事。

對於筆者來說，開發遊戲既是興趣也是工作，**玩遊戲固然開心，但開發遊戲也很有趣**。筆者比誰都清楚這點，所以才準備了許多內容簡單易懂的程式及各種圖片與音效，希望大家能跟著筆者一起享受開發遊戲的快樂。但願本書能在開發遊戲的路上助各位一臂之力。

二〇一九年春　廣瀨豪

Contents

Chapter 9 掉落物拼圖

Chapter 10 Pygame的使用方法

Chapter 11 開發正統的RPG遊戲！（上篇）

導言 本書的使用方法

在此為大家介紹於本書登場的兩位解說員，以及在開始前必須先知道的資訊，例如接下來要製作的遊戲與支援頁面的使用方法。

登場人物資料

筆者除了在遊戲業界創造了不錯的成績，也在教育現場指導程式設計，這次打算透過本書鉅細靡遺地解說以 Python 開發遊戲的技術。

應邀幫忙解說的是這兩位 Python 高手，能帶著大家突破難關，正確地理解教學內容。

水鳥川菫

年輕的科技企業女性經營者，於母校慶王大學擔任客座教授。

夢想是「創造前所未有的社群服務」。

白川彩華

慶王大學研究所，電子資訊研究科的研究生，是擅長 Python 的理科女子。就讀大學時，曾上過菫的程式設計課，因此愛上 Python，之後便進入研究所研究程式設計與演算法。目前是菫的助教。

夢想是「自行創造能快速撰寫的程式語言」；煩惱是「每天起床時，頭髮都亂翹」。

本書將帶大家製作遊戲

本書的最終目標是「製作正統的 RPG」，過程中，會帶大家製作九個遊戲，難度則是循序漸進，也於附錄提供三個遊戲程式。

完成這些遊戲之後，你的遊戲製作技巧肯定會加倍成長。

Chapter 5

- **猜謎遊戲**

  輸出問題，判斷玩家答案的程式。

- **大富翁**

  透過函數及亂數與電腦對戰的大富翁。

- **尋找消失的英文字母**

  從英文字母之中找出缺少的字母。

Chapter 6 抽籤遊戲

視窗會有一名巫女，按了按鈕就會顯示抽籤結果的遊戲，會隨機顯示大吉、中吉、小吉、凶。

Chapter 7 貓咪相似度診斷程式

這是診斷前世是否為貓咪的程式，可於「透過吃過的拉麵診斷是否為拉麵愛好者」這類主題使用。

Chapter 8 塗抹迷宮地板

這是移動貓咪，塗滿迷宮地板就過關的遊戲。可自行追加標題畫面或是關卡。

Chapter 9 掉落物拼圖

三隻同色的貓咪於垂直、水平與傾斜方向並列時，就能消掉這些貓咪，增加分數的遊戲。具有標題畫面與遊戲結束畫面。

Chapter 10 動畫

利用 Python 擴充模組「Pygame」製作勇者一行人走路的動畫。從中可學到 Pygame 的基礎及畫面捲動的技術。

One hour Dungeon

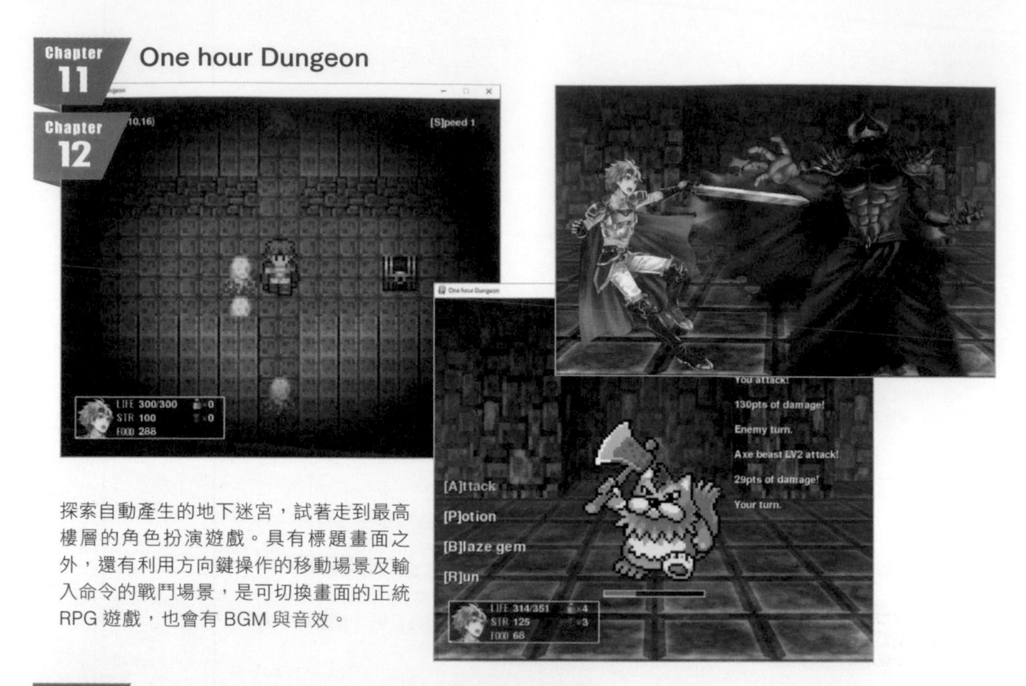

探索自動產生的地下迷宮，試著走到最高樓層的角色扮演遊戲。具有標題畫面之外，還有利用方向鍵操作的移動場景及輸入命令的戰鬥場景，是可切換畫面的正統 RPG 遊戲，也會有 BGM 與音效。

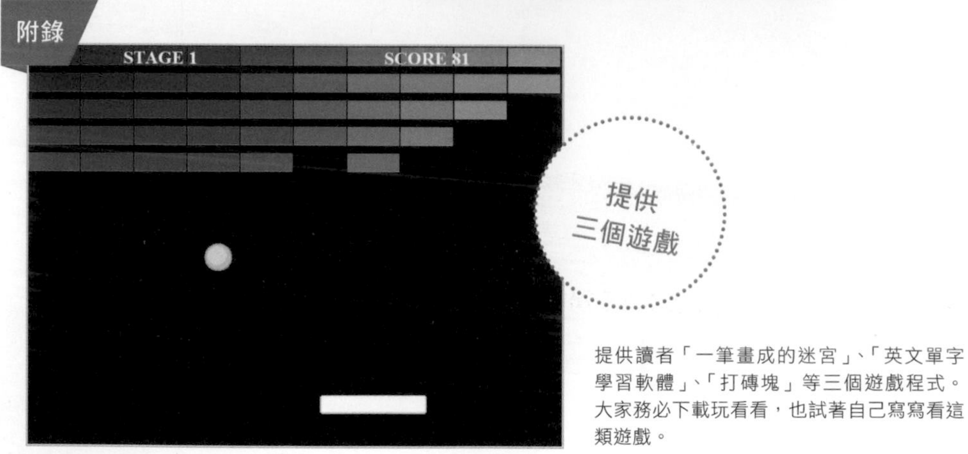

提供讀者「一筆畫成的迷宮」、「英文單字學習軟體」、「打磚塊」等三個遊戲程式。大家務必下載玩看看，也試著自己寫寫看這類遊戲。

››› 範例檔使用方式

本書介紹的範例檔可從以下網址下載：

- **範例檔下載頁面：http://books.gotop.com.tw/download/ACG006300**

範例檔為加密的 ZIP 格式，解壓縮時，**請輸入 P.373 的密碼。解壓縮之後**，各章的範例檔會如下頁的圖示，分別存放在不同的資料夾。

本書說明範例檔時會標記資料夾與檔案名稱，方便大家了解目前使用的是哪個範例檔。如果自行輸入程式碼，卻無法正常執行的話，可開啟對應的資料夾，參考範例檔的內容。

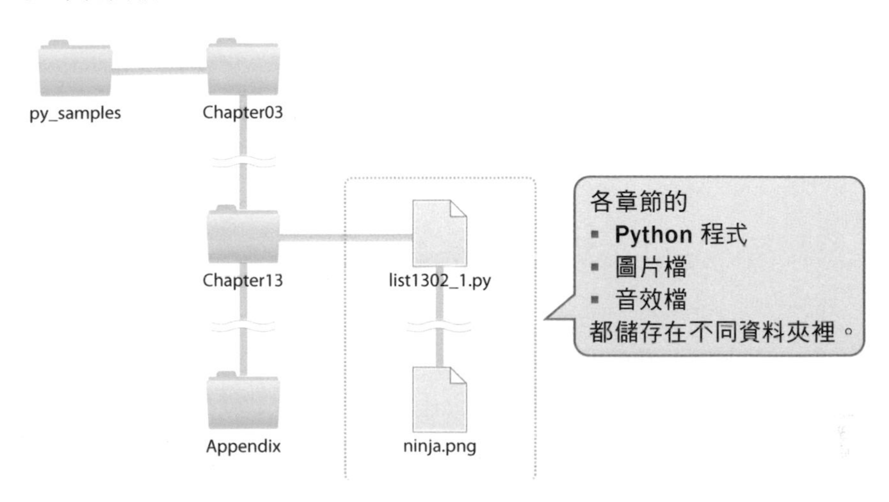

▪ **程式的標記方式**

本書介紹的程式是以**行號、程式、解說**這三行組成。假設程式碼太長，必須分成兩行的話，會讓行號向下移動，空出一行。此外，程式碼的顏色與 Python 開發工具「IDLE」的編輯器一致。

程式碼 ▶ list0602_1.py

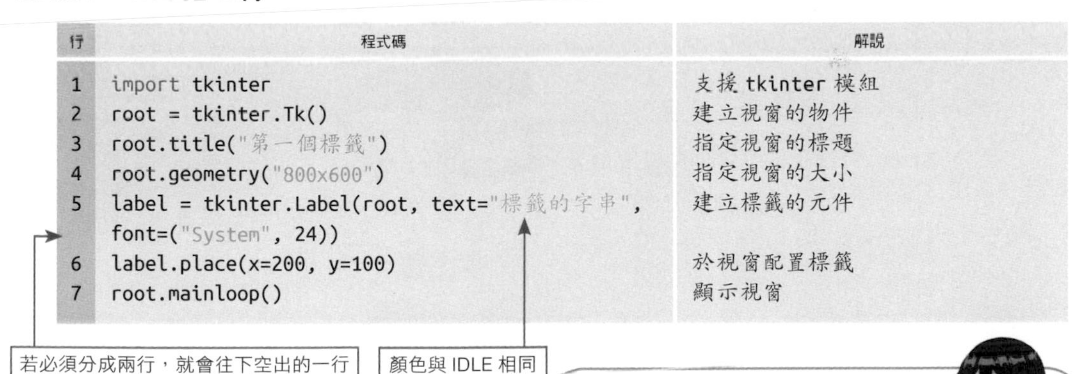

行	程式碼	解說
1	import tkinter	支援 tkinter 模組
2	root = tkinter.Tk()	建立視窗的物件
3	root.title("第一個標籤")	指定視窗的標題
4	root.geometry("800x600")	指定視窗的大小
5	label = tkinter.Label(root, text="標籤的字串",	建立標籤的元件
	font=("System", 24))	
6	label.place(x=200, y=100)	於視窗配置標籤
7	root.mainloop()	顯示視窗

利用編輯器開啟程式碼，比較程式碼內容時，還請多注意顏色喲！

▪ **注意事項**

程式碼、圖片、音效以及其他檔案的著作權雖然皆為筆者所有，但讀者若於個人用途使用，可自行改良或改寫程式碼。

序幕　成為遊戲程式設計師吧！

請容在各種開發第一線打滾許久的筆者，在此聊聊遊戲程式設計師這個職業。有些讀者應該對遊戲業界有點興趣，所以在此打算以「簡單來說，遊戲業界與遊戲開發就是這樣」的口吻來說明遊戲業界。

本書在編排內容時，都是以各位能在最短時間之內學會遊戲開發為目的，本章的最後也會說明如何依照個人程度閱讀本書的方法。

在學習電腦遊戲的程式設計前，不妨先了解一下遊戲業界與遊戲開發是怎麼一回事。

01. 遊戲業界與遊戲設計師

讓我們從「遊戲業界是什麼樣的產業」與「開發遊戲這個職業」這兩個議題開始。請大家看一下圖 0-1-1，遊戲產業就是由遊戲開發商開發遊戲機與軟體，再由使用者購買或是在遊戲內課金，藉此讓商品與金錢在企業與消費者之間流通的業界。

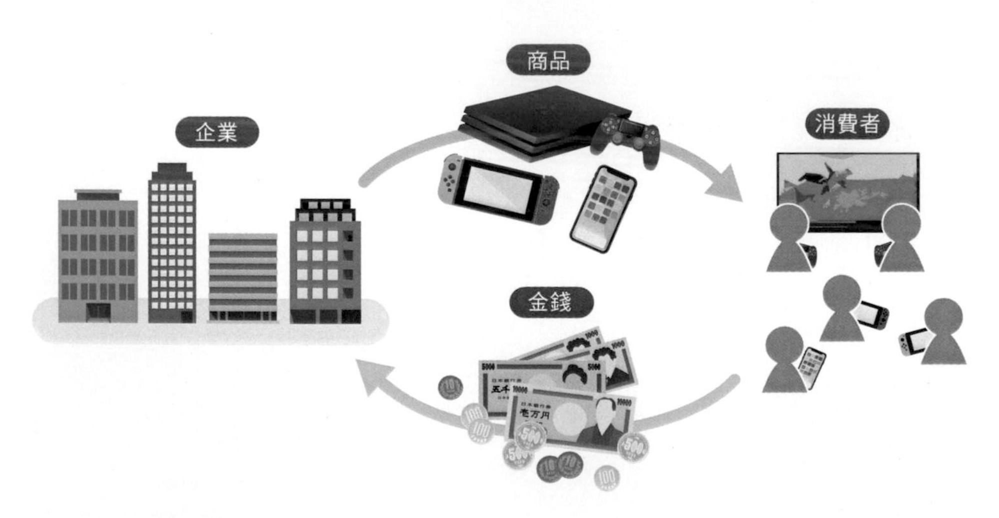

圖 0-1-1　遊戲產業

咦？我好像聽到「誰不知道這種事啊」、「哪個業界不是這樣啊」的聲音，那麼就讓我說得清楚一些。

遊戲產業的市場主要分成營業用與家用，所謂營業用市場就是負責製造遊戲中心的遊戲、製造遊戲機與經營遊戲中心，家用遊戲市場就是由家用硬體與軟體組成的市場。

接著為大家進一步介紹**家用遊戲市場**。

這個市場的主要硬體包含家用遊戲主機、智慧型手機與電腦。很多人知道，長年以來，任天堂與 Sony 都在爭奪家用遊戲主機的市場。自 2010 年開始，智慧型手機的手遊市場※超越家用遊戲主機的市場，許多遊戲開發商也轉型開發智慧型手機的手遊，尤其在社群遊戲的開發不遺餘力。

家用遊戲的商品分成遊戲主機、有包裝的遊戲，或是直接下載在智慧型手機沒有卡匣的數位資料。將遊戲程式儲存在光碟或其他媒體，跟著說明書一起包裝的遊戲稱為**套裝軟體**；直接下載在智慧型手機、電腦的遊戲則稱為下載型程式或**下載型軟體**。不管是哪一種遊戲，都是由遊戲設計師團隊開發，而遊戲設計師分成表 0-1-1 這些職種。

如果是大型專案，會有 30 ～ 40 人參與，規劃師可能只有幾個人，平面設計師可能有十幾名。筆者還任職於遊戲開發商公司時，曾參與過成員十名左右的團隊，著手開發營業用主機與家用遊戲軟體；創業之後，也以只有幾名成員的團隊著手開發遊戲。要有多少團隊成員，以及需要哪些職種參與，端看要開發的遊戲內容及公司的規模決定。

接著就為大家進一步介紹這些職種之一的遊戲程式設計師。

表 0-1-1　遊戲設計師的種類

職種	主要工作內容
製作人	指揮開發專案
總監	管理開發行程
規劃師	規劃遊戲內容與規格
遊戲程式設計師	撰寫程式，讓遊戲動起來
平面設計師	製作平面圖片
音效設計師	製作 BGM 或音效
程式除錯人員	找出遊戲的問題，對遊戲的難易度提出建議

※：這裡說的「市場」是指遊戲業界一整年的營業額。

圖 0-1-2　遊戲是由一群創意人員組隊開發

POINT

不是只有遊戲設計師在工作

聽到「在遊戲業界上班」大家最先聯想到的是什麼？許多人應該會想到有人在寫遊戲程式或是替遊戲畫圖的景象吧？這個業界的確是這個樣子，但可不是只有他們在工作而已喲！

舉例來說，業務或銷售部門的人會幫忙賣遊戲，如果是稍具規模的公司，還會有總務、會計、人資的部門。綜觀整個遊戲業界，有經營遊戲中心的 NAMCO、Sega、TAiTO，還有負責經營遊戲中心的員工與兼職人員，有些人也負責製造營業用遊戲的零件，或是製造與進口夾娃娃機的禮品。

換言之，遊戲業界的工作也是劃分成很多領域的。

02. 遊戲程式設計師是什麼職業？

遊戲程式設計師的工作就是根據規劃師提出的規格書撰寫程式，讓遊戲得以運作，可依照程式設計能力與負責的業務大致分成表 0-2-1 的種類。

除了表格裡的種類外，有些遊戲程式設計師在開發智慧型手機遊戲這類透過網路傳輸資料的遊戲時，負責設計伺服器端的程式。

表 0-2-1　遊戲程式設計師的種類

職種	主要工作內容
系統程式設計師	建立遊戲開發環境的系統程式
核心程式設計師	開發遊戲核心部分的程式設計師。以動作遊戲為例，就是負責設計遊戲整體流程以及讓主角動起來的程式設計師
輔助程式設計師	負責遊戲周邊處理的程式設計師。若以動作遊戲為例，就是負責撰寫敵人的動作或選單畫面的程式設計師

此外，有些程式設計師不只負責開發遊戲，也開發遊戲開發所需的工具軟體。以角色扮演遊戲為例，就是開發地圖製作工具與怪物資料管理工具。

圖 0-2-3　由多位程式設計師分工合作

功能複雜又進階的軟體通常會由多位程式設計師開發，遊戲的開發也是一樣。一個遊戲軟體通常會由系統程式設計師 1 位、核心程式設計師 1 位、輔助程式設計師 3 位所配置的團隊開發，而團隊負責人通常會是系統程式設計師或核心程式設計師。

03. 如何成為遊戲程式設計師

到底該怎麼做，才能成為遊戲程式設計師呢？在此為大家提供一些提示。請將遊戲程式設計師分成兩種，一種是正職的遊戲程式設計師，這類通常是在遊戲公司擔任正職員工或派遣員工的人，另一種則是在遊戲業界之外，以個人興趣的方式設計遊戲的人。

▪ 正職的程式設計師

要成為遊戲程式設計師必須先經過遊戲公司的筆試，不管是應屆畢業生或一般的應徵者，遊戲公司會在面試時，要求應徵者能夠立刻派上用場。

參加遊戲設計師的面試時，通常必須提出自己的作品。舉例來說，如果應徵程式設計師的職位，通常得提出自己製作的遊戲程式；如果是設計師的話，就得拿出插圖或 3DCG 這類檔案。本書則是為了想成為正職遊戲程式設計師的人，介紹程式設計的知識與技術。有些遊戲公司會要求應徵者拿出以 C 語言或 Java 開發的作品，不過，在本書學到的程式設計與遊戲開發技術，一樣能應用於其他的程式語言。

該公司的程式設計師不僅會確認作品的內容，還會確認程式碼的寫法。如果程式碼的內容很容易當機，或是不容易閱讀，就可能不會採用；反之，如果程式碼正確無誤，就很有可能應徵成功。

如果程式碼的內容有很多多餘的部分，就很容易有錯，而本書介紹的程式碼都力求精簡，如果想應徵遊戲公司的話，可參考本書介紹的程式碼，從中了解什麼是「精簡的程式碼」。

▪ 當作興趣的程式設計

有些人可能是一邊從事正職，一邊在網路上公開自己開發的遊戲。如果各位讀者也想成為這樣的遊戲程式設計師，可試著學習程式設計與遊戲開發的技術，並在網路上發表自己設計的遊戲，有朝一日也能成為遊戲程式設計師。

如果讓很多人玩自己開發的遊戲，建立屬於自己的社群，最後或許還能因此獲利。現在已是能透過網路發表個人作品的美好時代，請大家務必挑戰看看。

那麼該如何學習遊戲程式設計師呢？接著就為大家說明本書的學習流程。

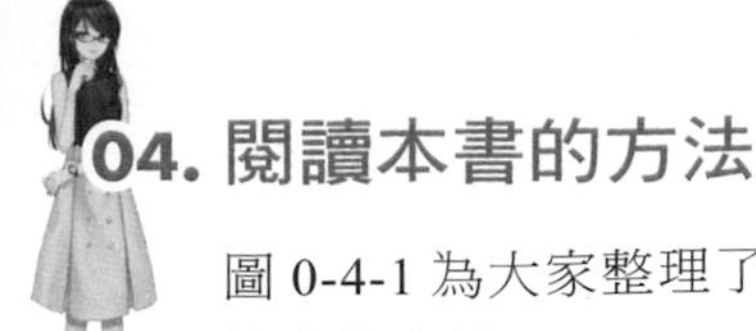

04. 閱讀本書的方法

圖 0-4-1 為大家整理了各章的學習內容，大家可依照自己的程式設計能力選讀適當的章節。

假設是常使用 Python 的人，可試著從第 5 章開始閱讀，假設稍微接觸過 Python，但是對 Python 沒什麼自信的話，可以從第 3 章開始。如果你已經很熟悉 Python，想要利用 Pygame 開發道地的遊戲，可以從第 10 章開始閱讀。

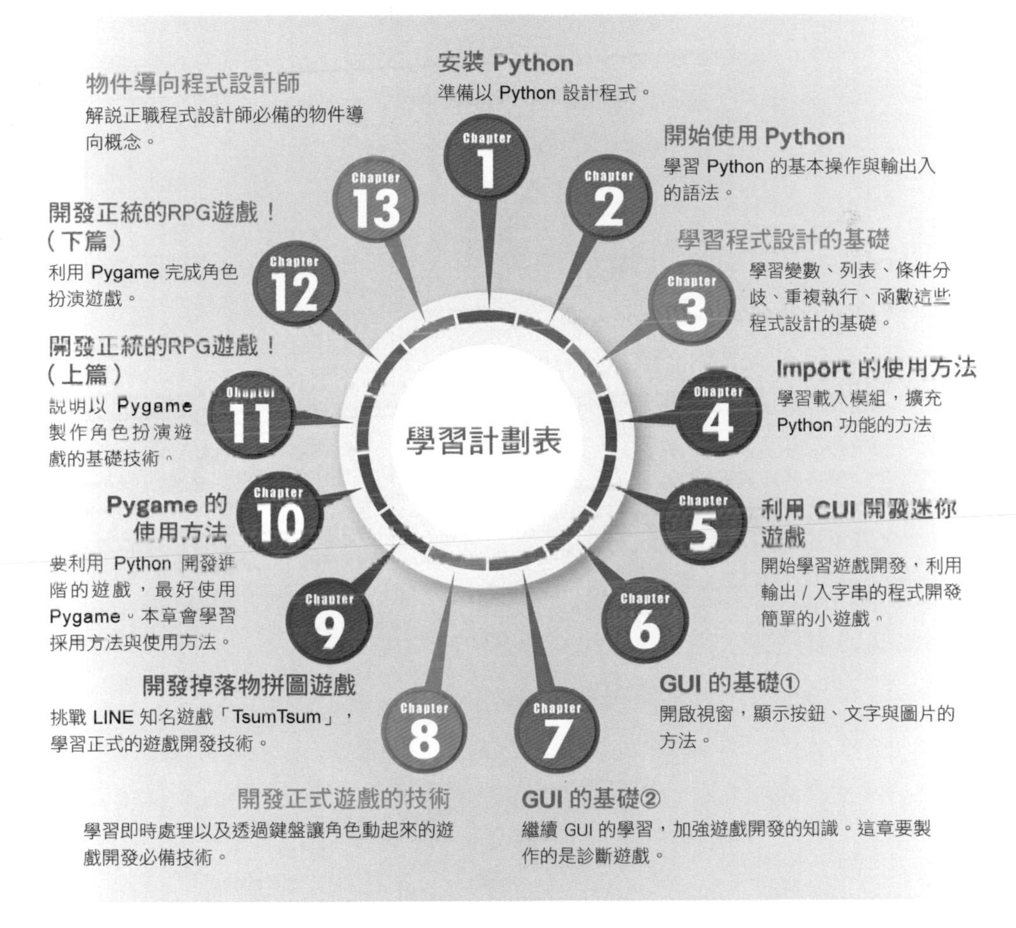

圖 0-4-1　遊戲開發的學習路線圖

以遊戲程式設計師為興趣的讀者，大概讀到第 9 章就能自行開發原創遊戲了。

若是想利用 Python 開發高階遊戲的讀者，則可閱讀第 10 章的 Pygame。第 11 ～ 12 章是利用 Pygame 開發角色扮演遊戲（RPG）。筆者認為，**如果具有開**

發 RPG 的技術，大概就能開發其他種類的遊戲，因為開發 RPG 遊戲需要很高階的技術，本書也盡力將相關技術介紹得簡單易懂一點。

最後的第 13 章則是為了想成為正職程式設計師的讀者所寫，主要的內容是介紹物件導向程式設計的概念。

Python 雖是淺顯易懂的語言，卻也有一些讓程式設計初學者望而卻步的內容。如果遇到不懂的地方，建議大家貼張便條紙，先跳過就好，因為隨著程式設計的知識增加，就能解開原本的疑惑，所以可以先繼續讀下去，之後再回過頭來讀就好。

接下來我們會帶大家一起學習，沒學過程式設計的讀者就放輕鬆準備開始吧！

COLUMN

成為程式設計師的好處

簡單來說，成為程式設計師的好處就是很容易換工作，也很容易獨立創業，這是筆者多年擔任程式設計師的結論。筆者曾在 NAMCO 擔任規劃師，卻因為會寫程式而跳槽到任天堂的子公司，之後也因為有程式設計能力而開了公司。

電腦相關產業與利用電腦推動的商業今後將繼續發展與茁壯，許多企業也隨時在招募程式設計師與其他的技術人員，擁有技術的人隨時都找得到工作。程式設計也是一技之長，能夠寫出正確程式的能力可說是一種無形的「證照」。

或許某些讀者有「我想創立遊戲公司」的野心，而在程式設計師、規劃師、平面設計師中，最容易獨立創業的就是程式設計師。開發遊戲當然需要平面設計師或音效設計師的協助，但這些素材通常可以發包給公司製作，而且隨時都可以找得到。雖然這些事情都需要支付製作費，但如果是程式設計師，就能利用這些素材開發出遊戲。但規劃師或設計師若要獨立創業，通常很難找到程式設計師。

假設想「透過一技之長過活」，程式設計的技術絕對是一大利器。

本章要為大家介紹 Python 程式設計語言，並帶著大家安裝 Python。有些程式語言的安裝與設定非常複雜，但 Python 的安裝很簡單，而且安裝完畢就能使用。

安裝 Python

Chapter 1

Lesson 1-1

何謂 Python ?

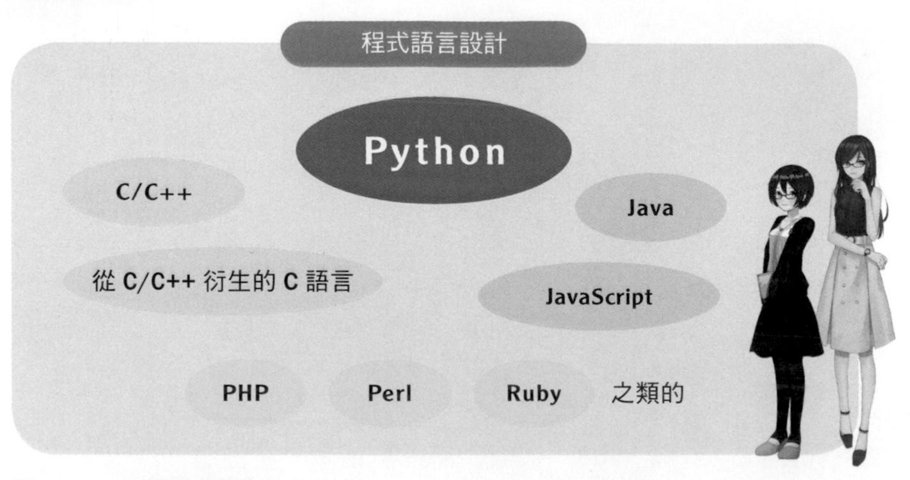

圖 1-1-1　各種程式語言

上圖列出一些主要的程式設計語言。在這些程式設計語言之中，Python 算是語法較為簡單的一種，而且 Python 的程式一寫完就能執行並確認是否能正常運作，所以是非常適合初學者學習的程式設計語言。

Python 內建了開發各種程式的功能。安裝 Python 時，會連帶安裝標準函式庫，其中有許多開發各種軟體的模組，例如月曆模組、圖形使用者介面（GUI）模組、計算絕對值及三角函數等數學模組。

除了標準函式庫的模組之外，全世界的開發人員開發出各種擴充功能的模組，都能自由使用。本書一開始會先帶著大家使用標準函式庫開發遊戲，之後再帶著大家利用 Pygame 擴充模組開發角色扮演遊戲。

HTML 是用來撰寫網頁的語言之一，通常被稱為標記語言，藉此與 Python 或 C 語言的程式設計語言作區分。

Lesson 1-2 安裝 Python

Python 分成 2.x 與 3.x 兩個系列的版本，2.x 系列已停止更新，轉為 3.x 系列，所以本書使用目前持續更新的「3.x 系列」。

接著說明 Windows 與 Mac 的安裝方式。假設各位使用的是 Mac，請參考 P.23 的內容。

在 Windows 安裝 Python 的方法

以瀏覽器連線至 Python 官方網站。

https://www.python.org/

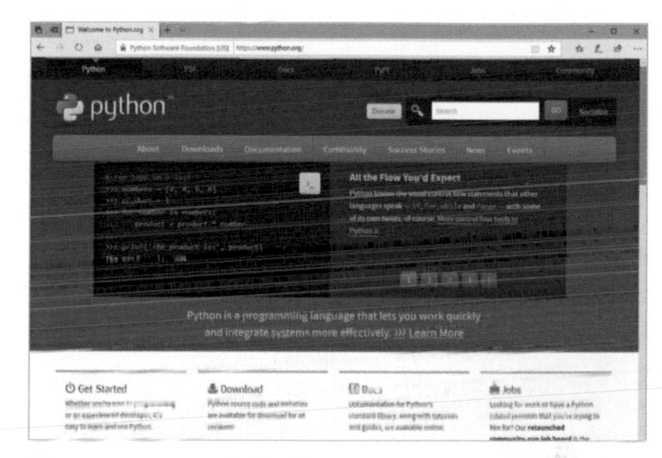

圖 1-2-1　Python 官方網站

❶ 點選「Downloads」，❷ 再點選「Python 3.*.*」。

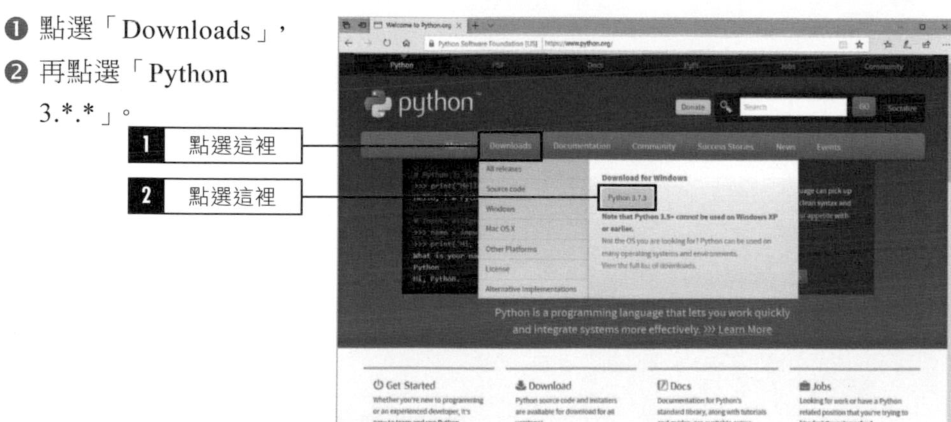

圖 1-2-2　下載安裝程式

❸ 點選「存檔」再執行下載的安裝程式。

3 點選這裡（也可以點選「執行」）

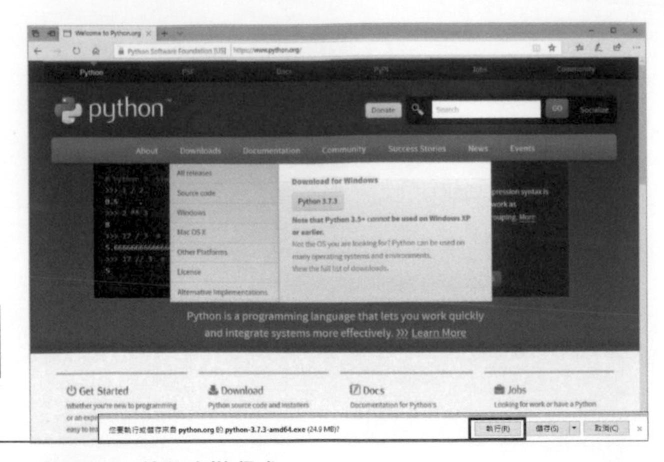

圖 1-2-3　執行安裝程式

❹ 勾選「Add Python 3.* to PATH」，再點選

❺「Install Now」，繼續安裝。

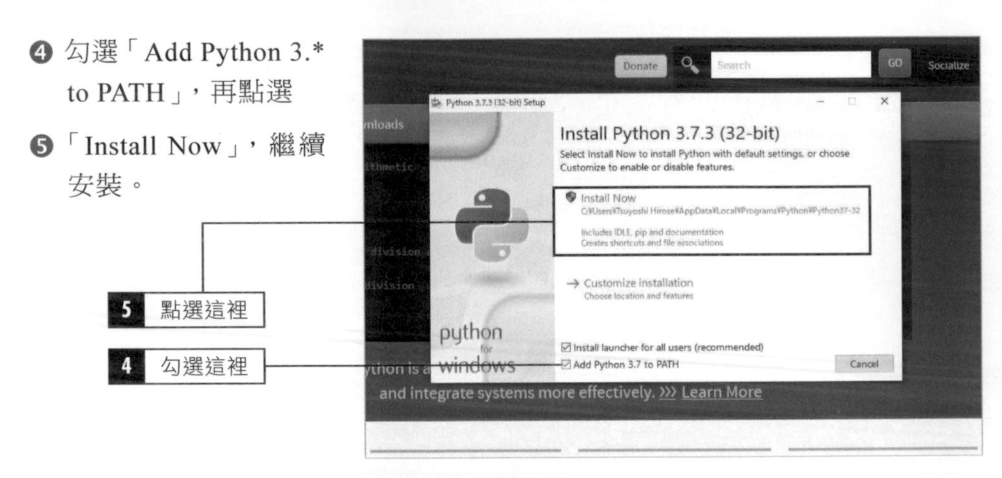

圖 1-2-4　繼續安裝

❻ 在「Setup was successful」的畫面點選「Close」結束安裝。

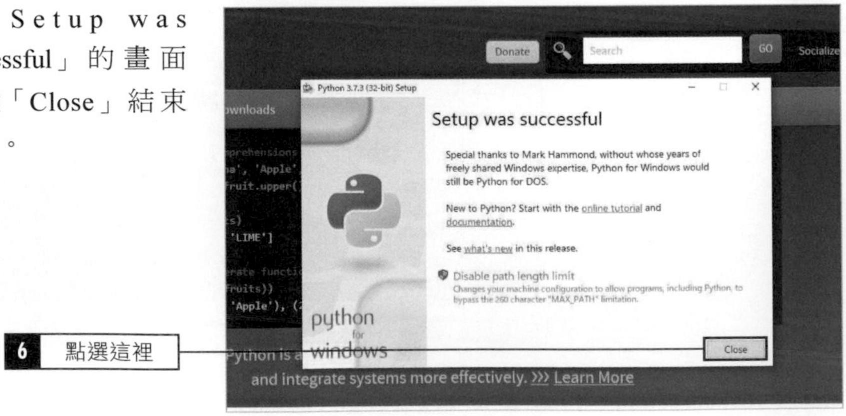

6 點選這裡

圖 1-2-5　安裝完畢

POINT

本書於執筆之際，曾試著在多台電腦安裝 Python，有些電腦會在點選「執行」之後，於「Setup Progress」畫面顯示「Initialing…」的字眼，然後就當住幾分鐘。此時可以先放著不管，等到「Setup was successful」顯示為止。電腦規格與網路速度的差異都會影響安裝速度。

》》 在Mac安裝Python的方法

以瀏覽器連線至 Python 官方網站。

https://www.python.org/

圖 1-2-6　Python 官方網站

❶ 點選「Downloads」，
❷ 再點選「Python 3.*.*」。

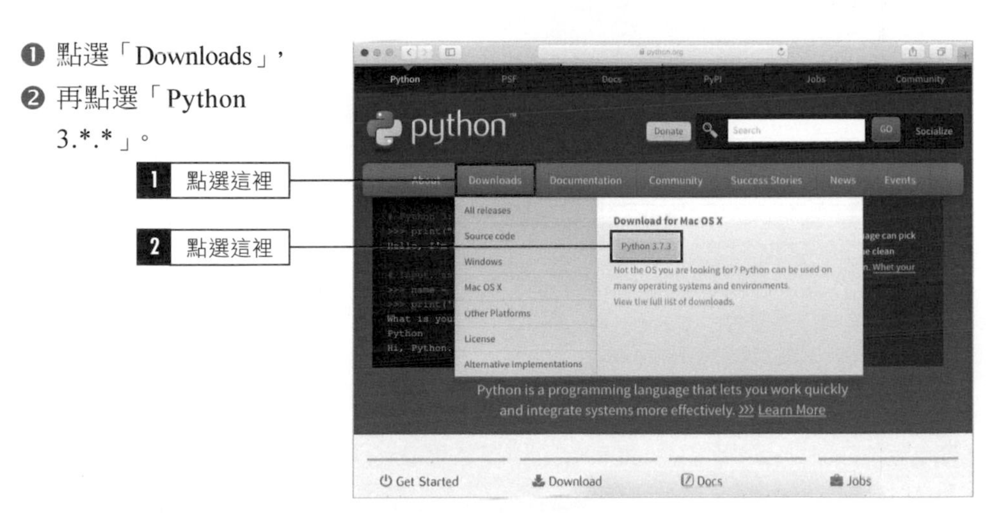

圖 1-2-7　下載安裝程式

❸ 點選下載的「python-3.*.*-macosx***.pkg」。

圖 1-2-8　開啟安裝程式

❹ 點選「繼續」，開始安裝。

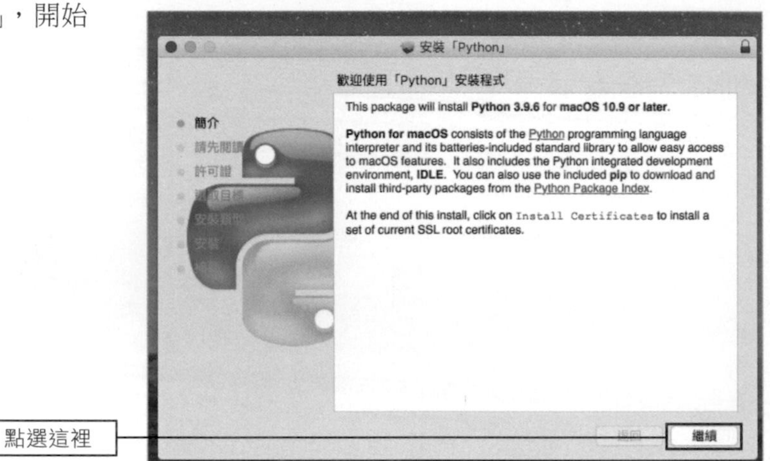

圖 1-2-9　開始安裝

❺ 點選「同意」，繼續安裝

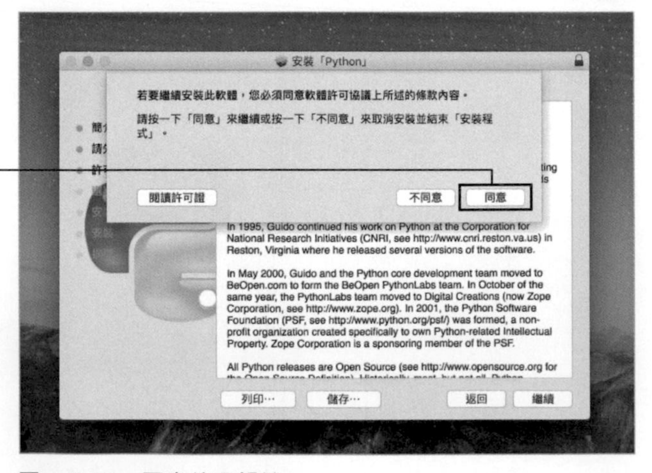

圖 1-2-10　同意使用規範

❻ 不需自訂安裝，直接下一步即可。

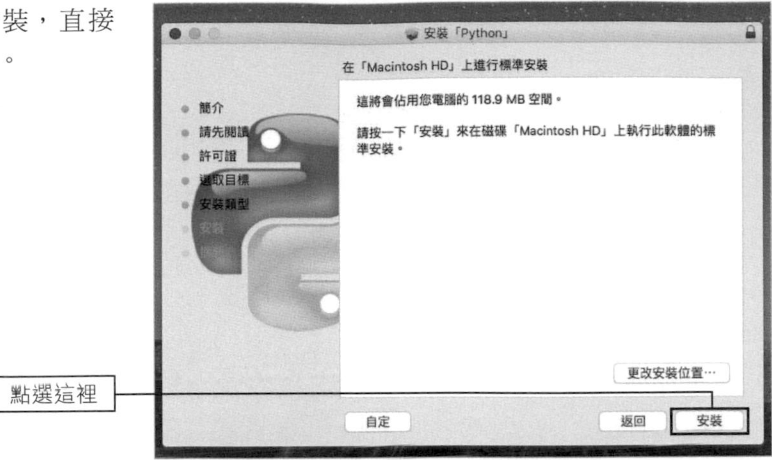

圖 1-2-11　安裝

❼ 安裝結束後，點選「關閉」，安裝就完成了

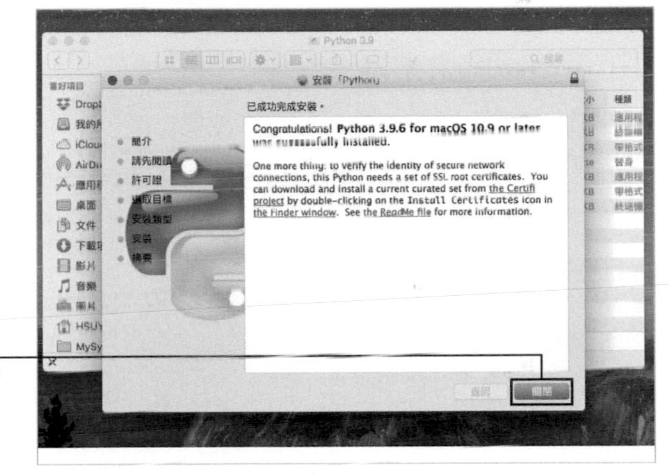

圖 1-2-12　安裝完畢

Lesson 1-3 啟動 Python

Python 內建了「IDLE」這個綜合開發環境，可讓使用者輸入與執行程式。本書也會使用 IDLE 來輸入與執行程式，確認程式是否能正常運作。

一開始先說明什麼是綜合開發環境，接著再帶大家啟動 Python 的 IDLE。

綜合開發環境

綜合開發環境就是開發軟體的工具，大部分都可從網路下載，而且是免費的。如果是高階的綜合開發環境，還能分段執行程式，找到程式的錯誤，或是附帶圖片、音效檔案管理工具。綜合開發環境有時也取 Integrated Development Environment 的首字，簡稱為 IDE。

Python 內建的 IDLE 雖是功能精簡的綜合開發環境，但也足以應付程式設計初學者學習所需，也能開發一些玩票性質的遊戲。本書從程式設計的學習到遊戲製作都使用這個 IDLE 進行解說。

除了 IDLE 之外，也可以使用各自順手的文字編輯器，如「Brackets」或「Sublime Text」這類免費的文字編輯器都很好用，我們也將在第 2 章介紹。

啟動 IDLE

Windows 與 Mac 的啟動方法分別如下。

▪ 在 Windows 啟動 IDLE

點選「開始選單」→「Python3.* → IDLE（Python3.* **-bit），啟動 IDLE。

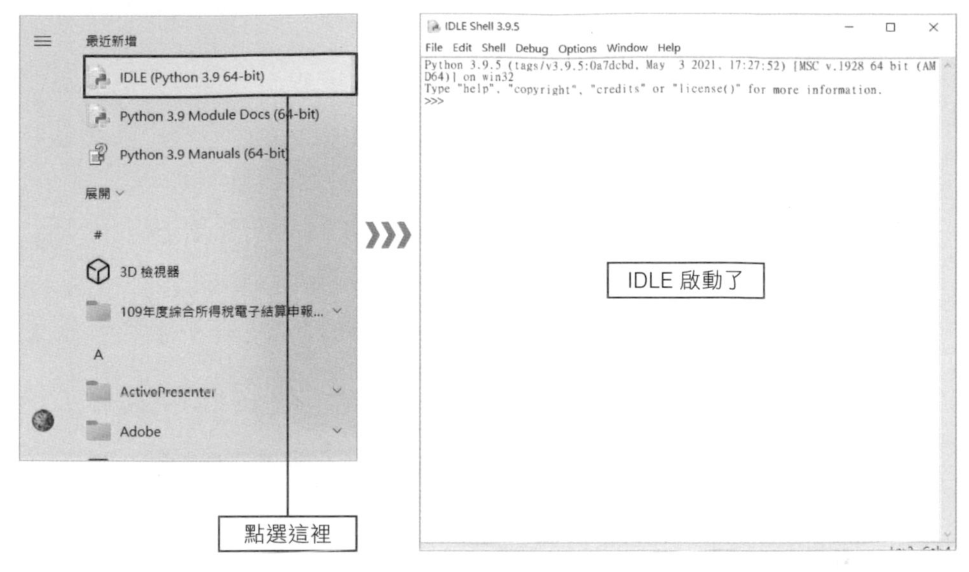

圖 1-3-1　在 Windows 啟動 IDLE

▪ 在 Mac 啟動 IDLE

從 Launchpad 啟動 IDLE。

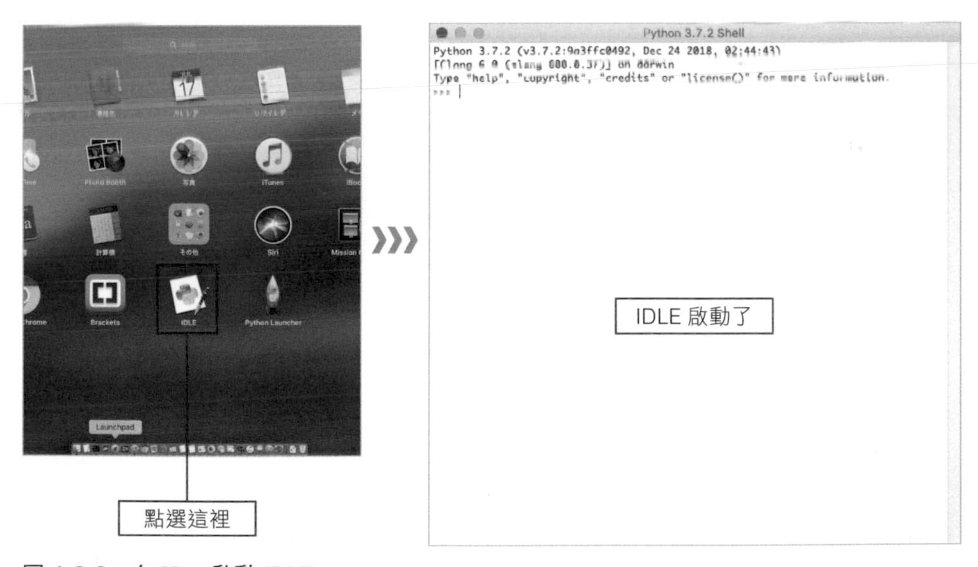

圖 1-3-2　在 Mac 啟動 IDLE

下一章要在這個 IDLE 輸入簡單的算式與命令，並確認程式的執行過程。

COLUMN

遊戲設計師收入好嗎？

先說結論。有些人因為開發了超級熱賣的大作，從此過著不愁吃穿的日子；有些人卻只能一輩子領著月薪過活。遊戲產業本來就是收入差距巨大的行業。

遊戲軟體是不太容易熱賣的商品。很常聽到花了幾億日圓開發的遊戲最後只回收幾千萬日圓的故事；也有只花幾千萬日圓製作，最後回收幾億，甚至是幾十億日圓的遊戲。許多遊戲都處於虧損狀態，或者充其量是銷售額與開發成本大致相同的產品（銷售至最終才回收開發費用）。大部分的遊戲公司經營者都是在好不容易推出巨作之後才鬆口氣，這也是這個業界的現狀。

筆者經營的製作公司規模很小，所以不太可能碰到開發費用以億為單位的專案。過去曾斥資 2000 萬日圓開發遊戲，可是最後回收的利潤不到開發費用的十分之一，但也曾經開發過利潤是開發費用數倍的作品。

我身邊有一些尚未推出巨作卻還是堅持開發遊戲的朋友，他們的經驗與人脈都很豐富，也很開心地設計遊戲；也有一些成功創立遊戲開發公司的朋友；當然也有因為公司倒閉而離開遊戲業界的朋友。不管是想開發出巨作，還是把開發遊戲當成一輩子的興趣，都算是遊戲設計師。

接下來開始設計 Python 的程式。首先，我們在 IDLE 輸入算式與命令，讓電腦執行一些簡單的處理。熟悉基本操作之後，再製作程式檔案與輸入程式。

開始使用 Python

Lesson 2-1

試著計算

讓我們透過 IDLE 讓電腦進行簡單的四則運算。

把IDLE當成計算機使用

開啟 IDLE 之後，IDLE 會進入 Shell 視窗的狀態。

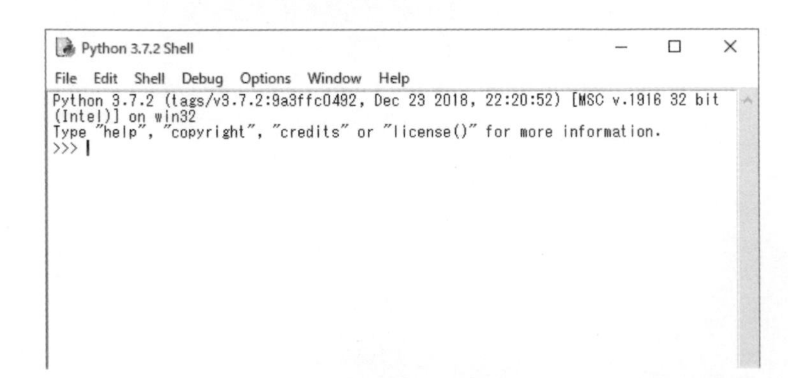

圖 2-1-1
Shell 視窗

Shell 視窗的「>>>」稱為**命令提示字元**或提示字元，也就是提醒使用者輸入命令的字元。仿照下面的畫面，在這裡輸入「1+2」再按下 Enter 鍵（Mac 為 return，之後敘述統一為 Enter 鍵）。**給電腦的命令通常都是半形字元**，所以不管是數字還是符號「+」，都要以半形字元輸入。

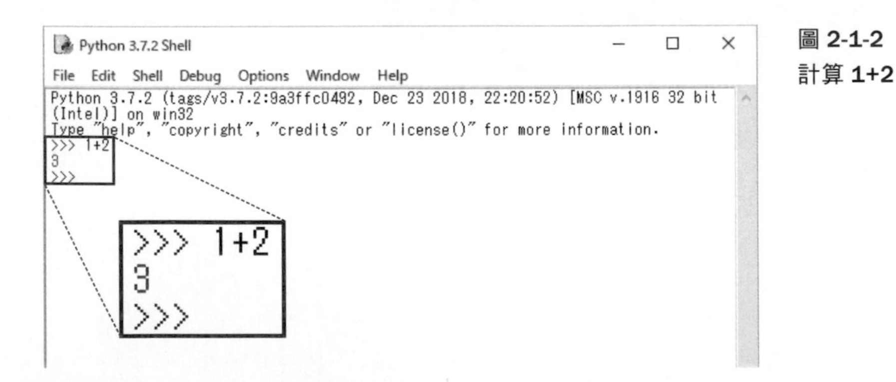

圖 2-1-2
計算 1+2

執行後會顯示計算結果的 3。

接著輸入「10-3」再按下 Enter 鍵，會顯示計算結果的 7。由此可知，IDLE 的 Shell 視窗具有計算機功能。

四則運算的運算子

可在電腦進行四則運算（加法、減法、乘法、除法）的符號如下，這些用於計算的符號又稱**運算子**。

表 2-1-1　四則運算的運算子

四則運算	數學符號	電腦的符號（運算子）
加法	＋	+
減法	－	-
乘法	×	*
除法	÷	/

除了加法與減法之外，也試著執行乘法與除法。假設算式與命令的後面寫有 Enter，就代表輸入完成後要按下 Enter 鍵。

```
>>>7*8 Enter
```

會輸出 56

```
>>>10/2 Enter
```

會輸出 5.0

若輸入「10/0」這種**分母為 0 的除法算式就會顯示錯誤**。一如數學的運算規則一樣，分母不可以為零，電腦也不接受分母為零的計算。

也能輸入比較長的算式，或使用 () 計算，運算規則和一般的數學一樣，先乘除後加減、() 內的先計算。

```
>>>(5+2)*(4-1) Enter
```

會輸出 21。

Python 的 IDLE 與計算機不一樣，可直接輸入 () 的算式與算出答案。

Lesson

2-2 輸出字串

電腦會處理數值或字串這類資料。舉例來說，遊戲角色的生命值就是數值，姓名則是字串，字串要使用雙引號（"）括住。讓我們用 IDLE 一邊學習輸出字串的方法，一邊熟悉 Python。

››› print()的使用方法

請試著在 IDLE 的命令提示字元輸入「你好」再按下 Enter，此時應該會輸出下列的錯誤訊息。

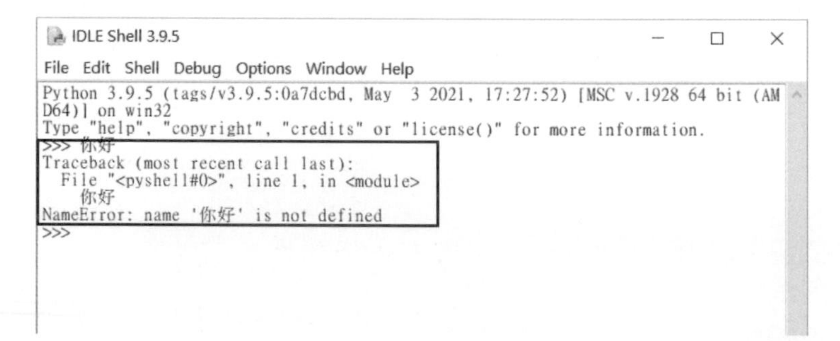

圖 2-2-1
輸出字串時的錯誤

就算輸入半形字元的「Hello」，也一樣會顯示錯誤。其實這與字元是全形或半形無關，要輸入**字串**都要使用 **print() 命令**。

接著請輸入「print(" 你好 ")」，再按下 Enter 鍵，應該可順利輸出「你好」。

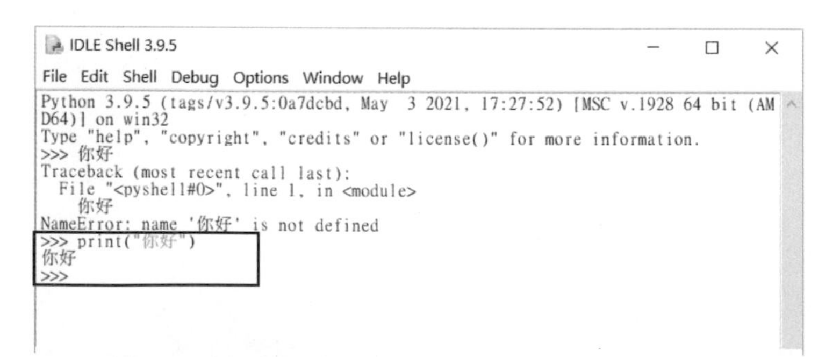

圖 2-2-2
利用 print() 正確輸出字串了

Python 的字串可用**雙引號**（"）或**單引號**（'）括住，本書統一使用雙引號。

Lesson 2-3

輸出月曆

Python 可透過模組使用許多功能，這節為大家介紹使用月曆模組的方法。

模組的使用方法

於 Lesson 2-1 進行的計算及 Lesson 2-2 執行的 print() 命令都不需要事前準備，只需要輸入算式或命令再按下 Enter 鍵就能執行。要使用月曆功能必須先**載入**（**import**）calendar **模組**。

我們實際使用看看：請先在 IDLE 的命令提示字元輸入下列的命令。

```
import calendar  Enter
```

接著

```
calendar.month(2019, 5)  Enter
```

再輸入上述的命令，就會輸出下列的內容。

```
>>> import calendar
>>> calendar.month(2019,5)
'      May 2019\nMo Tu We Th Fr Sa Su\n       1  2  3  4  5\n 6  7  8  9 10 11 1
2\n13 14 15 16 17 18 19\n20 21 22 23 24 25 26\n27 28 29 30 31\n'
>>>
```

圖 2-3-1　利用模組顯示月曆

輸入 calendar.month(西曆 , 月) 再按下 Enter 鍵，就會執行 calendar 模組的 month()，輸出每個月的英文名字與一週「星期」的英文簡寫與日期，但這樣不太容易閱讀。

利用 Lesson 2-2 的 print() 命令，輸入下列程式。

```
print(calendar.month(2019, 5))  Enter
```

```
>>> print(calendar.month(2019,5))
      May 2019
Mo Tu We Th Fr Sa Su
       1  2  3  4  5
 6  7  8  9 10 11 12
13 14 15 16 17 18 19
20 21 22 23 24 25 26
27 28 29 30 31

>>>
```

圖 2-3-2
利用 print() 命令顯示月曆

一年份的月曆

接著讓我們輸出一年份的月曆。這次要使用 calendar 模組的 prcal() 命令輸出一年份的月曆，請在命令提示字元輸入下列的命令。

```
print(calendar.prcal(2019)) Enter
```

如此一來，就會輸出一年份的月曆。

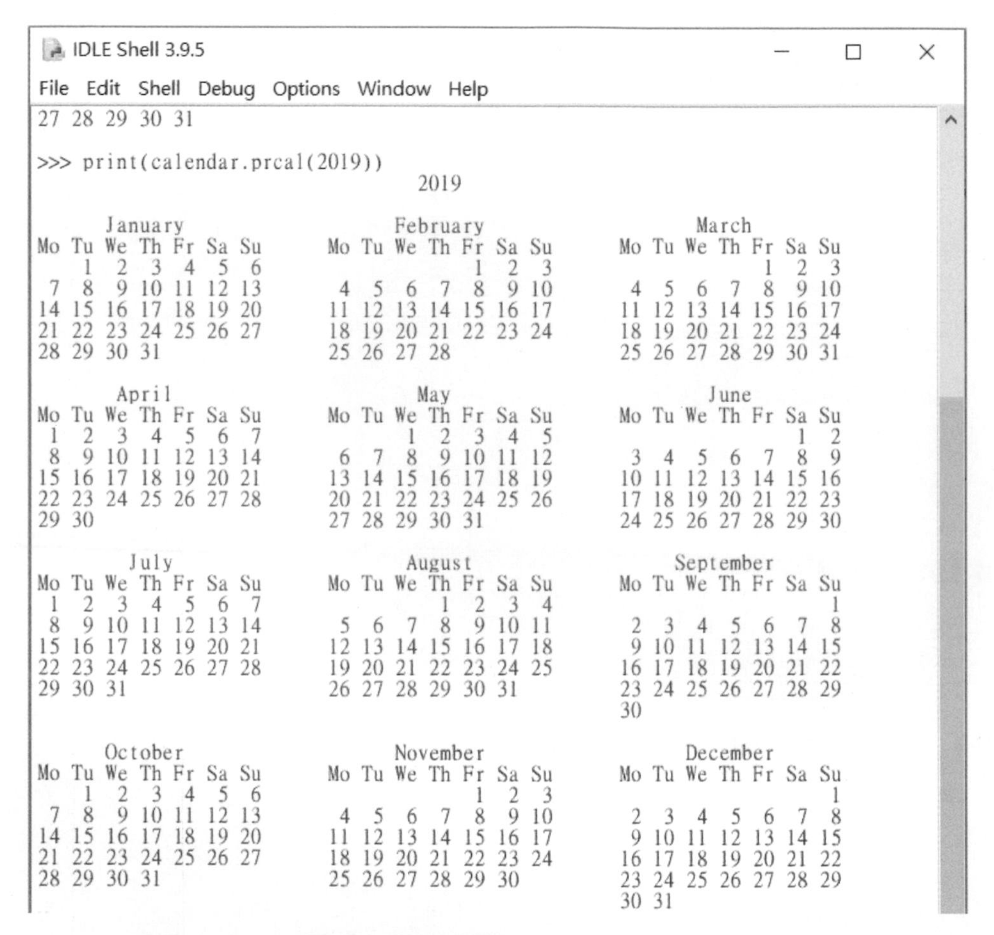

圖 2-3-3　利用 prcal() 命令顯示一年份的月曆

模組有非常多種，本書會在第 4 章學習日期模組與亂數模組的使用方法，還會在第 6 章學習顯示視窗、配置按鈕的模組使用方法。

print()、month()、prcal() 這類有 () 的命令又稱為函數。後續會帶大家了解函數是什麼，也會學到自訂函數的方法。

Lesson 2-4

撰寫程式的事前準備

之前在 IDLE 的 Shell 視窗輸入算式與命令，接著要學習將程式碼寫成檔案，再執行檔案的步驟。為了後續操作的方便，在寫程式之前，先讓檔案顯示副檔名與建立作業資料夾。Windows 與 mac 的使用者都需要進行這兩項事前準備。

顯示檔案的副檔名

副檔名就是檔案類型的說明，通常接在檔案名稱的後面，並以點（.）與檔案名稱間隔。

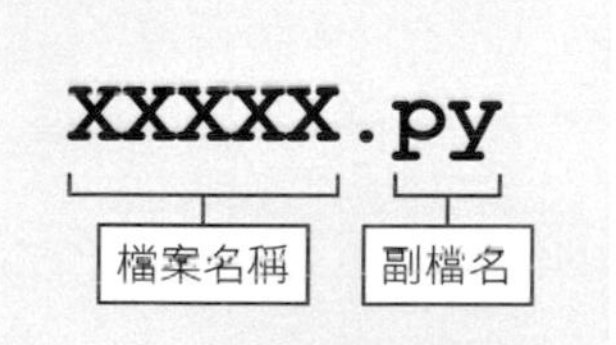

圖 2-4-1　檔案名稱與副檔名

Python 的程式檔副檔名為 **py**。電腦程式有時只稱為**程式**，有時也稱為**原始碼**，本書則統一為「程式」。

遊戲開發常見的檔案副檔名如下。

表 2-4-1　遊戲開發常見的副檔名

副檔名	檔案種類
doc、docx、pdf 與其他	文書檔案
txt	純文字檔案
png、jpeg、bmp 與其他	圖片檔
mp3、m4a、ogg、wav 與其他	音效檔

如果大家的電腦已經顯示了副檔名，那麼下一頁的內容可以略過不讀，如果還沒顯示副檔名，可利用下列的步驟顯示。

▪ 在 Windows10 顯示副檔名

1. 開啟資料夾。
2. 點選「檢視」。
3. 勾選「副檔名」。

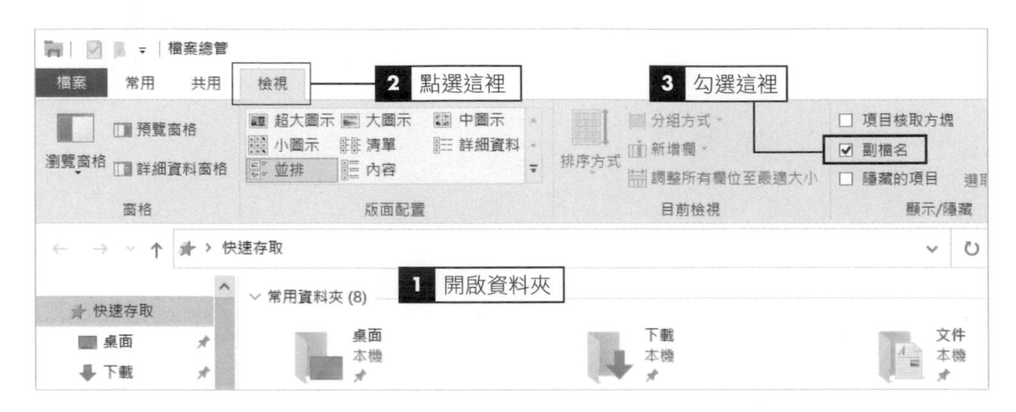

▪ 在 Mac 顯示副檔名

1. 在 Finder 點選「偏好設定」。
2. 在「進階」索引標籤勾選「顯示所有檔案副檔名」。

下列是 macOS High Sierra 的畫面。

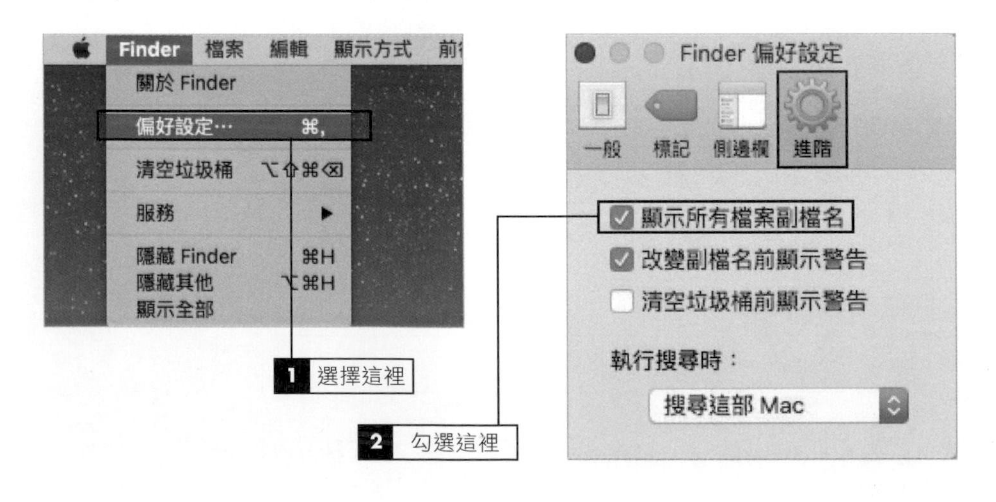

在桌面建立作業資料夾

接著要建立儲存程式檔的**作業資料夾**。Windows 與 Mac 的使用者請分別依照下列的方法在桌面建立資料夾。

▪ Windows 環境

在桌面按下滑鼠右鍵，點選「新增資料夾」。

滑鼠右鍵，點選「新增資料夾」。

▪ Mac 環境

從 Findoer 選單點選「檔案」→「新增檔案夾」。

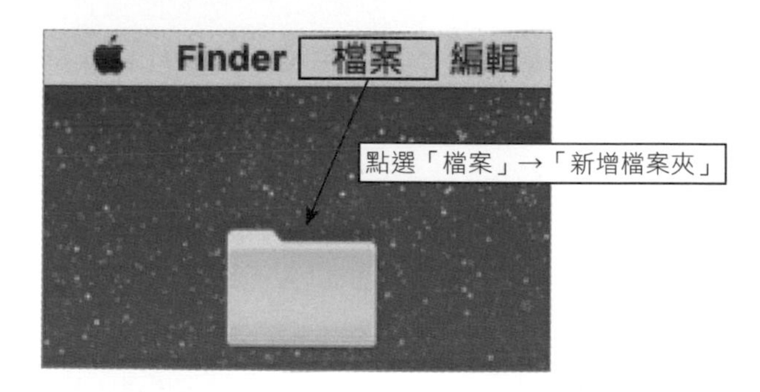

資料夾可隨意命名，本書命名為「**python_game**」。

Lesson

2-5 撰寫程式

事前準備已經就緒，接著就一起撰寫程式。這一節學習新增、儲存與執行程式檔的方法。

新增與儲存原始碼

點選 IDLE 的 Shell 視窗選單的「File」 →「New File」，就能啟動**編輯視窗**（Edit Window），這是可輸入程式碼的**文字編輯器**。

圖 2-5-1　編輯視窗

接著要在這裡撰寫程式、儲存與執行程式檔。編輯視窗開啟後，檔案的標題會是 Untitled（無標題），所以先替這個檔案命名並儲存。

在編輯視窗點選「File」→「Save as…」，接著在剛剛建立的作業資料夾以「test.py」檔名儲存。此時不需要另外輸入副檔名，因為 IDLE 會替我們添加副檔名。

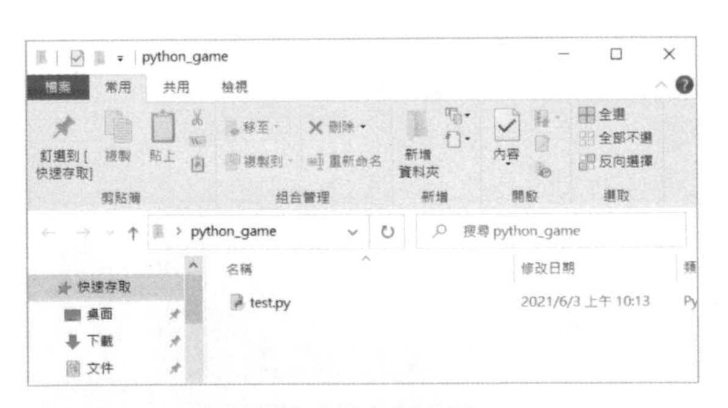

圖 2-5-2　在作業資料夾儲存程式檔

請大家先把 Shell 視窗與編輯視窗的差異，以及新增、儲存、執行程式檔的一連串步驟記下來。

執行程式時，可點選編輯視窗選單列的「Run」→「Run Module F5」。要開啟程式檔可點選 Shell 視窗選單列的「File」→「Open」，再選擇要開啟的檔案。

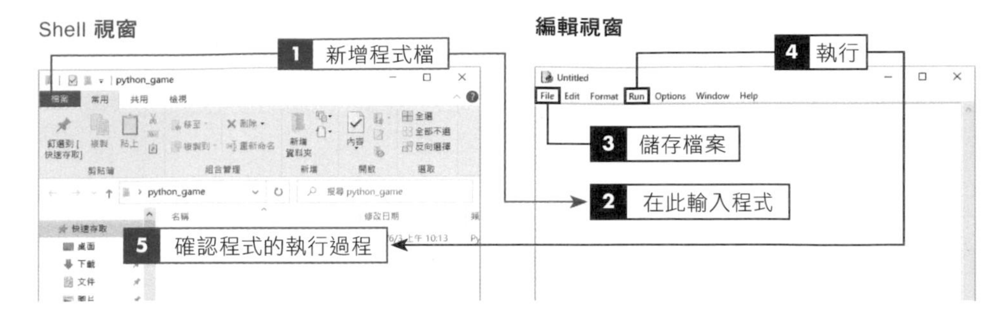

圖 2-5-3　Shell 視窗與編輯視窗

編輯視窗

IDLE 的編輯視窗沒有顯示行號的功能（本書執筆之際的版本為 Python 3.7），不過滑鼠游標位置的行號會於視窗右下角的「Ln:*」顯示，輸入程式時可參考這裡的資訊。

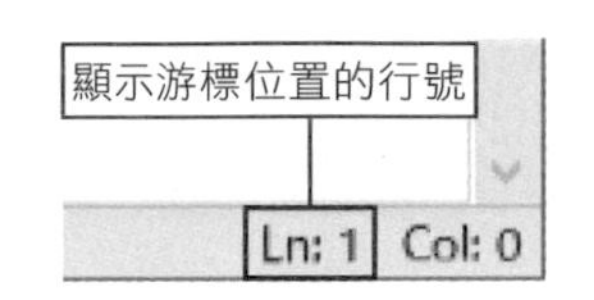

圖 2-5-4
在 IDLE 確認行號

本書的程式通常都只有短短幾列，所以可在 IDLE 的編輯視窗輸入與確認正確性，不過要確認較長的程式時，使用文字編輯器會比較方便，以下介紹兩款具代表性且免費的文字編輯器。

表 2-5-1　免費的文字編輯器

Brackets	Adobe Systems 開發的免費文字編輯器，支援 Python 與其他程式設計語言。http://brackets.io/
Sublime Text	由澳洲的 Jon Skinner 開發的文字編輯器，一樣支援 Python 與其他程式設計語言。https://www.sublimetext.com/

※ Sublime Text 雖然可以免費使用，但嚴格來說是屬於分享軟體（喜歡的人請購買的軟體），所以不時會顯示要求購買的廣告。

※ 不一定要安裝這些工具。文字編輯器的種類非常多，大家可在網路搜尋相關的資訊，從中挑選覺得順手的文字編輯器。

MEMO

想利用 Python 開發正式軟體的讀者，建議一開始就使用正統的綜合開發環境。適合 Python 的綜合開發環境有很多種，有興趣的讀者可於搜尋引擎搜尋「Python 綜合開發環境」，以下載需要的工具。

Lesson

2-6 了解輸出與輸入的命令

程式設計的第一步從在畫面輸出文字開始。這節要為大家重新說明 print() 的命令，之後也會說明用於輸入的 input() 命令。

負責輸出的print()

請在編輯視窗輸入下列程式。

程式 ▶ test.py

```
1  a = 10        將 10 這個數字代入 a 這個變數
2  print(a)      輸出變數 a 的值(內容)
```

輸入之後儲存檔案。若要覆寫檔案，可點選「File」→「Save」。點選「Run」→「Run Module F5」，Shell 視窗就會輸出下列結果。

```
========== RESTART: C:/Users/vos
10
>>> |
```

圖 2-6-1　test.py 的執行結果

這個程式將 10 放入 a 這個變數，再利用 print() 命令輸出 a 的值。大家可把變數想成存放數字或字串的箱子，這部分會在第 3 章進一步說明（→ .P.248）。

接著是要將字串放入變數再輸出變數值的程式。輸入下列的程式之後，點選「File」→「Save As…」，將檔案存成 test2.py，然後執行看看。

程式 ▶ test2.py

```
1  txt = "第一個 Python 程式"     將「第一個 Python 程式」這個字串放入 txt 這個變數
2  print(txt)                    輸出變數 txt 的值（內容）
```

```
================= RESTART:
第一個Python程式
>>> |
```

圖 2-6-2　test2.py 的執行結果

程式設計的變數與數學幾乎一樣，只是連字串都可以儲存。

››› 負責輸入 input()

接著試著使用輸入字串的 **input()**。輸入下列的程式，再將程式檔儲存為 test3.py 這個檔案名稱。

程式 ▶ **test3.py**

	程式	說明
1	`print("請輸入姓名")`	輸出「請輸入姓名」
2	`name = input()`	將使用者輸入的字串代入變數 name
3	`print("您的姓名是" + name + "對嗎？")`	將「您的姓名是」、變數 name 的值與「對嗎？」串在一起輸出

執行程式之後，Shell 視窗的滑鼠游標會開始閃爍，等待使用者輸入內容。輸入字串之後，按下 Enter，就會輸出下列內容。

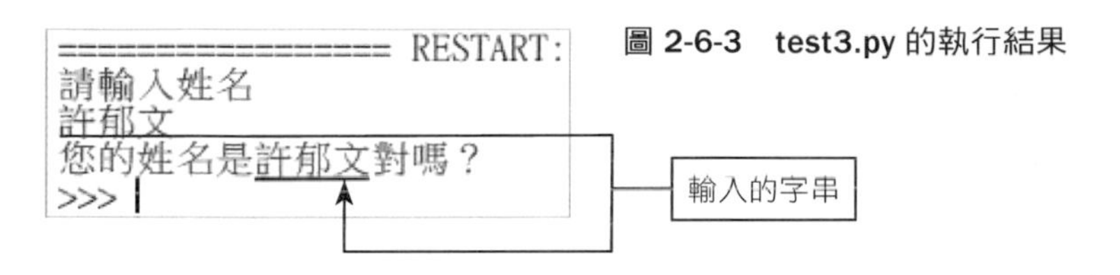

圖 2-6-3　test3.py 的執行結果

輸入第 2 列的「**變數名稱 = input()**」的程式再執行，在 Shell 視窗輸入的字串就會放進該變數。第 3 列程式是以「+」串起「您的姓名是」、變數 name 的內容與「對嗎？」這三個字串。Python **可利用「+」連接多個字串**。

Python 最基本的輸入命令就是這個 input()。開發遊戲時，常常需要即時判斷鍵盤輸入與滑鼠動作。之後會在開發遊戲時，介紹即時判斷鍵盤輸入與滑鼠動作的技術。

Lesson 2-7

撰寫程式的方法

撰寫程式有幾項固定規則。從下一章開始，要輸入各種程式碼，先來了解一下有哪些規則。

程式撰寫規則

先從 Python 與其他程式語言共通的基本規則開始說明。

❶ 程式碼都以半形字元輸入，大小寫英文字母視為不同字元

舉例來說，將 print() 的 p 寫成大寫的 P，就會出現錯誤。

```
O  print("你好")
✕  Print("你好")
```

❷ 字串要以雙引號括住

將字串放入變數或是要利用 print() 命令輸出字串時，必須使用「"」括住字串。

```
O  txt = "操作字串"
✕  txt = 操作字串
```

❸ 需不需要輸入空白字元

變數宣告或命令的 () 不一定需要半形空白字元。

```
O  a=10
O  a␣=␣10
O  print("Python")
O  print(␣"Python"␣)
```

※❻ 的縮排空白字元在 Python 就一定要輸入。

❹ 在程式碼輸入註解

註解就是程式碼的註記。透過註解說明命令的使用方法或是這部分的程式碼有何功能，日後就能快速檢視程式碼。Python 是利用「#」輸入註解。

試著利用「#」輸入註解。

```
print ("你好") # 註解
```

在上述的程式碼之中，**從 # 到換行之間的內容都不會被執行**。

舉例來說，在命令的開頭輸入 #，這一列就不會被執行。不想執行，卻又不想刪除的命令可像這樣標記為註解，而這就稱為「**標記為註解**」。

```
#print("你好")
```

此外，要輸入多列註解時，可連續輸入三個雙引號（"）。

```
"""  ←  從這裡開始
註解 1
註解 2
  :
"""  ←  到這裡都是註解
```

應該有人知道其他的程式設計語言是使用「//」或「/* ～ */」輸入註解對吧？ Python 是使用「#」或「"""」輸入註解。

Python 特有的規則

Python 也有一些與 C 語言或 Java 這類主流程式設計語言不同的規則，初學程式設計的讀者或許只會覺得「Python 就是這樣」，但學過 C 語言的讀者可能會有些困擾，所以以下說明這些只有 Python 才有的規則。

❺ 宣告變數時，不需要指定資料類型

C 語言或 Java 在使用變數之前，必須指定資料類型再宣告。以 Python 為例，輸入「score = 0」，就能直接使用變數 score。

❻ 縮排具有重要意義

縮排就是像下面的程式一樣，讓程式碼往後退幾格的意思。Python 通常會讓程式碼退後 4 個半形空白字元。

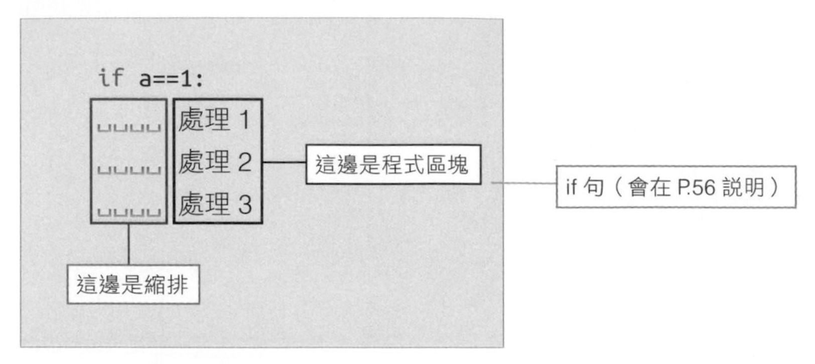

圖 2-7-1　Python 的縮排

C 語言或其他的程式設計語言只是為了方便閱讀而輸入，但 Python 的縮排代表**一連串的處理**（程式區塊），不像其他語言可隨便輸入。相關的細節會在 Lesson 3-3（→ P.55）與 Lesson 3-4（→ P.59）說明。

Python 還有一些地方與 C 語言或 Java 不一樣的地方，例如**不需要在命令後面加上分號（；）**。變數的宣告或全域變數的使用方法也有一些不一樣的規則，這些都會在後續的章節依序說明。

規則雖然很多，但是可在輸入程式時慢慢記住。

COLUMN

在遊戲完成之前

家用遊戲軟體與智慧型手機的遊戲軟體通常會以下列流程銷售與公開。

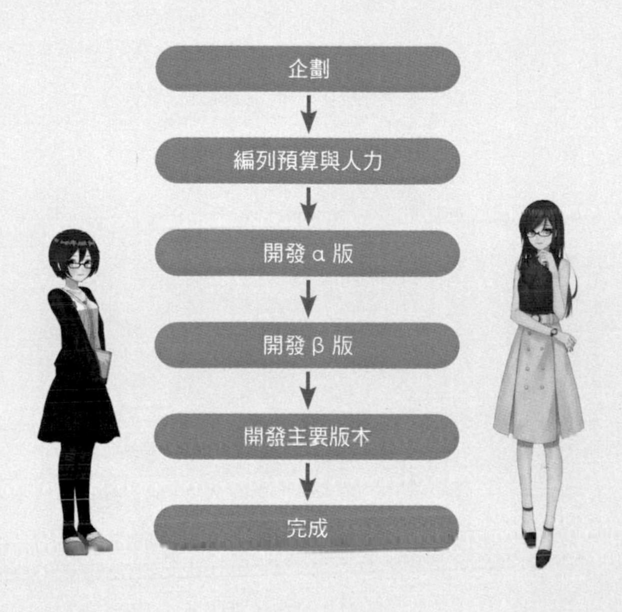

在企劃的階段裡，規劃師會設定遊戲規則與角色，並將這些設定寫成白紙黑字，接著會根據這份企劃書討論遊戲是否有趣，開發這個遊戲需要多少人力與時間。擁有決策權（開發部長或董事）的員工會判斷公司能否透過這個遊戲獲利。如果能獲利的話，就會開發這個遊戲。

遊戲開發的時程通常分成 α 版→ β 版→主要版本這三個階段。α 版也稱為試作版，通常這時候只會先開發遊戲的主要部分，確認遊戲的趣味性，以及使用者是否了解遊戲的操作方法與規則。找出 α 版該改善的部分後，就會繼續開發 β 版，但如果在 α 版就知道「這遊戲很無聊，無法獲利」的話，就會停止開發。

開發 β 版時，會將這個遊戲的所有規格放進去，等到完成後，會找出所有該修正的部分再開發主要版本。主要版本的開發快要告一段落時，會再次確認遊戲的細節與找出錯誤（程式或資料的問題），然後一邊修正，一邊完成主要版本的遊戲。

到目前為止，已經學了 Python 的基本使用方法了。

下一章要開始學習程式設計的基礎知識，之後還要學習開發遊戲的方法。

製作遊戲真的很快樂。

對啊！我們兩個也很喜歡電腦遊戲。大家一起快樂地學下去。

本章要學習的是開發遊戲之前的程式設計基礎，主要介紹變數與變數的計算、列表※、條件分歧、迴圈與函數。這一章的知識不僅能在開發遊戲時應用，也是撰寫各種程式時的重要概念。「好想趕快製作遊戲！」請大家先忍住內心的吶喊，先把本章的內容仔細看過一遍。

※ 相當於C/C++ 或 Java 的「陣列」

學習程式設計的基礎

Lesson

3-1 變數與算式

「變數」是撰寫程式最基本的概念，接著為大家解說。

開發遊戲時，會利用「變數」管理關數或角色的座標，也會用來計算分數。

何謂變數

變數就是在電腦記憶體專門**用來放某些值的箱子**。將數值、字串放入箱子，再進行計算或判斷。下列是變數的示意圖。

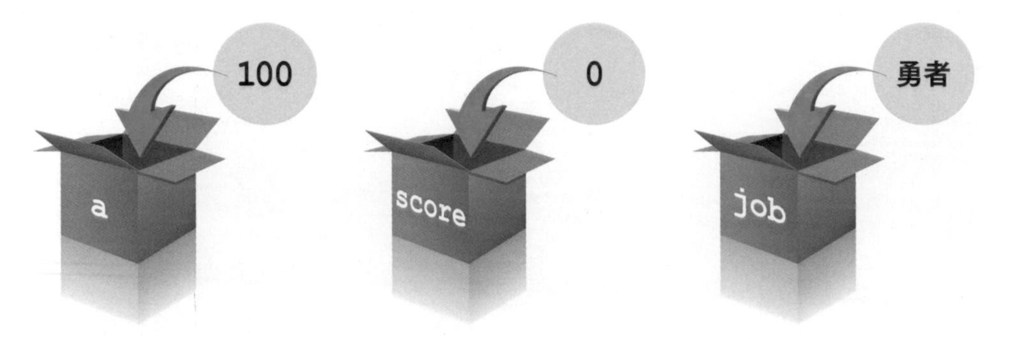

圖 3-1-1　變數的示意圖

上述的示意圖將「100」這個數值放入「a」箱子，或是將「0」這個數字放入「score」箱子，也將「勇者」這個字串放入「job」箱子。箱子的內容物可隨便更換，也能知道箱子裡面放什麼東西。要了解箱子裡面放什麼，就稱為「**取出變數值**」，不過就算取出變數值，箱子裡面也不會變空。

宣告變數與初始值

要使用變數就要像前面一樣，先決定變數的名稱（**宣告**）與放入**初始值**。在 Python 輸入下列的內容之後，就能立刻使用變數。

語法：宣告變數與代入初始值

```
a = 100
score = 0
job = "勇者"
```

將值代入變數的等號（+）稱為**代入運算子**。字串可利用雙引號（"）代入。

程式設計語言的等號與數學的等號在使用方法上有些不同，請大家記住喲！

POINT

程式檔請依照章節，分成不同的資料夾儲存

接下來會輸入很多程式，學習 Python 與遊戲製作的技巧。建議各位替每個章節建立資料夾，再放入對應的程式檔。**請在先前建立的作業資料夾（本書為「python_game」）建立「Chapter3」資料夾**。將程式檔分別放在對應的資料夾裡，日後就很方便複習。

圖 3-1-2
作業資料夾「python_game」

››› 調整變數值

假設計算遊戲分數的變數為 score，那麼在撿到 100 分的寶物時，可利用「score = score + 100」的敘述，讓 score 的值增加 100。

讓我們一起撰寫變數值產生變化的程式。請啟動IDLE，點選「File」→「New File」，新增檔案後，再輸入下列程式碼。命名與儲存檔案※之後，執行程式，確認結果。要執行程式可點選編輯視窗的「Run」→「Run Module F5」。

程式 ▶ **list0301_1.py**

```
1  score = 0                  宣告 score 變數，放入初始值 0
2  print(score)               利用 print() 命令輸出 score 的值
3  score = score + 100        讓 score 的值增加 100
4  print(score)               再次利用 print() 命令輸出 score 的值
```

※ 檔案名稱請依照範例，命名為「list0301_1.py」。

在 print() 的 () 輸入變數，就能在 Shell 視窗輸出該變數的值。執行上述的程式會得到下列的結果。

```
0
100
>>> |
```

圖 3-1-3　程式的執行結果

使用第 2 章學到的運算子（+-*/），就能調整變數的值。

利用變數操作字串

在第 2 章學過：變數也能用來操作字串，接著可進一步了解操作字串的方法。請輸入下列的程式，替檔案命名之後儲存，再執行這個程式。

程式 ▶ list0301_2.py

```
1  job = "菜鳥劍士"                   宣告 job 變數，放入「菜鳥劍士」這個字串
2  print("你的職業是："+job)           連結「你的職業是：」與 job 的值再輸出結果
3  print("轉職了！")                   輸出「轉職了！」
4  job = "初出茅盧的勇者"              將新字串代入 job
5  print("你的新職業是："+job)         連結「你的新職業是：」與 job 的值之後，
                                       再輸出結果
```

執行程式後，會得到下列的結果。

```
你的職業是：菜鳥劍士
轉職了！
你的新職業是：初出茅盧的勇者
>>> |
```

圖 3-1-4　執行程式的結果

這個程式利用「+」連結字串，再利用 print() 命令輸出結果。Python 可使用**「+」連結多個字串，也能進行文字的乘法**。在此就不特別列出程式碼與執行畫面，不過可試著執行下列的程式。

```
a = "字串" * 2
print(a)
```

有許多程式設計語言都是利用「+」連結字串，但不一定能夠執行乘法，因此在使用其他語言撰寫程式時，要特別注意這點。

Python 的「字串 *n」是非常方便的語法。本書會於第 5 章製作迷你遊戲的時候使用這個語法。

變數的命名方式

變數的命名方式有下列的規則。

- **可以是英文字母與底線（_），名稱沒有限制**
- **可以有數字，但開頭不能是數字**
- **不能使用保留字**

保留字（關鍵字）是讓電腦進行基本處理的字眼，包含 if、elif、else、and、or、for、while、break、import、def、class、False、True 等。之後會依序說明在此列出的保留字。

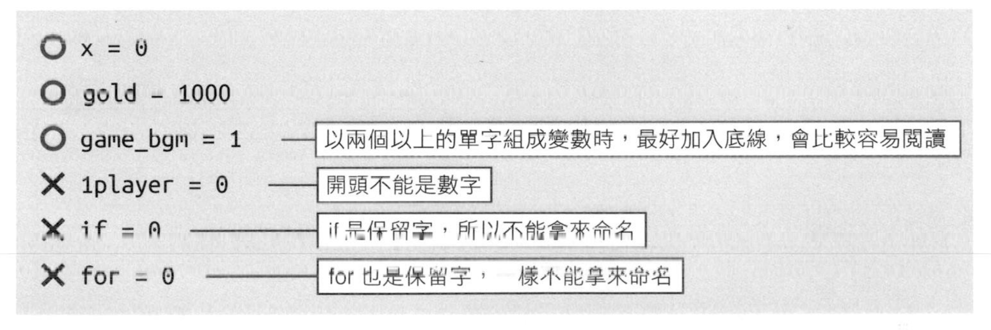

圖 3-1-5　變數名稱的範例

以上就是變數的基礎知識。變數以及變數的計算還有一些需要知道的知識，後面的章節也會為大家依序介紹。

POINT

筆者有教學生開發遊戲的經驗，所以知道學習程式設計的基礎，是讓大家能最快學會開發遊戲的技巧。即使是覺得基礎知識很無聊的讀者（笑），也請把程式設計的基礎讀完一遍，我也會盡可能說得簡短一點。

Python 的變數名稱與函數名稱最好以小寫英文字母撰寫。雖然以大寫英文字母命名也可以，但如果沒有特殊理由，最好還是使用小寫英文字母與底線，而且大小寫英文字母在 Python 被視為不同的文字，所以「Apple」與「apple」是不同的變數。

Lesson 3-2

關於列表

變數是存放數字或字串的箱子，**列表**則是在這些箱子加上編號管理的東西。Python 的列表在 C 語言、Java 或其他的程式設計語言稱為**陣列**。

程式設計的初學者可能很難一下子了解列表，所以在後面開發遊戲的章節會重新說明一次，如果覺得這裡的內容有點難，可以先有概念就好。

遊戲開發通常會以列表管理多個角色的資料，或是處理地圖資料。

何謂列表

列表的示意圖如下。在這張圖中，有 n 個叫做 card 的箱子。

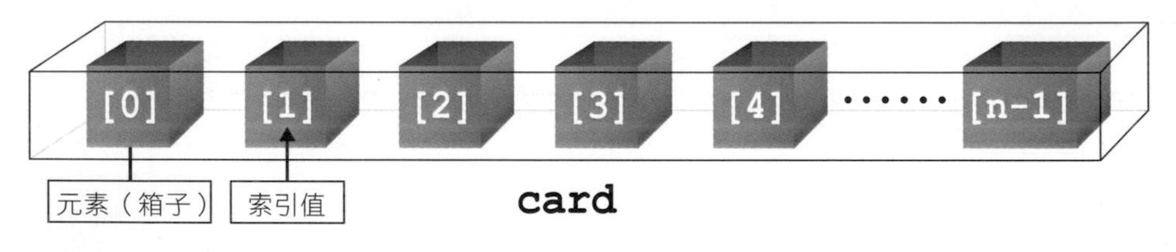

圖 3-2-1　列表的示意圖

card 就是列表，列表裡的每個箱子稱為**元素**，有幾個箱子稱為**元素數**，例如叫做 card 的箱子有 10 個，代表元素數有 10 個。用於管理箱子順序的編號稱為**索引值**。索引值是從 0 開始，所以當箱子有 n 個，最後的索引值就一定是 n-1。列表與變數一樣，可用來存取資料（數字或字串）。

列表的初始化

利用下列的語法將資料代入列表。

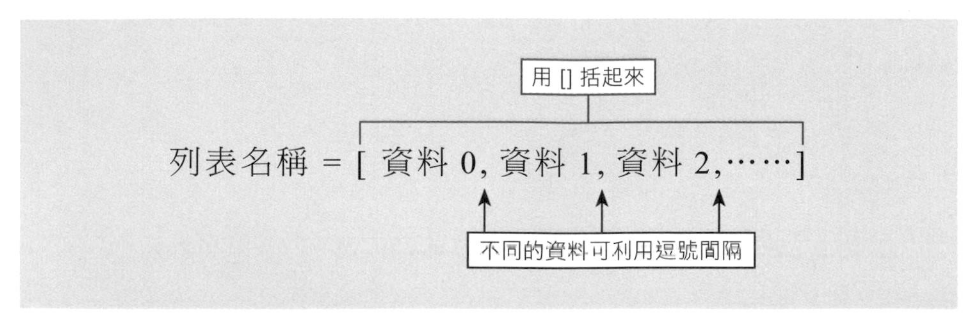

圖 3-2-2　列表的語法

Python 可先宣告空白的列表，之後再以 append() 命令追加元素。本書會在製作遊戲時，說明這個方法，現在請大家先記住圖 3-2-2 建立存有指定值的列表。

列表的使用範例

開發撲克牌遊戲時，會使用列表管理手牌。下圖是利用 my_card 列表管理撲克牌的示意圖。

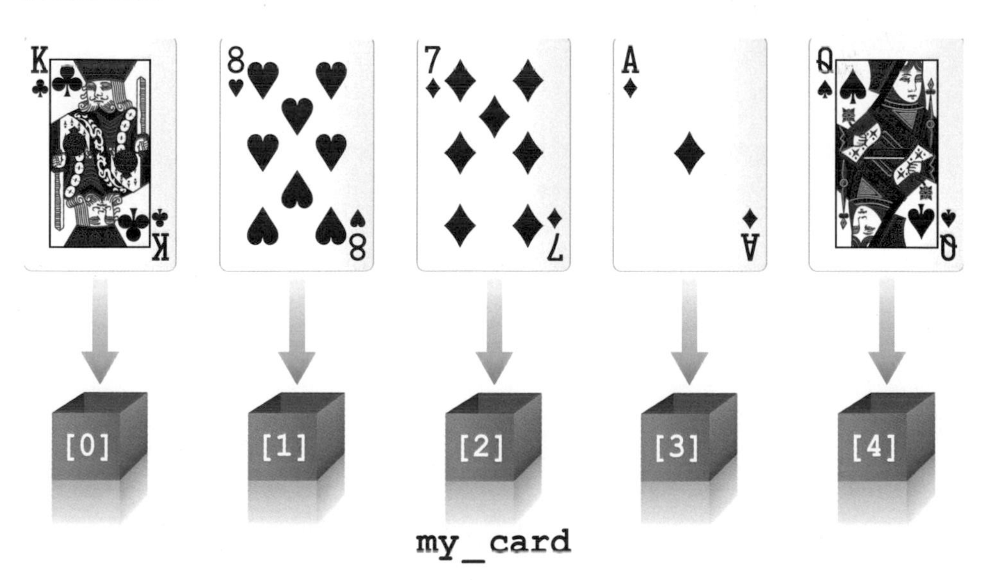

圖 3-2-3　利用列表管理撲克牌的種類

上圖只是示意圖，「梅花 13 的撲克牌」不可能直接放在 my_card[0] 裡面。製作遊戲的人會先決定撲克牌的編號（將撲克牌轉換成數值），再透過列表存取這些值，藉此管理撲克牌。

試著利用列表撰寫程式

讓我們試著利用列表撰寫程式。輸入下列程式之後，命名與儲存檔案，再試著執行程式。

程式 ▶ list0302_1.py

```
1  enemy = ["史萊姆", "骷髏士兵", "魔法師"]   宣告列表，代入怪物名稱
2  print(enemy[0])                          輸出 enemy[0] 的值
3  print(enemy[1])                          輸出 enemy[1] 的值
4  print(enemy[2])                          輸出 enemy[2] 的值
```

執行這個程式後可得到下列的結果。

```
史萊姆
骷髏士兵
魔法師
>>>
```

圖 3-2-4　程式執行結果

上面以列表定義了怪物名稱，但其實列表就像是變數，一樣可以存取或計算數值。列表的命名規則也與變數名稱一樣（→ P.51）。

上述就是列表的基礎知識。上面使用的 enemy 列表為一維列表。遊戲的地圖資料是以二維列表管理，第 8 章會學習二維列表的定義方式與使用方式。

Lesson 3-3

條件分歧

條件分歧是於條件符合時，執行不同處理的機制，遊戲與其他軟體的開發都會使用到。讓我們一起了解條件分歧是什麼。

開發遊戲時，會利用條件分歧機制進行各種判斷與處理，例如鍵盤輸入判斷或「是否過關」的判斷都會用到條件分歧機制，「是否接觸敵人」也是利用條件分歧進行判斷。

何謂條件分歧

「如果發生什麼事，就執行這個處理」，這種依照要求電腦執行不同處理的機制稱為**條件分歧**。「發生什麼事」的部分稱為**條件式**。讓我們以動作遊戲說明。

- 如果按下左鍵　角色往左邊動
- 如果按下右鍵　角色往右邊動
- 如果按下 A 鍵　角色跳起來
- 如果按下 B 鍵　角色攻擊敵人
- 如果抵達目的地　進入過關處理
- 如果體力歸零　進入遊戲結束處理

圖 3-3-1　動作遊戲的條件分歧

遊戲會利用條件分歧機制判斷各種狀況，此機制可利用 **if** 命令撰寫。

Python 程式設計語言沒有直接讓角色動起來的命令，所以會利用變數管理角色的座標，因此變數值會在按下方向鍵的時候改變，並於新座標繪製角色，這樣看起來就很像是角色在移動。

if 的語法

使用 if 撰寫的程式碼稱為 **if 句**。Python 的 if 句可如下撰寫。

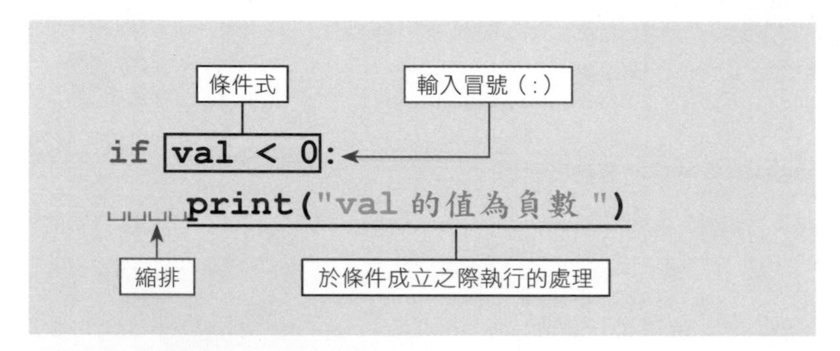

圖 3-3-2　if 的語法

縮排的部分稱為**程式區塊**，即一連串的處理。

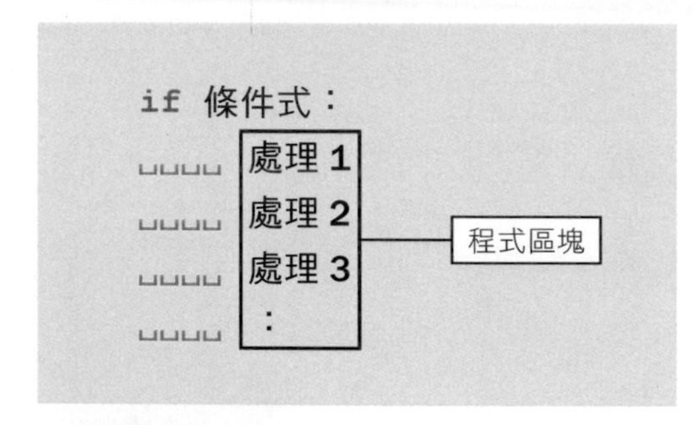

圖 3-3-3　程式區塊

若要在條件成立時執行多個處理，可讓這些處理全部縮排。

MEMO

C 語言或 Java 的程式區塊是使用「{」與「}」括起來，但 Python 是使用縮排撰寫程式區塊。

關於條件式

用於撰寫條件式的符號稱為**關係運算子**，撰寫的語法請參考下列表格。

表 3-3-1　關係運算子

運算子	範例	意義
==	a == b	判斷 a 與 b 的值是否相等
!=	a != b	判斷 a 與 b 的值是否不相等
>	a > b	判斷 a 是否大於 b
<	a < b	判斷 a 是否小於 b
>=	a >= b	判斷 a 是否大於等於 b
<=	a <= b	判斷 a 是否小於等於 b

要判斷兩個變數的值是否相等，可使用連續兩個「==」撰寫條件式，若要判斷不相等，可將條件式寫成「!=」。

Python 會在條件式成立時傳回 **True**，並在條件式不成立時傳回 **False**。換言之，**if 句就是在條件為 True 的時候，執行縮排的處理**。True 與 False 為 bool 資料類型（布林資料類型），之後會在 P.74 說明。

數學沒有 == 與 !=，所以有些讀者有可能是第一次看到這種寫法。要利用條件式判斷兩個變數是否相等，只需要記得上述的寫法就可以了。

使用 if 撰寫程式

接著要利用 if 句撰寫程式。請輸入下列的程式，並且命名與儲存檔案，再執行程式。

程式 ▶ list0303_1.py

	程式	說明
1	`life = 0`	將 0 代入變數 life
2	`if life <= 0:`	當 life 的值小於等於 0
3	`    print("遊戲結束")`	輸出「遊戲結束」
4	`if life > 0:`	當 life 的值大於等於 0
5	`    print("遊戲繼續")`	輸出「遊戲繼續」

執行這個程式後可得到下列的結果。

```
遊戲結束
>>> |
```

圖 3-3-4 程式執行結果

由於 life 值為 0，所以第二列的條件式成立，第三列的程式也跟著執行。假設將第 1 列的 life 改成 10 這類正數再執行程式，就會變成第 4 列的條件式成立，第 5 列的程式也會跟著執行。請務必試著調整第 1 列的 life 值。

使用 if～else 撰寫程式

if 句可使用 **else** 命令撰寫於條件不成立時執行的程式。讓我們試著使用 else。請輸入下列的程式，並且命名與儲存檔案，再執行程式。

程式 ▶ list0303_2.py

	程式	說明
1	`gold = 100`	將 100 代入變數 gold
2	`if gold == 0:`	假設 gold 的值為 0
3	`    print("身上的錢是零元")`	輸出「身上的錢是零元」
4	`else:`	否則
5	`    print("要買東西嗎？")`	輸出「要買東西嗎？」

執行這個程式後，可得到下列的結果。

```
要買東西嗎？
>>> |
```

圖 3-3-5 程式的執行結果

由於 gold 的值為 100，所以第二列的條件式不成立，執行接在 else 後面的第 5 列程式。

以上就是條件分歧的基本使用方法。if 句還有依序判斷多個條件的「if～elif～else」的語法，或是可一次判斷多個條件的 and 與 or，這些必學的語法將會在後面的章節說明。

Lesson 3-4

關於迴圈

程式常需要進行重複的處理，所以接著為大家介紹所謂的迴圈。

遊戲之中常需要讓多個角色動起來或繪製背景，這些重複的處理就稱為迴圈。

何謂迴圈

迴圈是要求電腦執行多次相同的處理，為了方便說明，在此以多個怪物出場的遊戲為例。

假設畫面上有 5 隻怪物，他們的動作都必須寫成程式，但如果每一隻怪物的動作都寫一次，程式碼會變得很冗長（圖 3-4-1），所以可先寫一次，接著讓這段程式碼不斷執行，就能讓所有的怪物動起來（圖 3-4-2）。

圖 3-4-1
這樣的程式是不行的

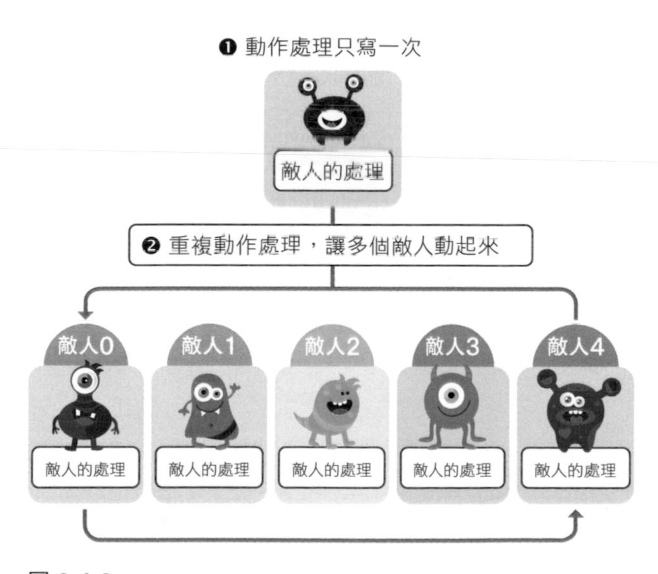

圖 3-4-2
使用迴圈撰寫的優質程式

迴圈會一邊調整變數值一邊進行處理。若以上述的遊戲為例，變數值就是怪物的編號。迴圈可利用 **for** 命令撰寫。

››› for 的語法

以 for 撰寫的程式就稱為 **for 句**。Python 的 for 句如下。

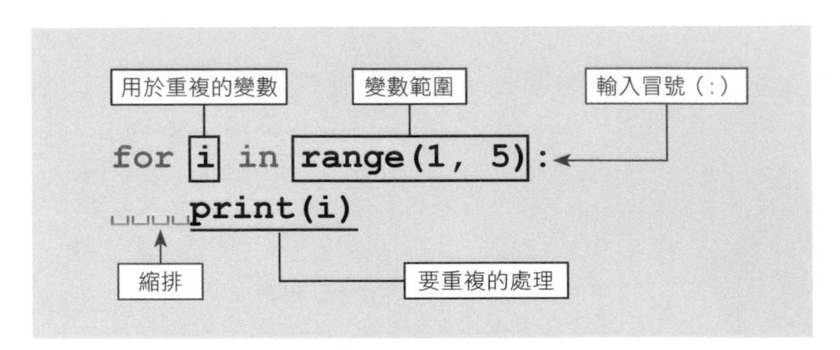

圖 3-4-3
for 句的語法

要利用迴圈執行多項處理可讓這些處理全部縮排。

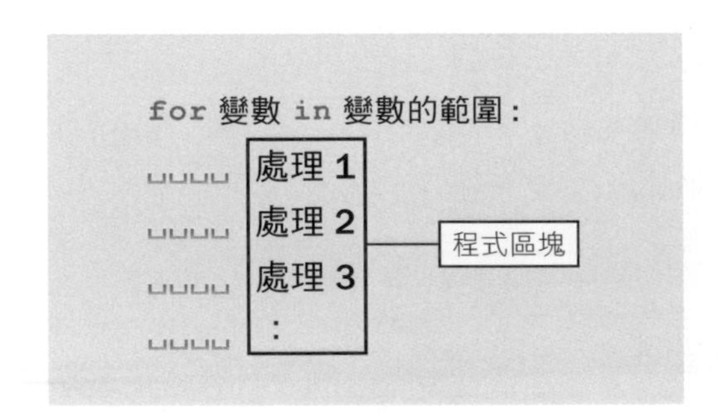

圖 3-4-4　執行多項處理的時候

››› range() 命令的使用方法

重複值的範圍可利用 **range()** 命令指定。range() 參數可利用下列的方法撰寫。

表 3-4-1　range() 命令的參數

參數	意義
range（要重複的次數）	變數值從 0 開始，重複指定的次數
range（起始值, 結束值）	變數值從「起點的數字」開始，重複執行處理，直到「終點的數字」為止
range（起始值, 結束值, 每次遞增或遞增的數字）	讓變數以指定的值遞增或遞減

range() 代表指定範圍的數列。例如 range(10) 就是 0,1,2,3,4,5,6,7,8,9 的數列，於 for 迴圈使用的變數的值會在這個數列的範圍內變化。

››› 使用for撰寫程式

接著以 for 句確認表 **3-4-1** 的三種 range() 命令。一般來說，迴圈的變數都會是 i，所以，我們就用 i 撰寫。

第一種是指定重複次數的程式：請輸入下列的程式，並且命名與儲存檔案，再執行程式。

程式 ▶ list0304_1.py

```
1  for i in range(10):          指定重複執行 10 次。i 的起始值為 0
2      print(i)                   輸出 i 的值
```

執行這個程式後會得到下列的結果。

```
0
1
2
3
4
5
6
7
8
9
>>> |
```

圖 3-4-5　程式執行結果

這個程式的 i 從 0 開始，也會依照指定的次數重複執行處理。

第二種是指定「起始值」與「結束值」的程式。請輸入下列的程式，並且命名與儲存檔案，再執行程式

程式 ▶ list0304_2.py

```
1  for i in range(1, 5):        於 range 指定起始值與結束值
2      print(i)                   輸出 i 的值
```

執行這個程式後可以得到下列的結果。

```
1
2
3
4
>>> |
```

圖 3-4-6
程式執行結果

要注意的是，於「結束值」指定的值不會輸出。**range（起始值 , 結束值）的語法會從「起始值」開始執行，直到變數值成為「結束值」前面的值為止。**

第三種是讓變數值依照指定值遞增或遞減的程式。在此要讓變數值不斷遞減 2。請輸入下列的程式，並且命名與儲存檔案，再執行程式。

程式 ▶ **list0304_3.py**

	程式	說明
1	`for i in range(10, 0, -2):`	i 的起始值為 10，只要還比 0 大，就遞減 2
2	`    print(i)`	輸出 i 的值

執行這個程式後可得到下列的結果。

圖 3-4-7
程式執行結果

請注意 **range（起始值 , 結束值 , 遞增或遞減的值）也只會輸出到「結束值」的前一個值為止。**

利用 while 命令重複執行處理

除了 for 之外，還可以使用 **while** 命令重複執行處理，while 的語法如下。

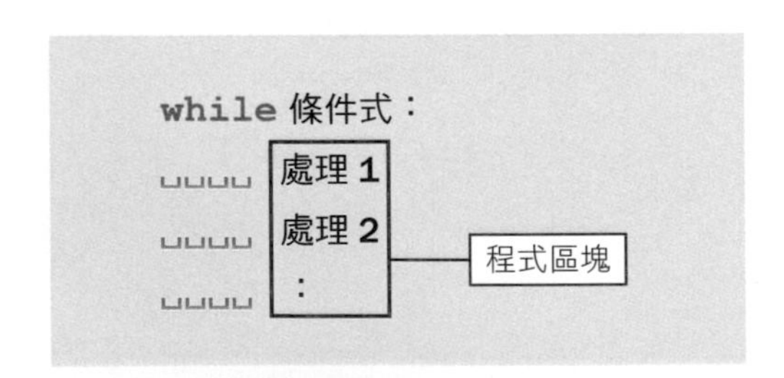

圖 3-4-8　while 句的語法

while 的條件式不是 for 的 range() 命令，而是條件分歧的條件式（→ P.57）。此外，於 while 句使用的變數必須先宣告；用程式確認 while 句的寫法：請輸入下列的程式，並且命名與儲存檔案，再執行程式。

程式 ▶ **list0304_4.py**

```
1  i = 0                 將 0 代入於重複執行處理使用的變數 i
2  while i < 5:          利用 while 指定條件式
3      print(i)            輸出 i 值
4      i = i + 1           讓 i 遞增 1
```

執行這個程式後會得到下列的結果。

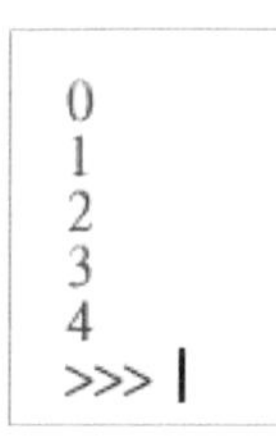

圖 3-4-9
程式執行結果

以上就是迴圈的基本使用方法。除了上述的內容之外，還需要知道中斷處理的 break 如何使用，**也可以在中斷的位置插入其他的重複處理**，這種迴圈稱為**二重迴圈的 for**，一般會形容成「巢狀結構的 for 迴圈」。二重迴圈的 for 是程式設計重要的知識，在製作 2D（二維）遊戲時，就會利用二重迴圈繪製背景。

Lesson 3-5

關於函數

程式設計語言可將要執行的處理整理成函數。這節要學習的是 Python 函數的製作方法與使用方法。程式設計初學者或許會覺得函數有點難，但除了開發遊戲之外，開發其他軟體也都會用到函數，還請大家努力理解。

開發遊戲時，通常會撰寫移動敵人的函數、繪製角色與背景的函數，使用這些函數就能有效率地撰寫程式。

何謂函數

函數就是包含一堆處理的程式區塊。如果某段處理會不斷使用，可將這段處理定義為函數，精簡程式的內容。下列是函數的示意圖。

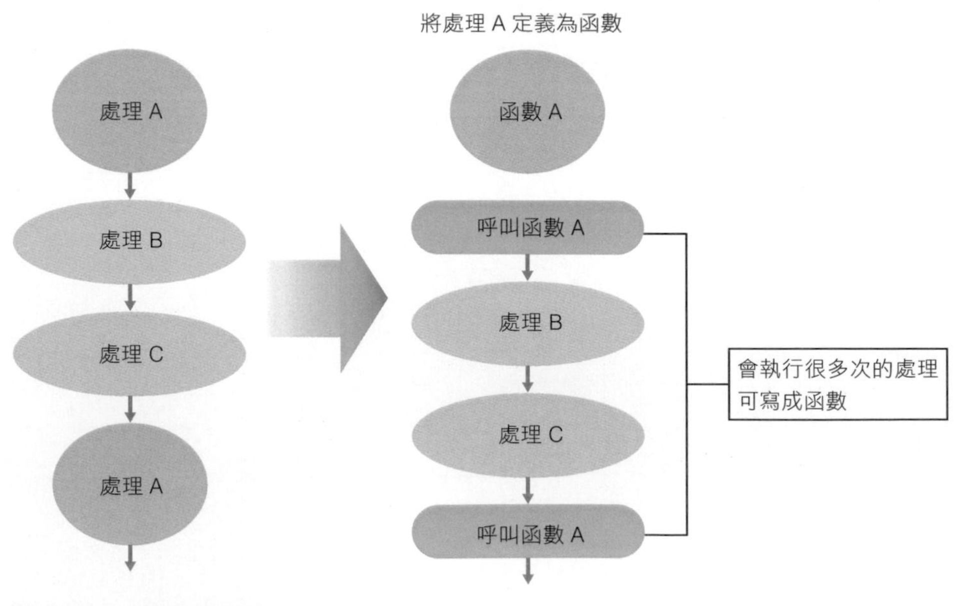

圖 3-5-1　函數的示意圖

函數的語法

Python 的函數可如下利用 **def** 定義。函數名稱需要加上 () 的部分。

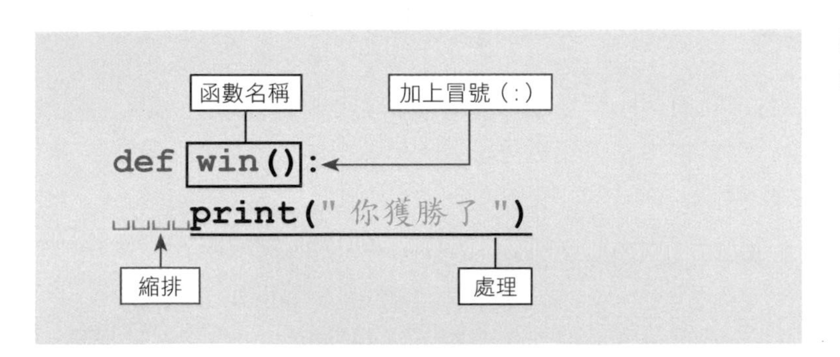

圖 3-5-2
函數的語法

若要撰寫多個處理，可讓這些處理全部縮排。

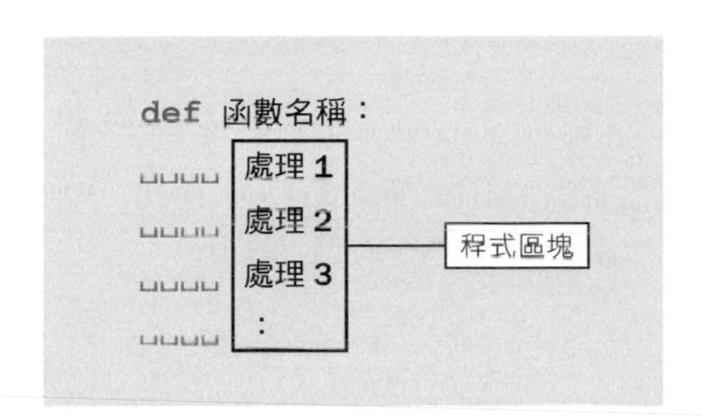

圖 3-5-3
有多個處理的時候

Python 會將縮排的處理當成程式區塊。請務必徹底掌握 if、for、while 與函數的縮排有什麼意義。

呼叫函數

撰寫定義與呼叫函數的程式，請輸入下列的程式，並且命名與儲存檔案，再執行程式。

程式 ▶ **list0305_1.py**

```
1  def win():                    定義 win() 函數
2      print("你獲勝了！")          輸出「你獲勝了！」
3
4  win()                         呼叫函數
```

執行這個程式後可得到下列的結果。

Chapter 3 學習程式設計的基礎

```
你獲勝了！
>>> |
```

圖 3-5-4　程式執行結果

要執行定義的函數必須**呼叫**函數。這次的程式在第 4 列呼叫函數。如果不撰寫第 4 列的部分，執行程式也不會得到任何結果。請大家務必記得，只定義不呼叫，是無法執行函數的。

有參數的函數

函數可指定**參數**，之後將根據參數值執行函數之內的處理。一開始或許很難了解參數的意義與使用方法，所以請大家透過程式掌握參數。請輸入下列的程式，並且命名與儲存檔案，再執行程式。

程式 ▶ **list0305_2.py**

	程式	說明
1	`def recover(val):`	定義 recover() 函數，參數為變數 val
2	`    print("你的體力")`	輸出「你的體力」
3	`    print(val)`	輸出參數值
4	`    print("恢復了")`	輸出「恢復了！」
5		
6	`recover(100)`	呼叫函數

執行這個程式後可得到下列的結果

```
你的體力
100
恢復了！
>>> |
```

圖 3-5-5　程式執行結果

程式設計初學者可根據程式內容、右欄的說明與執行結果掌握參數的感覺。現在不一定要全盤了解，因為後續開發遊戲時，還會出現有參數的函數，到時候再學一遍就好。

有傳回值的函數

函數可將計算結果當成**傳回值**傳回，可透過程式了解傳回值。請輸入下列的程式，並且命名與儲存檔案，再執行程式。

程式 ▶ list0305_3.py

```
1  def add(a, b):                定義 add() 函數，參數有 a 與 b 兩個
2      return a+b                  以 return 命令傳回 a 與 b 的總和
                                   * 這就是傳回值
3
4  c = add(1, 2)                 呼叫函數，將傳回值代入變數 c
5  print(c)                      輸出 c 的值
```

執行這個程式後，就會將 1 與 2 的總和代入 c，再輸出下列的結果。

```
3
>>> |
```

圖 3-5-6　程式執行結果

程式設計初學者可根據程式內容、右欄的說明與執行結果掌握傳回值的感覺。與參數一樣的是，現階段不一定要全盤了解，因為後續開發遊戲時，還會出現有傳回值的函數，到時候再學一遍就好。

參數與傳回值

下列將函數的參數與傳回值的有無整理成表格。

表 3-5-1　函數的參數與傳回值的有無

	參數	傳回值
①	無	無
②	有	無
③	無	有
④	有	有

本課的「list0305_1.py」為 ①，「list0305_2.py」為 ②、「list0305_3.py」為 ③ 的類型。

下列是函數、參數、傳回值的示意圖。

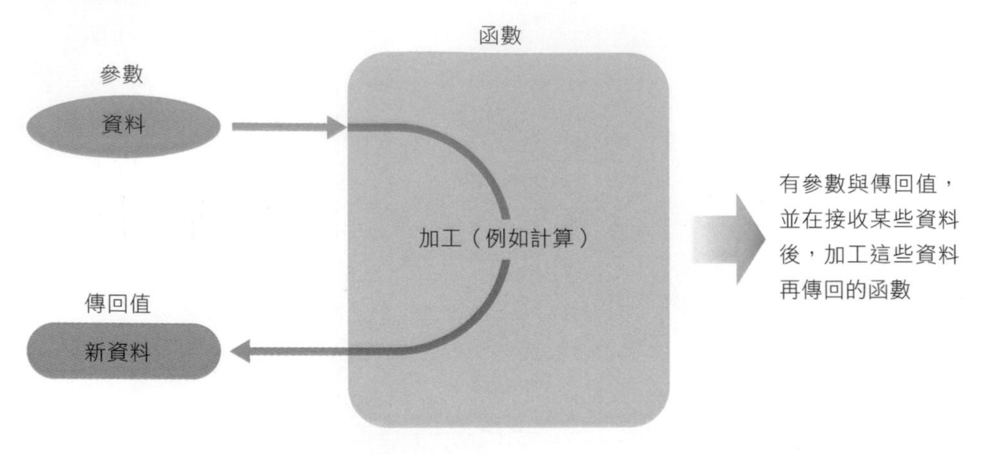

圖 3-5-7　函數處理示意圖

程式設計初學者或許會覺得函數很更難，但千萬別因為這樣而停下腳步，之後讓我們在製作遊戲的章節再複習一次。

函數就利用小寫英文字母與底線命名。

我剛開始學習程式設計的時候，也覺得列表與函數很難。

但白川妳現在已經這麼會寫 Python 的程式了。

列表與函數一開始的確很難，但之後多複習幾次，就能學會囉！

COLUMN

關於遊戲開發成本（一）

不知道大家有沒有想過「開發一個遊戲需要花多少錢」這件事呢？這個專欄想跟大家談談遊戲開發成本。

讓我們以智慧型手機的社群遊戲為例子來討論。

■ 先決定團隊的編制

社群遊戲的角色通常很多個，我們以具備 200 張角色插圖的社群遊戲來討論吧！因為是社群遊戲，所以還包括支援網路。

假設社群遊戲正職員工有總監 1 名、規劃師 1 名、程式設計師 3 名、設計師 3 名。製作人由董事兼任，人事費用不另外計算。開發期間，遊戲種類、遊戲內容與開發團隊資源都可能會變動，但姑且設定遊戲要在 12 個月之內完成。在這段期間，只靠編制內的設計師很難畫完所有角色的插圖，所以將部分的插圖發包給編制外的設計師，音效也外包給其他公司。

■ 計算開發費用之後…

第一步先計算參與開發的人數乘以開發月數：這次的團隊有 8 個人，工作期間為 12 個月，所以是 96 人月。如果是大型遊戲開發公司，一個月的人事費大約是 100 萬日圓以上，小型的遊戲開發公司大約是 50 萬左右。假設這次以中型遊戲開發公司計算，大約每人月 75 萬日圓，換言之，光是公司內部的人事費就要「96 人月 ×75 萬 =7,200 萬日圓」。

如果加上發包的設計、音效製作、聲優、宣傳廣告等費用，發表一個遊戲就要花 1 億日圓，而且上市之後還需要有人經營。假設遊戲要經營一年，那麼人事費、伺服器租用費、定期廣告費，林林總總加起來，還要花 3,000 萬日圓的話，那麼從遊戲發表開始，一年之內必須獲利 1 億 3 千萬日圓，否則就會虧損。

要先讓大家知道，每年都有很多社群遊戲發表，營業額能超過 1 億日圓的卻是寥寥可數。

Python 具備「能執行各種處理的功能」，這些功能統稱為「模組」，學會模組的使用方法是 Python 非常重要的知識。本章要介紹使用日期模組與亂數模組的方法。

Chapter 4

import 的使用方法

Lesson 4-1 關於模組

第 3 章所學的變數、列表、條件分歧、迴圈、函數是程式設計的五大基本知識，Python 與其他的程式設計語言也都能直接使用這些命令。

相反的，要使用模組就得完成一些事前準備。請大家回想一下第 2 章輸出月曆的步驟。Python 內建了操作月曆的進階功能，這項進階功能也是模組的一種。所以，先複習一下模組的使用方法。

import 模組

第 2 章在 Shell 視窗輸入了「import calendar」，載入月曆功能，再以「print(calendar(西曆 , 月))」輸出了月曆。要使用模組的時候，必須利用 **import** 命令告訴 Python 要使用這個模組的功能。

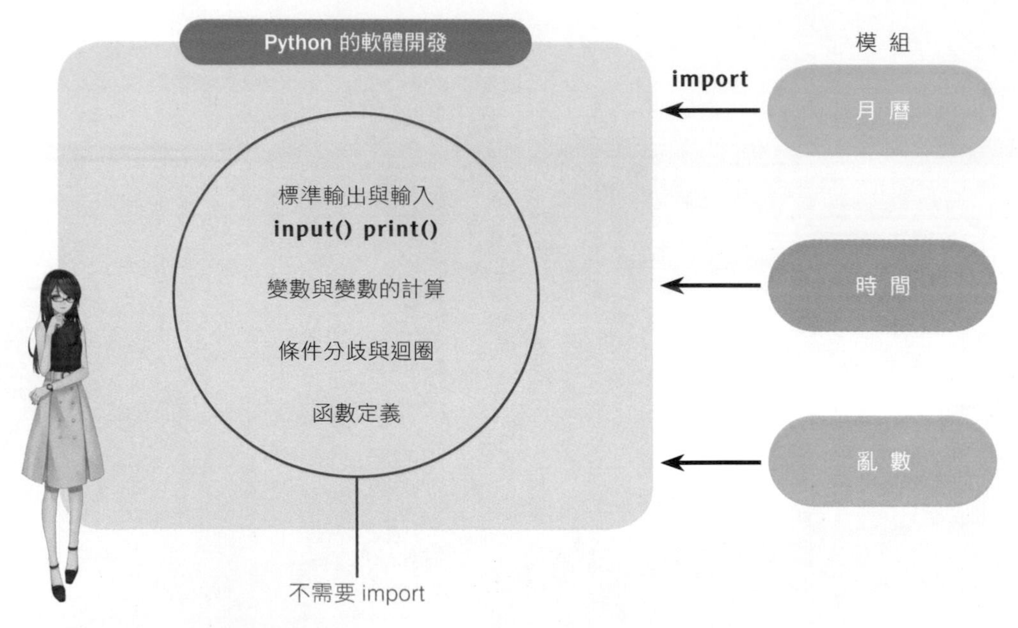

圖 4-1-1　可利用模組使用各種功能

Python 內建了許多模組，**可依照要開發的軟體載入必要的模組**。本書在開發遊戲的時候，也會載入許多模組。

Lesson 4-2

複習月曆

在第 2 章是直接在 Shell 視窗輸入命令與輸出月曆，這章則要試著撰寫程式再輸出月曆。

模組使用方法的基本知識

請輸入下列顯示月曆的程式，並且命名與儲存檔案，再執行程式。

程式 ▶ list0402_1.py

```
1  import calendar                       載入 calendar 模組
2  print(calendar.month(2019, 5))        指定月曆的西曆與月份，再以 print() 輸出
```

執行這個程式可得到下列結果。

```
      May 2019
Mo Tu We Th Fr Sa Su
       1  2  3  4  5
 6  7  8  9 10 11 12
13 14 15 16 17 18 19
20 21 22 23 24 25 26
27 28 29 30 31

>>>
```

圖 4-2-1
顯示月曆

要使用模組的功能可如 list0402_1.py 撰寫下列的程式。

語法：載入與使用模組的方法

- import 模組名稱
- 模組名稱.模組的函數

month() 這個命令是 calendar 模組的函數。list0402_1.py 利用 **month() 函數的參數指定西曆與月份再呼叫這個函數。此時會傳回月曆的資料（字串），所以就能以 print() 函數輸出這個資料**。月曆的資料就是傳回值。現階段只需要想成「利用 calendar 模組的 month() 命令與 print() 命令在螢幕顯示月曆」即可。本書為了方便程式設計初學者學習，都將 Python 內建的函數（例如 month()）說成「**命令**」。

確認是否為閏年

與月曆相關的命令有很多種，例如 **isleap() 命令**就能確認該年度是否為閏年。請輸入下列的程式，並且命名與儲存檔案，再執行程式。

程式 ▶ list0402_2.py

	程式碼	說明
1	`import calendar`	載入 calendar 模組
2	`print(calendar.isleap(2020))`	確認 2020 年是否為閏年

isleap() 會在 () 之內的西曆為閏年時傳回 True，否則就傳回 False。執行上述的程式會得到下列的結果。

圖 4-2-2
isleap() 的判定

關於 bool 資料類型

True 與 **False** 都是 **bool 資料類型**（布林資料類型）。之前曾經提過，條件分歧的條件式成立會傳回 True，不成立會傳回 False（→ P.57）。True 是「真」的意思，False 是「偽」的意思。

isleap() 是參數指定的西曆為閏年會傳回 True（**真**），否則就傳回 False（**偽**）的函數。

Python 的條件式、取得值的函數都會用到 True 或 False，大家一定要記住喲！

Lesson 4-3

操作日期與時間

Python 可利用簡單的命令操作日期與時間，接下來說明操作的方法。

關於日期與時間的操作

遊戲裡的日期與時間都是如何使用的呢？

生命值減少就不能繼續玩的社群遊戲，只要過了一段時間生命值會自動恢復，也就能繼續再玩，此時日期或時間的資料就是用來管理玩家玩遊戲的時間、登入時間或是送獎的時間，有些則是要避免玩家作弊。舉例來說，在儲存的資料輸入日期，就是避免這些資料被竄改。

除了遊戲之外，日期與時間也會於各種軟體使用。不管你是基於興趣寫程式，還是想成為職業程式設計師，一定得先知道操作日期與時間的方法。

由於操作日期與時間的 Python 程式很簡單，程式設計初學者也可以輕鬆地讀下去。

輸出日期

要透過 Python 操作日期與時間必須載入 **datetime 模組**。讓我們先試著輸出日期。利用 **date.today()** 命令取得執行程式時的日期。請輸入下列的程式，並且命名與儲存檔案，再執行程式。

程式 ▶ **list0403_1.py**

	程式	說明
1	`import datetime`	載入 datetime 模組
2	`print(datetime.date.today())`	輸出目前的日期

執行上述程式可輸出執行程式之際的日期。

```
2021-06-07
>>> |
```

圖 4-3-1　輸出日期

輸出時間

接著利用 **datetime.now()** 命令取得執行程式之際的日期與時間。請輸入下列的程式，並且命名與儲存檔案，再執行程式。

程式 ▶ list0403_2.py

	程式	說明
1	`import datetime`	載入 datetime 模組
2	`print(datetime.datetime.now())`	輸出目前的日期與時間

執行上述程式會輸出執行時的日期與時間，秒數會輸出小數點的值。

```
2021-06-07 16:51:20.734314
>>>
```

圖 4-3-2
輸出日期與時間

接著要從此值取得小時、分鐘與秒：請輸入下列的程式，並且命名與儲存檔案，再執行程式。

程式 ▶ list0403_3.py

	程式	說明
1	`import datetime`	載入 datetime 模組
2	`d = datetime.datetime.now()`	將目前的日期與時間存入變數 d
3	`print(d.hour)`	輸出小時
4	`print(d.minute)`	輸出分鐘
5	`print(d.second)`	輸出秒

執行上述程式後可得到下列的小時、分鐘與秒的資料。

```
8
19
28
>>>
```

圖 4-3-3
輸出小時、分鐘與秒

要取得小時、分鐘與秒，必須如第 3 ～ 5 列的程式將日期與時間的資料放入 d.hour、d.minute、d.second 這三個變數，d.second 取得的秒數不會包含小數點的資料；也可以取得西曆、月、日期這些資料，變數分別是 d.year、d.month、d.day。

從出生到現在的天數

Python 可利用簡單的程式算出某個日期到某個日期的天數。

現在要計算從出生到現在的天數，請輸入下列的程式，並且命名與儲存檔案，再執行程式。

程式 ▶ **list0403_4.py** ※ 請在第三列指定自己的出生年月日

	程式	說明
1	`import datetime`	載入 datetime 模組
2	`today = datetime.date.today()`	將執行之際的年、月、日資料代入變數 today
3	`birth = datetime.date(1971,2,2)`	將出生年月日代入變數 birthday
4	`print(today-birth)`	以減法算出上述兩個日期之間的天數再輸出計算結果

執行上述程式可得到下列從出生到現在的天數。

由於是日期相減，所以時間的部分會是「0:00:00」。

```
18388 days, 0:00:00
>>> |
```

圖 4-3-4
輸出經過的天數

Python 可如上讓日期相減，所以能快速算出天數。

Python 有許多與月曆有關的命令，對操作月曆或日期有興趣的讀者，可試著以「Python calendar」或「Python datetime」關鍵字搜尋，就能找到進一步介紹相關命令使用方法的網站。

Lesson 4-4

亂數的使用方法

擲骰子，有可能會出現 1 ～ 6 的值，這種值稱為亂數。許多遊戲都會用到亂數。這節要介紹如何在 Python 使用亂數。

小數的亂數

用電腦製作亂數稱為「產生亂數」，要在 Python 產生亂數必須載入 **random 模組**。第一步先利用 **random() 命令**產生大於等於 0、小於 1 的小數點亂數。請輸入下列的程式，並且命名與儲存檔案，再執行程式。

程式 ▶ list0404_1.py

	程式	說明
1	`import random`	載入 random 模組
2	`r = random.random()`	將大於等於 0、小於 1 的小數點亂數代入變數 r
3	`print(r)`	輸出 r 的值

執行上述的程式可將大於等於 0、小於 1 的小數點亂數放入變數 r，再輸出變數 r 的值。

```
0.7108333728473524
>>> |
```

圖 4-4-1
輸出小數點的亂數

這次的執行結果如上。請確認是不是每次都會得到不同的結果。

整數的亂數

接著要利用 **randint(min,max)** 命令產生大於等於 min、小於等於 max 的整數亂數。請輸入下列的程式，並且命名與儲存檔案，再執行程式。

程式 ▶ list0404_2.py

	程式	說明
1	`import random`	載入 random 模組
2	`r = random.randint(1, 6)`	將 1、2、3、4、5、6 的其中一個整數代入變數 r
3	`print(r)`	輸出 r 的值

執行上述程式可將 1 ～ 6 的其中一個整數放入變數 r，再輸出變數 r 的值。

```
2
>>>
```

圖 4-4-2
輸出整數的亂數

請確認是不是每次都會得到不同的結果。

從多個項目隨機挑選一個項目

接著使用從多個項目挑選其中一個項目的 **choice() 命令**製作猜拳程式。這次會在 choice() 以第 3 章學到的列表（→ P.52）撰寫資料。請輸入下列的程式，並且命名與儲存檔案，再執行程式。

程式 ▶ list0404_3.py

```
1  import random                                   載入 random 模組
2  jan = random.choice(["石頭", "剪刀", "布"])      將石頭、剪刀或是布的其中一個代入
                                                   變數 jan
3  print(jan)                                      輸出 jan 的值
```

執行上述程式可輸出石頭、剪刀或是布。

圖 4-4-3
隨機輸出多個項目的其中一個

從範例程式可以發現，Python 的語法很簡單，只要學會幾個命令，初學者也能自行撰寫程式。這種方便好用的特性也是 Python 受到歡迎的理由之一。

抽扭蛋的機率

接著讓我們撰寫社群遊戲的「抽扭蛋」程式。抽扭蛋是在遊戲中抽角色或道具的機制。

在撰寫程式之前，先談談機率是什麼。假設超稀有角色的出現機率只有 1%，或許有些人就會覺得「那抽 100 次就有機會會抽中」，但機率並不如想像中的簡單，因為所謂的 1% 機率是指有可能抽一次就中，也有可能抽 400 次、500 次都不中。接著，讓我們實際體驗一下所謂的機率。

我們要設定 1 到 100 號的角色，然後隨機抽出其中一個。假設 77 號是超稀有的角色，這次要顯示在抽中 77 號之前，總共抽了幾次。這次的程式會出現幾個新概念，讓我們先執行程式再說明這些概念。

請輸入下列的程式，並且命名與儲存檔案，再執行程式。

程式 ▶ list0404_4.py

1	`import random`	載入 random 模組
2	`cnt = 0`	計算亂數產生次數
3	`while True:`	以 while True 撰寫無限迴圈
4	`    r = random.randint(1, 100)`	將大於等於 1、小於等於 100 的亂數代入變數 r
5	`    print(r)`	輸出 r 值
6	`    cnt = cnt + 1`	計算產生亂數的次數
7	`    if r == 77:`	出現 77 這個亂數（超稀有角色）
8	`        break`	就中斷迴圈
9	`print("於第"+str(cnt)+"次抽中超稀有角色")`	輸出產生幾次亂數才出現超稀有角色

執行上述程式之後，會不斷輸出亂數，直到輸出 77 為止。輸出 77 之後，會顯示產生了幾次亂數。

```
47
55
50
83
88
95
77
於第170次抽中超稀有角色
>>>
```

圖 4-4-4
輸出機率

請多執行幾次程式，看看 77 號會在第幾次出現。

這次的程式出現了三個新語法。

❶ 第 3 列的 while True

這是當 while 條件為 True 就不斷執行處理的程式。

❷ 第 8 列的 break

中斷 for 或 while 迴圈的命令是 break。這次是在第 7 列的 if 條件式產生 77 這個亂數時中斷處理。右圖為程式執行流程的示意圖。

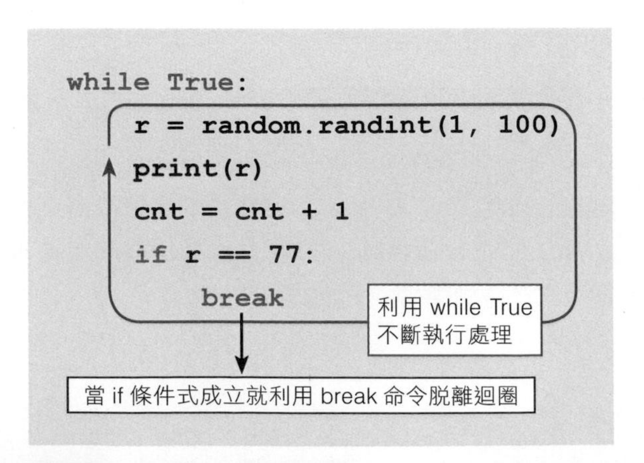

圖 4-4-5 利用 break 脫離迴圈

❸ 第 9 列的 str()

輸出「於第幾次抽中超稀有角色」時，使用 str() 命令串起變數值與字串。字串可利用 + 串連，但數字與字串的串連必須先以 **str() 命令將數字轉換成字串**。

要撰寫這個程式必須了解「變數的有效範圍」，接下來就為大家說明。

這個程式的重點在於迴圈命令的 while 與脫離迴圈 break。一開始可能不太了解同時使用多個命令的方法，但等到接觸的程式多了就會變得熟悉，所以現在不用太在意，繼續讀下去就好。

››› 變數的有效範圍

這次的程式使用了兩個變數，一個是用於計算亂數產生次數的 cnt，另一個是儲存 1 ～ 100 亂數的 r。要注意的是，**變數只能在宣告變數的程式區塊之中使用**。在這次的程式之中，cnt 的有效範圍為下圖的藍框，r 的有效範圍是紅框。

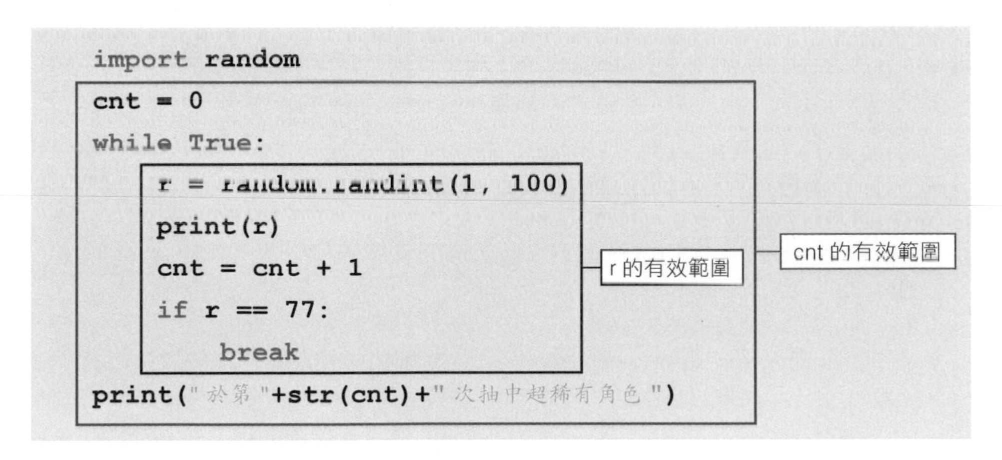

圖 4-4-6 變數的有效範圍

從 while 下一列縮排的部分（紅框）是 while 迴圈的區塊。由於變數 r 是於這區塊宣告，所以只能在這區塊之內使用。cnt 是在 while 之前宣告，所以可在 while 的區塊之內以及 while 結束之後使用。

宣告變數的位置與有效範圍是程式設計的重要規則，之後會在製作遊戲的時候再次說明。

這個程式有可能第一次就抽中 77 號，也有可能在第 528 次才抽中。大家不妨多執行幾次這個程式，體驗一下亂數的機率。

COLUMN

在 RPG 逃跑的失敗率

向大家介紹一下「勇者鬥惡龍」或「太空戰士」這類經典 RPG 遊戲從戰鬥撤退（逃跑）的機率。

假設遊戲規劃師認為「在角色扮演遊戲的戰鬥選擇撤退命令，失敗的機率要高達三分之一」，第一次開始 RPG 遊戲的程式設計師把程式寫成將 0 ～ 99 的亂數放入變數 r，再以 if 條件句設定 r<33 就不能順利撤退的條件。此時若實際試玩，很可能會遇到很想逃卻逃不掉的痛苦，因為以這個亂數與 if 條件句設定條件，很可能會得到選了 3 ～ 4 次「撤退」卻一直無法撤退的結果。

那麼將失敗的機率降至四分之一或五分之一就不會遇到上述的痛苦嗎？其實還是會遇到一直無法撤退的問題。換言之，降低失敗機率或許能讓玩家不那麼痛苦，卻不能解決痛苦。如果繼續調降失敗的機率，就會變成太容易撤退，喪失戰鬥時的緊張感（遊戲的樂趣之一）。

那該怎麼做才能讓玩家玩得開心，又不會喪失逃不掉的緊張感呢？

舉例來說，將程式寫成下列的內容。

- 第一次撤退時，將 0 ～ 99 的亂數放入變數 r，以 r<33 設定失敗的機率。
- 撤退失敗，連續兩次選擇撤退時，將 0 ～ 99 的亂數放入變數 r，以 r<10 設定失敗的機率。換言之，在玩家第二次選擇撤退時，調降失敗的機率。
- 設定成連續三次選擇撤退就一定能逃得掉。

亂數必須依照遊戲整體的情況調整。舉例來說，常常需要戰鬥的遊戲就應該調降撤退失敗的機率，反之，不是那麼常戰鬥的遊戲就應該稍微調高撤退失敗的機率，才能讓遊戲更有趣。根據玩家的心情開發遊戲的遊戲開發人員都有自己創造遊戲趣味性的方法。

本章要開始製作遊戲。一開始要先利用字串的輸出與輸入命令製作簡單的遊戲，從中學習開發遊戲的基礎知識。就算是想立刻顯示圖片及開發正統遊戲的讀者，最好還是認真地閱讀本章的內容。下一章才會開始利用圖片開發遊戲。

Chapter 5 運用 CUI 開發迷你遊戲

Lesson 5-1

CUI 與 GUI

第 5 章 **CUI 是字元使用者介面**（Character User Interface）的縮寫，是只能輸入與輸出文字，藉此操控電腦的方式。Python 的 Shell 視窗就是 CUI 的一種。反之，在視窗配置按鈕或文字方塊的介面就稱為**圖形使用者介面**（**GUI**）。

CUI

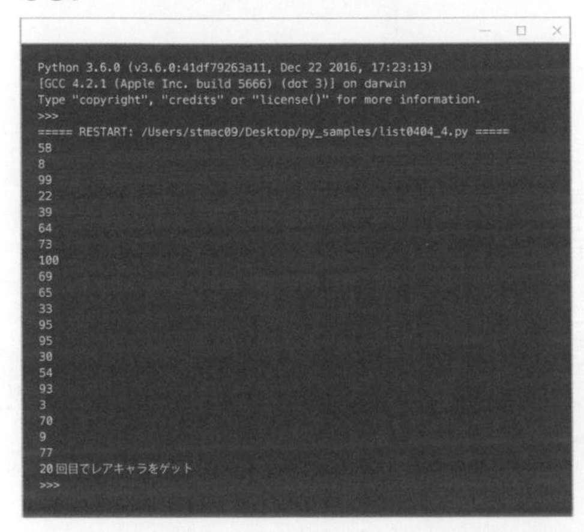

GUI

圖 5-1-1　CUI 與 GUI 的範例

字元使用者介面（CUI）也可稱為字元基礎使用者介面（character-based user interface）。本章要開發三種於字元使用者介面執行的遊戲，而 GUI 執行的遊戲將從第 6 章開始製作。

Android 終端與 iOS 終端的畫面都是觸控介面，所以智慧型手機與平板電腦的畫面都是 GUI。Windows 電腦與 Mac 電腦的軟體通常都是 GUI，但也有部分軟體是使用 CUI，例如命令提示字元或 Python 的 IDLE 就是其中一種。

Lesson 5-2 製作猜謎遊戲

一開始先製作猜謎遊戲，試試手感。需要的程式設計知識只有輸出、輸入、變數與條件分歧，之後則是利用列表與迴圈增加謎題的數量。

利用 if 句判斷字串

一開始先撰寫輸出題目，判斷使用者輸入的答案（字串）是否正確的程式。請輸入下列的程式，並且命名與儲存檔案，再執行程式。

程式 ▶ **list0502_1.py**

```
1  print("蠑螈太太的老公叫什麼名字？")      輸出「蠑螈太太的老公叫什麼名字？」
2  ans = input()                            將使用者輸入的字串代入 ans
3  if ans == "鱒男":                        假設 ans 的值為「鱒男」
4      print("答對了")                        就輸出「答對了」
5  else:                                    否則
6      print("答錯了")                        就輸出「答錯了」
```

執行上述程式可得到下列的結果。

```
蠑螈太太的老公叫什麼名字？
鱒男
答對了
>>>
```

圖 5-2-1
list0502_1.py 的執行結果

雖然題目只有一個，但只用了六列程式就寫出猜謎遊戲了。讓我們稍微修改一下這個程式，讓正確答案可以是「鱒男」或是「masuo」。這個「**或是**」的英文單字是 **or**，Python 的條件式也能以 or 撰寫。請輸入下列的程式，並且命名與儲存檔案，再執行程式。

程式 ▶ **list0502_2.py**

```
1  print("蠑螈太太的老公叫什麼名字？")      輸出「蠑螈太太的老公叫什麼名字？」
2  ans = input()                            將使用者輸入的字串代入 ans
3  if ans == "鱒男" or ans == "masuo":      假設 ans 的值為「鱒男」或「masuo」
4      print("答對了")                        就輸出「答對了」
5  else:                                    否則
6      print("答錯了")                        就輸出「答錯了」
```

執行程式後，輸入「鱒男」或「masuo」都算答對。

這個程式沒有用到 **and**，但其實可將條件式寫成「if 條件式 1 and 條件式 2」，判斷兩個條件必須同時成立的情況。

```
蠑螈太太的老公叫什麼名字？？
masuo
答對了
>>>
```

圖 5-2-2　list0502_2.py 的執行結果

》》》增加題目

增加 list0502_1.py 或 list0502_2.py 的條件式，的確可以增加題目，但若要增加到 100 題，此猜謎遊戲的程式會變得很冗長，一堆 if 條件句也很容易出問題。

要增加題目時，可使用列表與迴圈。請輸入下列的程式，並且命名與儲存檔案，再執行程式。

程式 ▶ list0502_3.py

	程式	說明
1	`QUESTION = [`	利用列表定義三個題目
2	`"蠑螈太太的老公叫什麼名字？",`	
3	`"磯野鰹的妹妹叫什麼名字？",`	
4	`"鱈男是磯野鰹的誰？"]`	
5	`R_ANS = ["鱒男", "磯野裙帶菜", "外甥"]`	利用列表定義答案
6	`for i in range(3):`	利用 for 重複執行程式，i 的值從 0 遞增至 1 與 2
7	`    print(QUESTION[i])`	輸出題目
8	`    ans = input()`	將使用者輸入的字串代入 ans
9	`    if ans == R_ANS[i]:`	假設 ans 的值與答案的字串相同
10	`        print("答對了")`	輸出「答對了」
11	`    else:`	否則
12	`        print("答錯了")`	輸出「答錯了」

※ R_ANS 這個變數是 right answer（正確解答）的縮寫。在程式裡，不需要變更值的變數（又稱**常數**→ P.257）通常會以大寫英文字母命名，所以 QUESTION、R_ANS 都以大寫英文字母命名。

執行這個程式後會依序輸出題目，若輸入正確答案，就會顯示「答對了」。

讓我們進一步了解程式：第 1 ～ 4 列的程式是以列表定義了題目的字串。列表的資料可利用逗號換行。第 5 列的列表沒有換行。

```
蠑螈太太的老公叫什麼名字？
鱒男
答對了
磯野鰹的妹妹叫什麼名字？
磯野裙帶菜
答對了
鱈男是磯野鰹的誰？
外甥
答對了
```

圖 5-2-3　list0502_3.py 的執行結果

如果忘記了第 6 列的 for 迴圈與 range() 的使用方法，可翻回 P.60 複習一下。for 迴圈的 i 值會以 0 → 1 → 2 的方式遞增。第 7 列的 print() 輸出的是 QUESTION[i]，當 i 值為 0，就會「蠑螈太太的老公叫什麼名字？」這個字串，當 i 為 1，QUESTION[i] 就是「磯野鰹的妹妹叫什麼名字？」當 i 為 2，QUESTION[i] 就是「鱈男是磯野鰹的誰？」。第 9 列的 R_ANS[i] 也會隨著迴圈變成 R_ANS[0]、R_ANS[1]、R_ANS[2]，這三個的內容分別是「鱒男」、「磯野裙帶菜」與「外甥」。要注意的是，列表的索引是從 0 開始（→ P.52）。

在這個程式裡，英文的「masuo」不算是正確答案。下面的程式則改良成輸入英文「masuo」也算答對。請輸入下列的程式，並且命名與儲存檔案，再執行程式。

程式 ▶ list0502_4.py

```
1  QUESTION = [
2  "蠑螈太太的老公叫什麼名字？",
3  "磯野鰹的妹妹叫什麼名字？",
4  "鱈男是磯野鰹的誰？"]
5  R_ANS = ["鱒男", "磯野裙帶菜", "外甥"]
6  R_ANS2 = ["masuo", "wakame", "oi"]
7
8  for i in range(3):

9      print(QUESTION[i])
10     ans = input()
11     if ans == R_ANS[i] or ans == R_ANS2[i]:
12         print("答對了")
13     else:
14         print("答錯了")
```

列	說明
1	利用列表定義三個題目
5	利用列表定義答案
6	定義英文答案
8	利用 for 重複執行程式，i 的值從 0 遞增至 1 與 2
9	輸出題目
10	將使用者輸入的字串代入 ans
11	假設 ans 的值與答案的字串相同
12	輸出「答對了」
13	否則
14	輸出「答錯了」

執行畫面予以省略，請確認一下輸入英文答案是否正確。

這個程式的重點在於列表的使用方法。列表很適合在統整資料時使用。

⟫ 列表與元組

與列表很像的是**元組**，可利用 () 撰寫。

元組的範例

```
ITEM = ("藥草","鐵鑰匙","魔法藥","聖石","勇者之證")
```

元組無法變更宣告之際代入的值。由於這次的程式也不需要變更題目與答案，所以改用元組定義也無妨，但本書為了方便程式設計的初學者了解，在第 9 章之前都不會同時使用列表與元組。之後要操作多個資料時，會使用列表 [] 撰寫。

Lesson 5-3 製作大富翁

這一節要製作大富翁遊戲，並定義顯示大富翁盤面的函數，藉此進一步了解函數。由於大富翁是邊丟骰子邊前進的遊戲，所以會用到第 4 章學過的亂數。

關於對戰型遊戲

遊戲的趣味之一在於「對戰」，例如格鬥遊戲的對打或是黑白棋、麻將、將棋這類桌面遊戲的智取，都是一種對戰。這次要製作的遊戲是與電腦對戰的大富翁。程式有點長，所以分成三大步驟撰寫。

步驟 1：顯示大富翁的盤面

該如何利用只有文字的 CUI 呈現大富翁的盤面呢？這部分端看遊戲設計師與遊戲程式設計師的功力了。

這次是以全形的「•」（黑點）作為大富翁的格子，玩家所在的格子以 P 標示，電腦的格式以 C 標示，下列為示意圖。

```
・・・・・P・・・・・・・・・・・・・・・・・・・・・・・・Goal
・・C・・・・・・・・・・・・・・・・・・・・・・・・・・・Goal
```

圖 5-3-1　利用 CUI 打造的大富翁盤面

假設從左側到右側的格子共有 30 格，誰先抵達最右側的格子就算獲勝。

步驟 1 要定義的是顯示格子與玩家位置的函數。請輸入下列的程式，並且命名與儲存檔案，再執行程式。

程式 ▶ **list0503_1.py**

```
1  pl_pos = 6                                              管理玩家位置的變數
2  def banmen():                                           宣告函數
3      print("　"*(pl_pos-1) + "P" + "　"*(30-pl_pos))       輸出黑點與 P 組成的字串
4
5  banmen()                                                呼叫函數
```

※ 為了區分函數的定義（第 2 ~ 3 列）與呼叫函數的處理（第 5 列），特別空出第 4 列，但沒空出來也沒關係。

執行這個程式可得到下列的結果。

```
.....P........................
>>>
```

圖 5-3-2　list0503_1.py 的執行結果

接著詳細說明程式。第 1 列宣告 pl_pos 變數用來管理玩家的位置（P 的位置）。這次為了方便確認執行過程將初始值設為 6。第 2 列宣告函數的部分，函數的內容是第 3 列的 print() 命令。print() 的內容是這個程式的重點。Python 的「**字串 *n**」可連續排列 n 個該字串。「**"・"*（pl_pos-1）**」代表在 P 的左側的黑點，「**"・"*（30-pl_pos）**」則代表 P 的右側的黑點。下圖為示意圖。

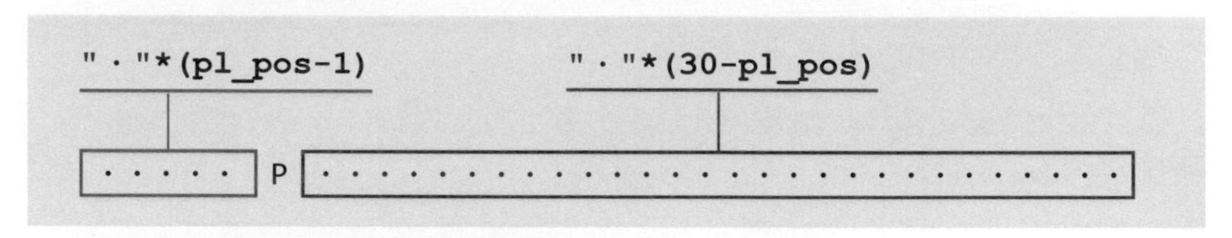

圖 5-3-3　print() 命令與輸出結果的關係

如果覺得這段程式很難懂，請先想像 P 位於最左側的第 1 格。「"・"*（pl_pos-1）」就是「"・"*（1-1）」，也就是「"・"*0」的意思，此時 P 的左側不會有任何黑點，而「"・"*（30-pl_pos）」則是「"・"*（30-1），也就是「"・"*29」，代表 P 的右側有 29 個黑點。那麼當 P 在第 10 格，又是如何呢？此時「"・"*（pl_pos-1）」會是「"・"*9」，所以 P 的左側會有 9 個黑點，而「"・"*（30-pl_pos）」則是「"・"*20」，代表 P 的右側有 20 個黑點。

接著要顯示電腦的位置。請輸入下列程式，並命名與儲存檔案，再執行程式。

程式 ▶ list0503_2.py

```
1  pl_pos = 6                                          管理玩家位置的變數
2  com_pos = 3                                         管理電腦位置的變數
3  def banmen():                                       宣告函數
4      print("・"*(pl_pos-1) + "P" + "・"*(30-pl_pos))      輸出黑點與 P 的字串
5      print("・"*(com_pos-1) + "C" + "・"*(30-com_pos))    輸出黑點與 C 的字串
6  banmen()                                            呼叫函數
```

執行這個程式後可得到下列的結果。

```
・・・・・P・・・・・・・・・・・・・・・・・・・・・・・・
・・C・・・・・・・・・・・・・・・・・・・・・・・・・・・
>>> |
```

圖 5-3-4　顯示 C 的位置

之所以將 pl_pos 的初始值設定為 6，並將 com_pos 的初始值設定為 3，是為了確認 P 與 C 的位置。下面的程式會把 pl_pos 與 com_pos 都設為 1。

步驟 2：利用迴圈推進

步驟 2 要追加前進的處理，這部分會用到迴圈。請輸入下列的程式，並且命名與儲存檔案，再執行程式。

程式 ▶ list0503_3.py　　※這是從 list0503_2.py 修改而來的程式，變更之處都已標記

```
1  pl_pos = 1                                          管理玩家位置的變數
2  com_pos = 1                                         管理電腦位置的變數
3  def banmen():                                       宣告函數
4      print("・"*(pl_pos-1) + "P" + "・"*(30-pl_pos))    輸出黑點與 P 的字串
5      print("・"*(com_pos-1) + "C" + "・"*(30-com_pos))  輸出黑點與 C 的字串
6  while True:                                         利用 while True 打造無窮迴圈
7      banmen()                                          顯示盤面
8      input("按下Enter就會前進")                         等待輸入
9      pl_pos = pl_pos + 1                               玩家前進 1 格
10     com_pos = com_pos + 2                             電腦前進 2 格
```

執行這個程式之後會顯示大富翁的盤面，還會顯示「按下 Enter 就會前進」的字樣。按下 Enter 鍵之後，P 與 C 的位置就會往右移動。

```
P・・・・・・・・・・・・・・・・・・・・・・・・・・・・・
C・・・・・・・・・・・・・・・・・・・・・・・・・・・・・
按下Enter就會前進
```

圖 5-3-5　按下按鍵，讓玩家與電腦前進

第 8 列的 input() 是為了輸入 Enter 鍵而使用。第 9 列是讓管理玩家位置的變數 pl_pos 遞增 1，第 10 列是讓管理電腦位置的變數 com_pos 遞增 2。只要 while 迴圈的條件式為 True，就會不斷執行相同處理。第 7 ～ 10 列的處理會因第 6 列的 while True 不斷執行，每按一次 Enter 鍵，P 與 C 的位置就會往右移動。

下一步要將 pl_pos 與 com_pos 的遞增值設定為亂數。要使用亂數就必須依照第 4 章介紹的方法載入 random 模組（→ P.78）。請輸入下列的程式，並且命名與儲存檔案，再執行程式。

程式 ▶ list0503_4.py　　※ 這是從前面的程式修改而來的程式，變更之處都已標記

```
1  import random                                          載入 random 模組
2  pl_pos = 1                                             管理玩家位置的變數
3  com_pos = 1                                            管理電腦位置的變數
4  def banmen():                                          宣告函數
5      print("•"*(pl_pos-1) + "P" + "•"*(30-pl_pos))        輸出黑點與 P 的字串
6      print("•"*(com_pos-1) + "C" + "•"*(30-com_pos))      輸出黑點與 C 的字串
7  while True:                                            利用 while True 打造無窮回圈
8      banmen()                                             顯示盤面
9      input("按下Enter就會前進")                            等待輸入
10     pl_pos = pl_pos + random.randint(1,6)                玩家依照亂數的結果前進
11     com_pos = com_pos + random.randint(1,6)              電腦依照亂數的結果前進
```

執行這個程式之後，每按一次 Enter 鍵，「P」與「C」就會依照 1 ～ 6 的亂數前進。執行畫面予以省略。

步驟 3：判斷是否抵達終點

最後是讓玩家與電腦交互前進的處理以及判斷是否抵達終點的處理，判斷的部分是以條件分歧撰寫。請輸入下列程式，並且命名與儲存檔案，再執行程式。

程式 ▶ list0503_5.py　　※ 這是從前面的程式修改而來的程式，變更之處都已標記

```
1  import random                                    載入 random 模組
2  pl_pos = 1                                       管理玩家位置的變數
3  com_pos = 1                                      管理電腦位置的變數
4  def banmen():                                    宣告函數
5      print("•"*(pl_pos-1) + "P" + "•"*(30-pl_     輸出黑點與 P 的字串
   pos) +"Goal")
6      print("•"*(com_pos-1) + "C" + "•"*(30-com_   輸出黑點與 C 的字串
   pos) +"Goal")
7
8  banmen()                                         輸出遊戲開始的訊息
9  print("大富翁開始！")                             等待輸入
10 while True:                                      利用 while True 打造無窮回圈
11     input("按下Enter前進")                          輸出提醒玩家按下「Enter」鍵
                                                    的訊息
12     pl_pos = pl_pos + random.randint(1,6)          玩家依照亂數的結果前進
13     if pl_pos > 30:                                當 P 的位置超過 30 格
14         pl_pos = 30                                  設定為第 30 格
15     banmen()                                       顯示盤面
16     if pl_pos = 30:                                當 P 抵達右端
```

17	`        print("你獲勝了！")`	輸出「你獲勝了！」
18	`        break`	脫離迴圈
19	`    input("按下Enter，換電腦前進")`	輸出提醒玩家按下「Enter」鍵的訊息
20	`    com_pos = com_pos + random.randint(1,6)`	電腦依照亂數的結果前進
21	`    if com_pos > 30:`	當 C 的位置超過 30 格
22	`        com_pos = 30`	設定為第 30 格
23	`    banmen()`	顯示盤面
24	`    if com_pos == 30:`	當 C 抵達右端
25	`        print("電腦獲勝！")`	輸出「電腦獲勝！」
26	`        break`	脫離迴圈

執行這個程式之後，每按一次 Enter 鍵，玩家與電腦就會交互前進。只要一方抵達終點，就會輸出結果與結束遊戲。

```
P・・・・・・・・・・・・・・・・・・・・・・・・・・・・・Goal
C・・・・・・・・・・・・・・・・・・・・・・・・・・・・・Goal
大富翁開始！
按下Enter前進
・・・・・P・・・・・・・・・・・・・・・・・・・・・・・・Goal
C・・・・・・・・・・・・・・・・・・・・・・・・・・・・・Goal
按下Enter，換電腦前進
・・・・・P・・・・・・・・・・・・・・・・・・・・・・・・Goal
・・・・・C・・・・・・・・・・・・・・・・・・・・・・・・Goal
按下Enter前進
・・・・・・・・・P・・・・・・・・・・・・・・・・・・・・Goal
・・・・・C・・・・・・・・・・・・・・・・・・・・・・・・Goal
按下Enter，換電腦前進
・・・・・・・・・P・・・・・・・・・・・・・・・・・・・・Goal
・・・・・・・・・C・・・・・・・・・・・・・・・・・・・・Goal
按下Enter前進
・・・・・・・・・・・・P・・・・・・・・・・・・・・・・・Goal
・・・・・・・・・C・・・・・・・・・・・・・・・・・・・・Goal
按下Enter，換電腦前進
・・・・・・・・・・・・P・・・・・・・・・・・・・・・・・Goal
・・・・・・・・・・・・・・・C・・・・・・・・・・・・・・Goal
按下Enter前進
```

圖 5-3-6
CUI 大富翁的完成畫面

為了避免 P 與 C 的位置超過 30 格，刻意利用第 13 ～ 14 與第 21 ～ 22 列的 if 條件式判斷兩者的位置是否大於 30，假設大於 30 就代入 30。第 16 ～ 18 列會在 P 抵達右端輸出「你獲勝了！」的字樣，再利用 break 命令中斷迴圈，第 24 ～ 26 列則是在電腦獲勝時，利用 break 中斷迴圈。換言之，就是利用 break 在決定勝負時，結束 while True 的無限迴圈。

其他列的處理請參考程式碼的說明。

將 "P" 改成 "1"，再將 "C" 改成 "2"，然後由兩個人交互按下 Enter 鍵，就是兩人對戰的大富翁。Python 的語法很簡單，只需要 26 列程式就能寫出對戰遊戲了。

Lesson 5-4

尋找消失的英文字母

最後要製作的遊戲是從畫面裡的英文字母找出缺少的字母。這次會利用 datetime 模組測量過關的時間。

關於比賽誰比較快的遊戲

比賽誰比較快也是遊戲的趣味之一，這類遊戲最有名的莫過於賽車遊戲。從 80 年代到現在，這類型的遊戲有的是在實際的賽場比賽，有的是在虛擬的空間比賽。

比賽速度的遊戲用語為「**時間競速**」。時間競速不只可在賽車遊戲應用，也能於各種遊戲規則應用。舉例來說，計算拼圖遊戲的過關速度或是計算幾秒解決動作遊戲的關卡，都是應用的方式之一。

這次製作的遊戲是從 A ～ Z 之中快速找出缺少的字母，由於遊戲的程式碼較長，所以將分成三大步驟製作。

步驟 1：產生缺少的字母

一開始先撰寫以列表陸續輸出資料的程式。請輸入下列的程式，並且命名與儲存檔案，再執行程式。

程式 ▶ list0504_1.py

```
1  import random                         載入 random 模組
2  ALP = ["A","B","C","D","E","F","G"]   以列表定義英文字母
3  for i in ALP:                         重複將列表的每個元素逐次放入變數 i
4      print(i)                            輸出 i 的值
```

執行這個程式可輸出於第 2 列定義的 A 至 G 的文字。

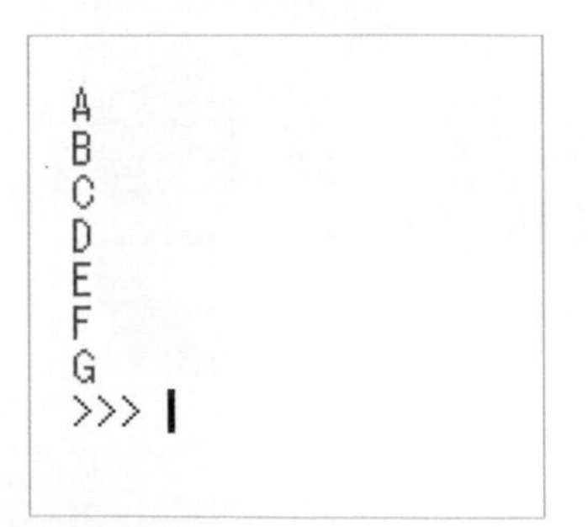

圖 5-4-1
list0504_1.py 的執行結果

第 3 列的 for 迴圈不是以 range() 命令設定重複的次數，而是以 ALP 與列表設定。這種寫法可將列表的元素逐次放入變數。換言之，這個 for 迴圈裡的 i 的值會以 A → B → C → D → E → F → G 的順序變化。

接著要製作缺少某個字母的 A ～ G 的字串。所謂缺少某個字母就是 ACDEFG、ABCEFG、ABCDEF 這類字串。請輸入下列的程式，並且命名與儲存檔案，再執行程式。

程式 ▶ list0504_2.py　※ 這是從前面的程式修改而來的程式，變更之處都已標記

	程式	說明
1	`import random`	載入 random 模組
2	`ALP = ["A","B","C","D","E","F","G"]`	以列表定義字母
3	`r = random.choice(ALP)`	隨機決定缺少的字母
4	`alp = ""`	宣告變數 alp（箱子是空的）
5	`for i in ALP:`	將列表的元素陸續放入變數 i
6	`    if i != r:`	假設 i 不是缺少的字母
7	`        alp = alp + i`	將字母新增至變數 alp
8	`print(alp)`	輸出 alp 的值

執行程式後可得到下列的結果。請確認是不是每次執行，缺少的字母都不一樣。

```
BCDEFG
>>>
```

圖 5-4-2
list0504_2.py 的執行結果

第 3 列的 choice() 命令會從 A ～ G 挑出字母，再將字母放入變數 r。第 5 ～ 7 列的 for 與 if 則會判斷取得的字母是否等於 r，假設不等於 r，就與變數 alp 連結。如此一來就能輸出缺少某個字母的字串。

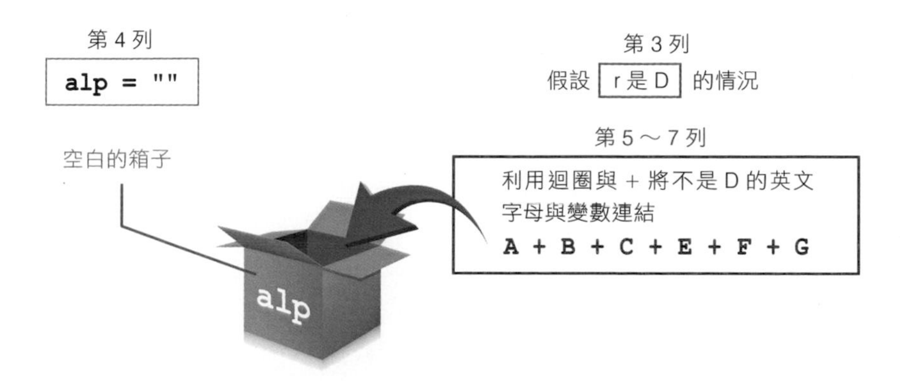

圖 5-4-3　list0504_2.py 的示意圖

很多程式都會在迴圈執行條件分歧的處理，上述遊戲也有這種寫法，請大家務必進一步確認程式碼的內容。

步驟 2：輸入與判斷答案

步驟 2 是讓玩家輸入英文字母，以及判斷輸入的字母是否為缺少的字母，假設兩者相同就輸出「答案正確」的訊息。請輸入下列的程式，並且命名與儲存檔案，再執行程式。

程式 ▶ list0504_3.py ※這是從前面的程式修改而來的程式，變更之處都已標記

```
1  import random                              載入 random 模組
2  ALP = ["A","B","C","D","E","F","G"]         以列表定義字母
3  r = random.choice(ALP)                     隨機決定缺少的字母
4  alp = ""                                   宣告變數 alp（箱子是空的）
5  for i in ALP:                              將列表的元素陸續放入變數 i
6      if i != r:                               假設 i 不是缺少的字母
7          alp = alp + i                          將字母新增至變數 alp
8  print(alp)                                 輸出 alp 的值
9  ans = input("缺少哪個字母呢?")               利用 input() 輸入答案，再將答案代入
                                              變數 ans
10 if ans == r:                               假設答案正確
11     print("答案正確")                        輸出「答案正確」
12 else:                                      否則
13     print("答案錯誤")                        輸出「答案錯誤」
```

執行上述程式會得到下列的結果。

```
ACDEFG
缺少哪個字母呢?B
答案正確
>>>
```

圖 5-4-4
list0504_3.py 的執行結果

第 9 ～ 13 列的 input() 命令可輸入字串，再以 if 條件式判斷是否為正確答案，再輸出對應的訊息。

步驟 3：加入時間計測的部分

步驟 3 要加入計測時間的部分，就要使用 datetime 模組。請輸入下列的程式，並且命名與儲存檔案，再執行程式。

程式 ▶ list0504_4.py　　※ 這是從前面的程式修改而來的程式，變更之處都已標記

	程式	說明
1	`import random`	載入 random 模組
2	`import datetime`	載入 datetime 模組
3	`ALP = ["A","B","C","D","E","F","G"]`	以列表定義字母
4	`r = random.choice(ALP)`	隨機決定缺少的字母
5	`alp = ""`	宣告變數 alp（箱子是空的）
6	`for i in ALP:`	將列表的元素陸續放入變數 i
7	`    if i != r:`	假設 i 不是缺少的字母
8	`        alp = alp + i`	將字母新增至變數 alp
9	`print(alp)`	輸出 alp 的值
10	`st = datetime.datetime.now()`	將日期與時間放入變數 st
11	`ans = input("缺少哪個字母呢？ ")`	利用 input() 輸入答案，再將答案代入變數 ans
12	`if ans == r:`	假設答案正確
13	`    print("答案正確")`	輸出「答案正確」
14	`    et = datetime.datetime.now()`	將新的日期與時間放入變數 et
15	`    print((et-st).seconds)`	將 st 與 et 的差距換算成秒數再輸出
16	`else:`	否則
17	`    print("答案錯誤")`	輸出「答案錯誤」

執行這個程式可得到下列的結果。

```
BCDEFG
缺少哪個字母呢?A
答案正確
1
>>> |
```

圖 5-4-5
list0504_4.py 的執行結果

接著說明計測時間的處理。輸出英文字母的字串後，於第 10 列取得輸出時的日期與時間。在第 11 列輸入答案後，假設答案正確，就於第 14 列再次取得日期與時間，接著以第 15 列計算兩個時間之間的差距，再以 **.seconds** 將計算結果換算成秒數，然後以 print() 命令輸出。

最後再列表加入 H 到 Z 的字母，以及改良秒數的顯示方式就完成了。請輸入下列的程式，並且命名與儲存檔案，再執行程式。

程式 ▶ **list0504_5.py** ※這是從前面的程式修改而來的程式，變更之處都已標記

```
1  import random
2  import datetime
3  ALP = [
4  "A","B","C","D","E","F","G",
5  "H","I","J","K","L","M","N",
6  "O","P","Q","R","S","T","U",
7  "V","W","X","Y","Z"
8  ]
9  r = random.choice(ALP)
10 alp = ""
11 for i in ALP:
12     if i != r:
13         alp = alp + i
14 print(alp)
15 st = datetime.datetime.now()
16 ans = input("缺少哪個字母呢？")
17 if ans == r:
18     print("答案正確")
19     et = datetime.datetime.now()
20     print("總共花了"+str((et-st).seconds)+"秒喲")
21 else:
22     print("答案錯誤")
```

行	說明
1	載入 random 模組
2	載入 datetime 模組
3	以列表定義 A ～ Z 的字母
9	隨機決定缺少的字母
10	宣告變數 alp（箱子是空的）
11	將列表的元素陸續放入變數 i
12	假設 i 不是缺少的字母
13	將字母新增至變數 alp
14	輸出 alp 的值
15	將日期與時間放入變數 st
16	利用 input() 輸入答案，再將答案代入變數 ans
17	假設答案正確
18	輸出「答案正確」
19	將新的日期與時間放入變數 et
20	輸出「總共花了幾秒」的字串
21	否則
22	輸出「答案錯誤」

以上就是「尋找消失的字母」遊戲。執行的畫面如下。

```
ABCDEFGHJKLMNOPQRSTUVWXYZ
缺少哪個字母呢?I
答案正確
總共花了4秒喲
>>> |
```

圖 5-4-6
遊戲完成

由於第 20 列的（et-st）.seconds 是數值，所以要利用 str() 命令轉換成字串（參考 P.81），再利用 + 運算子與「總共花了」「幾秒喲」這些字串連結，再輸出完整的訊息。

Python 能用如此簡單的程式撰寫計測時間的處理。這次介紹的「計測時間處理」未來也會在製作其他程式時使用，還請大家務必試試看。

COLUMN

關於遊戲開發成本（二）

在此要繼續第 3 章的專欄，聊聊開發遊戲要花多少錢的話題。這次要以家用遊戲主機的套裝遊戲軟體為例。

套裝遊戲軟體通常會以光碟或卡匣存放，其中包含遊戲程式、圖片或音效檔案，還有說明書，這些都是成本，而且金額會隨著硬體的不同而增減。假設一款套裝遊戲軟體的開發費用為 1 億日圓，每一套都需要花 500 日圓包裝，若預計銷售數量為 5 萬套，就要再花 2,500 萬日圓包裝。宣傳需要 1,500 萬日圓的話，開發這個遊戲總計已花了 1 億 4 千萬日圓。那麼這個遊戲賣完的話，可以賺多少錢呢？

假設這套遊戲的定價為 6,000 日圓，每賣 1 套，遊戲公司可以賺到 2,000 日圓，那麼就算 5 萬套遊戲都賣完，這個公司也只能賺到 1 億日圓，還虧損了 4,000 萬日圓。要讓套裝軟體上架需要上架費，通路也要賺錢，所以不是定價減掉包裝費就全部是遊戲公司的利潤。由於全部賣掉也是賠錢，所以這筆生意就很難成立。

若希望全部售罄還能有利潤，就必須將開發費壓在 6,000 萬日圓以下。剛剛假設的開發費是 1 億日圓，但除了年度主打遊戲之外，很少遊戲能有上億的開發費用。就我所知，大部分的遊戲都只有 1,000 ~ 2,000 萬日圓左右的開發費。

大部分的套裝遊戲都不賺錢，能賣出 5 萬套的更是少之又少。但有些超級熱門遊戲能賣出 20 萬套的佳績，如以上述遊戲的成本來計算，利潤就能高達 2 億日圓。

彩華小姐，讓我們用「尋找消失的英文字母」這個遊戲一決勝負吧！

好啊！那我先。
執行程式之後，缺少的是……啊，是這個！
我花了 3 秒啊。

再執行一次程式……缺少的是，這個！
我 0 秒就找到了。

好、好厲害……
水鳥小姐打鍵盤的指法快到讓人看不清楚，
簡直就是神技！

要開發正統的軟體，就少不了圖形使用者介面（GUI）的知識，開發遊戲也需要 GUI 的知識。本章要開始利用 GUI 與圖片撰寫程式，帶大家吸收更多程式設計的知識。

GUI 的基礎 ①

Chapter 6

Lesson
6-1 關於 GUI

文書作業軟體或網頁瀏覽器的選單列，都有「檔案」「說明」這類文字，以及儲存檔案的圖示等，網頁瀏覽器則有「重新重理」圖示。使用者只要點選這些文字或圖示，就能完成需要的操作。

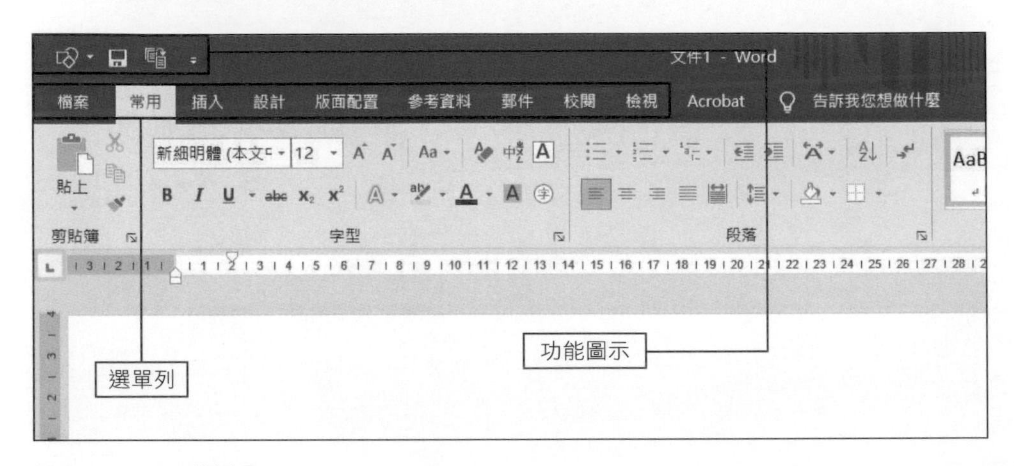

圖 6-1-1　GUI 的例子

這種能以直覺操作的介面稱為 **GUI**。不過並非一定要做成圖示不可，舉例來說，在方框裡面顯示「個數」，使用者就會知道可以在方框輸入數值，如果做成按鈕的形狀，使用者就會知道這裡可以點選。GUI 就是包含文字、數字的輸入欄位與按鈕的介面。

顯示視窗

要在 Python 製作 GUI 要使用 **tkinter** 模組。第一步讓我們試著在畫面顯示視窗。請輸入下列的程式，並且命名與儲存檔案，再執行程式。

程式 ▶ **list0601_1.py**

```
1  import tkinter                 載入 tkinter 模組
2  root = tkinter.Tk()            製作視窗的零件（物件）
3  root.mainloop()                顯示視窗
```

執行這個程式會顯示右側的視窗。

第 2 列的「root=tkinter.**Tk()**」是建立視窗零件的部分。這個零件稱為**物件**，這個程式中的 root 變數就是視窗的物件。光是建立物件，是無法在畫面顯示視窗的，所以才利用第 3 列的 **mainloop()** 命令顯示視窗。

圖 6-1-2
list0601_1.py 的執行結果

指定標題與大小

設定視窗的標題與大小。標題可利用 **title()** 命令設定，大小則利用 **geometry()** 命令指定。請輸入下列的程式，並且命名與儲存檔案，再執行程式。

程式 ▶ list0601_2.py

	程式	說明
1	`import tkinter`	載入 tkinter 模組
2	`root = tkinter.Tk()`	建立視窗物件
3	`root.title("第一個視窗")`	指定視窗標題
4	`root.geometry("800x600")`	指定視窗大小
5	`root.mainloop()`	顯示視窗

執行這個程式後，可依照指定的大小顯示指定標題的視窗。

圖 6-1-3　list0601_2.py 的執行結果

可利用 title() 的參數指定視窗標題。視窗的寬度與高度可利用 geometry() 的參數，以寬 × 高的格式指定。x 是半形字母。視窗大小除了可利用 geometry() 指定，也可利用 minesize(寬 , 高) 指定最小的尺寸，以及利用 maxsize(寬 , 高) 指定最大的尺寸。

視窗外框會隨著作業系統的類型與版本而改變，所以視窗大小會與指定的大小略有不同。

MEMO

操作物件的 mainloop() 命令稱為**方法**。專業的程式設計師會將函數（function）與方法（method）視為兩種不同的東西，但就本書的內容而言，把函數看成方法也沒有問題，如同本書將命令電腦執行處理的函數或方法稱為「**命令**」。

Lesson
6-2
配置標籤

接著要在視窗配置各種 GUI，第一步先配置顯示字串的標籤。

配置標籤

標籤可利用 **Label()** 命令建立，再利用 **place()** 命令配置。請輸入下列的程式，並且命名與儲存檔案，再執行程式。

程式 ▶ list0602_1.py　　※ 建立與配置標籤的部分都套用粗體字樣式

```
1  import tkinter                                    載入 tkinter 模組
2  root = tkinter.Tk()                               建立視窗物件
3  root.title("第一個標籤")                           指定視窗標題
4  root.geometry("800x600")                          指定視窗大小
5  label = tkinter.Label(root, text="標籤的字串",     建立標籤零件
   font=("System", 24))
6  label.place(x=200, y=100)                         在視窗配置標籤
7  root.mainloop()                                   顯示視窗
```

執行這個程式後，會在視窗內部顯示標籤。

圖 6-2-1
list0602_1.py 的執行結果

第 5 ～ 6 列的程式建立了標籤，也配置了標籤，程式的語法如下。

語法：建立與配置標籤

- 標籤的變數名稱 = tkinter.Label(視窗物件,text="標籤的字串", font=("字型名稱", 字型大小))
- 標籤的變數名稱.place(x=X座標,y=Y座標)

字型名稱可指定為 Python 的字型，但不同的電腦會安裝不同的字型。接著為大家說明得知電腦字型的方法以及指定標籤顯示位置的方法。

》》 了解可使用的字型

要知道可使用哪些字型，可利用 print() 命令輸出「tkinter.font.families()」的值。請輸入下列的程式，並且命名與儲存檔案，再執行程式。

程式 ▶ list0602_2.py

```
1  import tkinter
2  import tkinter.font                          載入 tkinter.font
3  root = tkinter.Tk()
4  print(tkinter.font.families())               輸出 tkinter.font.families() 的值
```

執行這個程式後，Shell 會輸出下列的結果。

```
Squeezed text (484 lines).
>>>
```

圖 6-2-2
list0602_2.py 的執行結果

雙點這個部分就會開啟字型清單。

```
('System', '@System', 'Terminal', '@Terminal', 'Fixedsys', '@Fixedsys', 'Modern', 'Roman', 'Script', 'MS Serif', 'MS Sans Serif',
Fonts', 'Kozuka Gothic Pro R', '@Kozuka Gothic Pro R', 'Kozuka Gothic Pr6N M', '@Kozuka Gothic Pr6N M', 'Kozuka Gothic Pr6N B', '@K
Gothic Pr6N B', 'Kozuka Gothic Pr6N R', '@Kozuka Gothic Pr6N R', 'Kozuka Gothic Pro M', '@Kozuka Gothic Pro M', 'Myriad Pro', 'Adob
體 Std L', '@Adobe 明體 Std L', 'Kozuka Gothic Pr6N H', '@Kozuka Gothic Pr6N H', 'ZakkuriGothic BLK', 'InvisibleGothic B', '@Invis
thic B', 'Kaiso-Next-B', '@Kaiso-Next-B', 'KFhimaji', '@KFhimaji', 'KodomoRounded', '@KodomoRounded', 'Makinas-Scrap 5', '@Makinas-
5', 'pigmo-00', '@pigmo-00', 'PopRumCute', '@PopRumCute', 'TogetogeRock B', '@TogetogeRock B', 'Makinas-4 Square', '@Makinas-4 Squa
'Mamelon', '@Mamelon', 'KouzanBrushFontOTF', '@KouzanBrushFontOTF', 'Noto Sans CJK JP Black', '@Noto Sans CJK JP Black', 'Noto Sans
JP Bold', '@Noto Sans CJK JP Bold', 'Noto Sans CJK JP DemiLight', '@Noto Sans CJK JP DemiLight', 'Noto Sans CJK JP Light', '@Noto S
JK JP Light', 'Noto Sans CJK JP Medium', '@Noto Sans CJK JP Medium', 'Noto Sans CJK JP Regular', '@Noto Sans CJK JP Regular', 'Noto
CJK JP Thin', '@Noto Sans CJK JP Thin', 'Noto Sans CJK KR Black', '@Noto Sans CJK KR Black', 'Noto Sans CJK KR Bold', '@Noto Sans C
Bold', 'Noto Sans CJK KR DemiLight', '@Noto Sans CJK KR DemiLight', 'Noto Sans CJK KR Light', '@Noto Sans CJK KR Light', 'Noto Sans
KR Medium', '@Noto Sans CJK KR Medium', 'Noto Sans CJK KR Regular', '@Noto Sans CJK KR Regular', 'Noto Sans CJK KR Thin', '@Noto Sa
K KR Thin', 'Noto Sans CJK SC Black', '@Noto Sans CJK SC Black', 'Noto Sans CJK SC Bold', '@Noto Sans CJK SC Bold', 'Noto Sans CJK
miLight', '@Noto Sans CJK SC DemiLight', 'Noto Sans CJK SC Light', '@Noto Sans CJK SC Light', 'Noto Sans CJK SC Medium', '@Noto San
SC Medium', 'Noto Sans CJK SC Regular', '@Noto Sans CJK SC Regular', 'Noto Sans CJK SC Thin', '@Noto Sans CJK SC Thin', 'Noto Sans
C Black', '@Noto Sans CJK TC Black', 'Noto Sans CJK TC Bold', '@Noto Sans CJK TC Bold', 'Noto Sans CJK TC DemiLight', '@Noto Sans C
DemiLight', 'Noto Sans CJK TC Light', '@Noto Sans CJK TC Light', 'Noto Sans CJK TC Medium', '@Noto Sans CJK TC Medium', 'Noto Sans
C Regular', '@Noto Sans CJK TC Regular', 'Noto Sans CJK TC Thin', '@Noto Sans CJK TC Thin', 'Noto Sans Mono CJK JP Bold', '@Noto Sa
no CJK JP Bold', 'Noto Sans Mono CJK JP Regular', '@Noto Sans Mono CJK JP Regular', 'Noto Sans Mono CJK KR Bold', '@Noto Sans Mono
R Bold', 'Noto Sans Mono CJK KR Regular', '@Noto Sans Mono CJK KR Regular', 'Noto Sans Mono CJK SC Bold', '@Noto Sans Mono CJK SC B
'Noto Sans Mono CJK SC Regular', '@Noto Sans Mono CJK SC Regular', 'Noto Sans Mono CJK TC Bold', '@Noto Sans Mono CJK TC Bold', 'No
ns Mono CJK TC Regular', '@Noto Sans Mono CJK TC Regular', 'Noto Serif CJK JP Black', '@Noto Serif CJK JP Black', 'Noto Serif CJK J
@Noto Serif CJK JP', 'Noto Serif CJK JP ExtraLight', '@Noto Serif CJK JP ExtraLight', 'Noto Serif CJK JP Light', '@Noto Serif CJK J
ht', 'Noto Serif CJK JP Medium', '@Noto Serif CJK JP Medium', 'Noto Serif CJK JP SemiBold', '@Noto Serif CJK JP SemiBold', 'Noto Se
JK KR Black', '@Noto Serif CJK KR Black', 'Noto Serif CJK KR', '@Noto Serif CJK KR', 'Noto Serif CJK KR ExtraLight', '@Noto Serif C
ExtraLight', 'Noto Serif CJK KR Light', '@Noto Serif CJK KR Light', 'Noto Serif CJK KR Medium', '@Noto Serif CJK KR Medium', 'Noto
CJK KR SemiBold', '@Noto Serif CJK KR SemiBold', 'Noto Serif CJK SC Black', '@Noto Serif CJK SC Black', 'Noto Serif CJK SC', '@Noto
f CJK SC', 'Noto Serif CJK SC ExtraLight', '@Noto Serif CJK SC ExtraLight', 'Noto Serif CJK SC Light', '@Noto Serif CJK SC Light',
Serif CJK SC Medium', '@Noto Serif CJK SC Medium', 'Noto Serif CJK SC SemiBold', '@Noto Serif CJK SC SemiBold', 'Noto Serif CJK TC
```

圖 6-2-3　可於這台電腦使用的字型

例如筆者的 Windows 電腦有微軟正黑體，所以將程式寫成「font=(" 微軟正黑體 ",24)」就能顯示下列的結果。

標籤的字串

圖 6-2-4
套用微軟正黑體字型的標籤

每台電腦可使用的字型都不一樣，所以**要在網路發表的程式，最好不要指定特殊的字型**，但在學習程式設計的各位則可盡量嘗試各種字型。如果指定了不存在的字型，就會顯示 Python 預設的字型。

在經過筆者的實驗之後，Windows 10 電腦與 Mac 能共用的字型為 Times New Roman。**Times New Roman 是能於大部分環境使用的字型**。之後凡是遇到指定字型的程式，都會指定為 Times New Roman。

關於標籤的顯示位置

電腦的螢幕或視窗之內的座標都以**左上角為原點（0,0）**。橫向是 X 軸，直向是 Y 軸。**Y 軸與數學的 Y 軸相反，越往下，座標越大**。place() 命令可指定上述的 X 座標與 Y 座標。

圖 6-2-5　X 軸與 Y 軸的起始位置與方向

使用圖片開發遊戲時，必須了解圖片顯示位置以及電腦座標的相關知識。大家務必先把原點的位置、X 軸、Y 軸的方向記下來喲！

Lesson

6-3 配置按鈕

接著是配置按鈕，開始撰寫判斷按鈕是否被點選的程式。

配置按鈕

按鈕可利用 **Button()** 命令建立，再利用 place() 命令配置。請輸入下列的程式，並且命名與儲存檔案，再執行程式。

程式 ▶ list0603_1.py　　※ 建立與配置按鈕的部分套用粗體字樣式

```
1  import tkinter                                          載入 tkinter 模組
2  root = tkinter.Tk()                                     建立視窗物件
3  root.title("第一個按鈕")                                  指定視窗標題
4  root.geometry("800x600")                                指定視窗大小
5  button = tkinter.Button(root, text="按鈕的字串",           建立按鈕零件
   font=("Times New Roman", 24))
6  button.place(x=200, y=100)                              在視窗配置按鈕
7  root.mainloop()                                         顯示視窗
```

執行這個程式後可在視窗之內顯示按鈕。

圖 6-3-1
list0603_1.py 的執行結果

第 5 ～ 6 列的程式是建立與配置按鈕的程式，程式的語法如下。

語法：建立與配置按鈕

```
■ 按鈕的變數名稱 = tkinter.Button(視窗物件,text="按鈕的字串",
  font=("字型名稱",字型大小))
■ 按鈕的變數名稱.place(x=X座標,y=Y座標)
```

指定按鈕的字串與字型的方法與標籤一樣，按鈕的配置也是使用 place() 命令。

點選按鈕之際的反應

接著要撰寫點選按鈕之後的反應。Python 會**以函數定義點選按鈕的處理**，並在建立按鈕的語法加入 **command = 函數**，就能在點選按鈕的時候執行該函數。請輸入下列的程式，並且命名與儲存檔案，再執行程式。

程式 ▶ list0603_2.py　　※ 於點選之際執行的函數以及 command 的內容都套用粗體字樣式

```
1   import tkinter                                              載入 tkinter 模組
2
3   def click_btn():                                            宣告 click_btn() 函數
4       button["text"] = "點選按鈕了"                             變更按鈕的字串
5
6   root = tkinter.Tk()                                         建立視窗物件
7   root.title("第一個按鈕")                                     指定視窗標題
8   root.geometry("800x600")                                    指定視窗大小
9   button = tkinter.Button(root, text="請點選按鈕",             在建立按鈕時，以 command=
    font=("Times New Roman", 24), command=click_btn)            指定點選按鈕時執行的函數
10  button.place(x=200, y=100)                                  在視配置按鈕
11  root.mainloop()                                             顯示視窗
```

執行這個程式後，點選按鈕，按鈕的字串就會改變。

點選按鈕了

圖 6-3-2
點選按鈕之後，字串會改變

下面是函數與建立按鈕的語法。

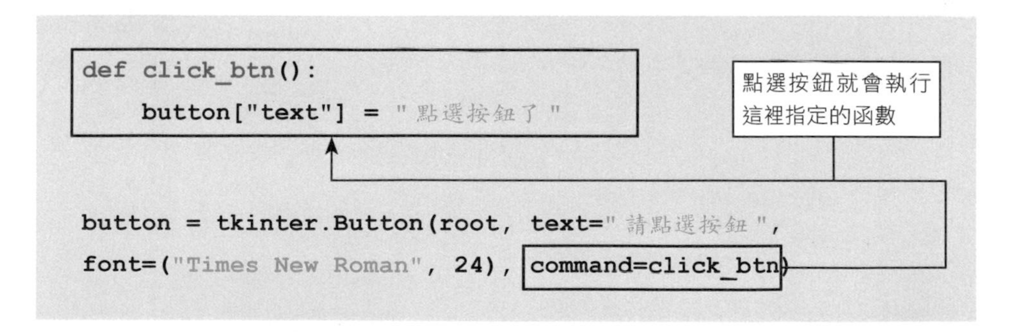

請大家把點選按鈕→執行函數的流程記下來。如果還不太熟悉函數，可翻回 P.64 複習一下喲！

Lesson 6-4

使用畫布

繪製圖片或圖案的 GUI 稱為畫布，是開發遊戲不可或缺的零件，接著來介紹畫布的使用方法。

配置畫布

畫布可利用 **Canvas()** 命令建立，再利用 **pack()** 命令或 place 命令配置。請輸入下列的程式，並且命名與儲存檔案，再執行程式。

程式 ▶ list0604_1.py ※建立與配置畫布的部分套用了粗體字樣式

```
1 import tkinter                                                  載入 tkinter 模組
2 root = tkinter.Tk()                                             建立視窗物件
3 root.title("第一張畫布")                                          指定視窗標題
4 canvas = tkinter.Canvas(root, width=400, height=600,            建立畫布零件
  bg="skyblue")
5 canvas.pack()                                                   在視窗配置畫布
6 root.mainloop()                                                 顯示視窗
```

執行這個程式後會顯示配置藍色畫布的視窗。

以 pack() 命令配置，視窗會隨著畫布的大小縮放。若只是想在視窗配置畫布，可省略 root.geometry() 的部分。

以下介紹畫布的格式。

語法：建立畫布

```
變數名稱=tkinter.Canvas(視窗物件,width=寬度,
height=高度,bg=背景色)
```

背景色可利用 red、green、blue、yellow、black、white 等英文單字或 16 進位的值指定。16 進位的指定方式會於第 7 章的專欄（P.138）說明。

圖 6-4-1
list0604_1.py 的執行結果

》》》在畫布顯示圖片

要在畫布顯示圖片可利用 **PhotoImage()** 命令載入圖片檔，再以 **create_image()** 命令繪製。請輸入下列的程式，並且命名與儲存檔案，再執行程式

POINT

於程式使用的圖片檔

這個程式使用的圖片檔「iroha.png」可從本書的支援頁面下載，圖片檔必須與程式放在同一個資料夾。

你也能自行準備圖片，只需要改寫第 4 列的畫布大小、第 6 列的檔案名稱以及第 7 列的圖片位置即可。

程式 ▶ list0604_2.py　　※ 載入與繪製圖片的部分均已套用粗體字樣式

```
1 import tkinter                                               載入 tkinter 模組
2 root = tkinter.Tk()                                          建立視窗物件
3 root.title("第一次顯示圖片")                                   指定視窗標題
4 canvas = tkinter.Canvas(root, width=400, height=600)         建立畫布零件
5 canvas.pack()                                                在視窗配置畫布
6 gazou = tkinter.PhotoImage(file="iroha.png")                 將圖片檔載入 gazou
7 canvas.create_image(200, 300, image=gazou)                   在畫布繪製圖片
8 root.mainloop()                                              顯示視窗
```

執行這個程式後可在畫布顯示圖片。

接著說明載入與繪製圖片：第 6 列的 PhotoImage() 命令的 file= 檔案名稱指定圖片檔，再將圖片載入變數 gazou。

第 7 列的 create_image() 命令的參數為繪製圖片的 X 座標、Y 座標以及 image= 載入圖片的變數。請注意**以 create_image() 命令指定的 X 座標與 Y 座標是圖片的中心點**。以 canvas.create_image(0,0,image=gazou) 為例，圖片的中心位置會是畫布的左上角，也就是畫布的原點，所以有部分的圖片會被切掉。

圖 6-4-2
list0604_2.py 的執行結果

可在畫布畫線、正方形、圓形或其他圖形。繪製圖形的命令將在本章最後的專欄說明。

Lesson 6-5

製作抽籤遊戲

運用本章所學的標籤、按鈕、畫布製作抽籤遊戲。

畫面的編排

開發遊戲的第一步是編排畫面。除了遊戲外，開發軟體也會先畫個草圖，編排畫面，後續的開發過程才會更順利。下圖是抽籤遊戲的畫面。

圖 6-5-1
抽籤遊戲的草圖

由於這是第一次開發 GUI 軟體，所以程式比較簡單一點，只要按下按鈕就會隨機顯示吉凶。如果只有文字的話很無聊，所以使用了「miko.png」這個角色的圖片幫忙抽籤。圖片檔可從本書的支援網頁下載，**下載的圖片檔請與程式放在同一個資料夾**。

「miko.png」可從支援網頁下載

第一步：顯示圖片

程式會以三個步驟製作，第一步是配置畫布與顯示圖片。視窗大小最好不能變更，所以要在前一節顯示圖片的程式加入 **resizable()** 命令。待執行程式之後，會為大家說明 resizable() 命令的使用方法。

請輸入下列的程式，並且命名與儲存檔案，再執行程式。

程式 ▶ list0605_1.py

```
1  import tkinter                                               載入 tkinter 模組
2  root = tkinter.Tk()                                          建立視窗物件
3  root.title("抽籤遊戲")                                        指定視窗標題
4  root.resizable(False, False)                                 固定視窗大小
5  canvas = tkinter.Canvas(root, width=800, height=600)         建立畫布零件
6  canvas.pack()                                                配置畫布
7  gazou = tkinter.PhotoImage(file="miko.png")                  載入圖片
8  canvas.create_image(400, 300, image=gazou)                   在畫布繪製圖片
9  root.mainloop()                                              顯示視窗
```

執行程式後會開啟下列的視窗。

圖 6-5-2
list0605_1.py 的執行結果

這次以第 4 列的 resizable() 命令禁止使用者變更視窗大小。第一個參數可指定能否調整視窗的寬度，第二個參數可指定能否調整視窗的高度，可調整時設定為 True，禁止調整就設定為 False。

》》 步驟 2：配置GUI

要在畫布配置標籤與按鈕，須先配置了畫布再配置標籤與按鈕。請輸入下列程式，並且命名與儲存檔案，再執行程式。

程式 ▶ list0605_2.py　　※ 新增的標籤與按鈕的部分都以底色標記

```
1  import tkinter                                                  載入 tkinter 模組
2  root = tkinter.Tk()                                             建立視窗物件
3  root.title("抽籤遊戲")                                          指定視窗標題
4  root.resizable(False, False)                                    固定視窗大小
5  canvas = tkinter.Canvas(root, width=800, height=600)            建立畫布零件
6  canvas.pack()                                                   配置畫布
7  gazou = tkinter.PhotoImage(file="miko.png")                     載入圖片
8  canvas.create_image(400, 300, image=gazou)                      在畫布繪製圖片
9  label = tkinter.Label(root, text="？？", font=("Times New        建立標籤零件
   Roman", 120), bg="white")
10 label.place(x=380, y=60)                                        配置標籤
11 button = tkinter.Button(root, text="抽籤", font=("Times          建立按鈕零件
   New Roman", 36), fg="skyblue")
12 button.place(x=360, y=400)                                      配置按鈕
13 root.mainloop()                                                 顯示視窗
```

執行這個程式會如下顯示標籤與按鈕。

圖 6-5-3
list0605_2.py 的執行結果

第 9 列的按鈕零件程式以 **fg=**"skyblue" 將文字設定為天藍色。

fg 是 foreground 的縮寫，bg 則是 background 的縮寫。在 Windows 電腦以 bg= 指定顏色，就能調整按鈕的顏色。

步驟 3：讓按鈕產生反應

接著要在按下按鈕後，顯示抽籤結果。更新標籤文字的 **update()** 命令會在執行程式之後為大家說明。請輸入下列的程式並且命名與儲存檔案，再執行程式。

程式 ▶ list0605_3.py ※ 新增處理都以底色標記

```
1  import tkinter                                          載入 tkinter 模組
2  import random                                           載入 random 模組
3
4  def click_btn():                                        定義點選按鈕之際的函數
5      label["text"]=random.choice(["大吉", "中吉",         隨機變更標籤的文字
   "小吉", "凶"])
6      label.update()                                        立刻更新文字
7
8  root = tkinter.Tk()                                     建立視窗物件
9  root.title("抽籤遊戲")                                   指定視窗標題
10 root.resizable(False, False)                            固定視窗大小
11 canvas = tkinter.Canvas(root, width=800, height=600)    建立畫布零件
12 canvas.pack()                                           配置畫布
13 gazou = tkinter.PhotoImage(file="miko.png")             載入圖片
14 canvas.create_image(400, 300, image=gazou)              在畫布繪製圖片
15 label = tkinter.Label(root, text="？？", font=("Times    建立標籤零件
   New Roman", 120), bg="white")
16 label.place(x=380, y=60)                                配置標籤
17 button = tkinter.Button(root, text="抽籤", font=("Times  建立按鈕零件，以 command 指
   New Roman", 36), command=click_btn, fg="skyblue")      定於按鈕被點選時執行的函數
18 button.place(x=360, y=400)                              配置按鈕
19 root.mainloop()                                         顯示視窗
```

以上是抽籤遊戲的內容。執行後的畫面如下。

圖 6-5-3
list0605_3.py 的執行結果

每按一次按鈕，就會顯示大吉、中吉、小吉、凶其中之一的結果。標籤的文字是以函數之內的第 6 列 update() 命令即時更新。若不加寫 upadte() 這個部分，只要電腦的速度不夠快，就會在按下按鈕之後，先顯示上一個的抽籤結果，再顯示新的抽籤結果。

有些神社會有大大吉，籤也不同的顏色。大家可試著使用自己製作圖片，或是增加籤的種類，打造出全新的抽籤遊戲。

COLUMN

在畫布顯示圖形

在第 5 章之前的專欄聊了遊戲業界的內幕，而這一章之後會聊些有助於遊戲開發的程式知識。這次要介紹的是在畫布繪製圖形的命令。

表 6-A　Python 的圖形繪製命令

直線	create_line(x1,y1,x2,y2,fill= 顏色 , width= 線條的粗細) ※ 可指定第 3 個、第 4 個或更多的點 ※ 若指定了三個以上的點，又將 smooth 設定為 True，就會變成曲線	(x1, y1) (x2, y2)
矩形	create_rectangle(x1,y1,x2,y2,fill= 填色 , outline= 框線顏色 width= 框線粗細)	(x1, y1) (x2, y2)
橢圓形	create_oval(x1,y1,x2,y2,fill= 填色 , outline= 框線顏色 ,width= 框線粗細)	(x1, y1) (x2, y2)
多邊形	create_polygon(x1,y1,x2,y2,x3,y3,…,…,fill= 填色 ,outline= 框線顏色 ,width= 框線粗細) ※ 可指定多個點	(x1, y1) (‥, ‥) (x2, y2) (x3, y3)

※ 正方形或長方形在程式設計的世界都稱為矩形。

也能繪製圓弧。

```
create_arc(x1, y1, x2, y2, fill=填色, outline=框線顏色,start=開始角度,
extent=繪製幾次, style=tkinter.***)
```

*** 的部分可以是 PIESLICE、CHORD、ARC。至於這三者是什麼形狀，請於下列的程式確認。

文字可透過第 7 列的程式 create_text(x,y,text=" 字串 ",fill= 顏色 ,font=(" 字型名稱 ", 大小)) 顯示。讓我們透過程式了解這些命令。

程式 ▶ column06.py

```
1  import tkinter
2  root = tkinter.Tk()
3  root.title("在畫布繪製圖形")
4  root.geometry("500x400")
5  cvs = tkinter.Canvas(root, width=500, height=400, bg="white")
6  cvs.pack()
7  cvs.create_text(250, 25, text="字串", fill="green", font=("Times New
   Roman", 24))
8  cvs.create_line(30, 30, 70, 80, fill="navy", width=5)
9  cvs.create_line(120, 20, 80, 50, 200, 80, 140, 120, fill="blue",
   smooth=True)
10 cvs.create_rectangle(40, 140, 160, 200, fill="lime")
11 cvs.create_rectangle(60, 240, 120, 360, fill="pink", outline="red",
   width=5)
12 cvs.create_oval(250-40, 100-40, 250+40, 100+40, fill="silver",
   outline="purple")
13 cvs.create_oval(250-80, 200-40, 250+80, 200+40, fill="cyan", width=0)
14 cvs.create_polygon(250, 250, 150, 350, 350, 350, fill="magenta", width=0)
15 cvs.create_arc(400-50, 100-50, 400+50, 100+50, fill="yellow", start=30,
   extent=300)
16 cvs.create_arc(400-50, 250-50, 400+50, 250+50, fill="gold", start=0,
   extent=120, style=tkinter.CHORD)
17 cvs.create_arc(400-50, 350-50, 400+50, 350+50, outline="orange", start=0,
   extent=120, style=tkinter.ARC)
18 cvs.mainloop()
```

※ 假設圓心為 (x,y)，半徑為 r，顯示位置的參數指定為「x-r,y-r,x+r,y+r」會比較簡單易懂（第 12 列）。

※ 若寫成 create_arc 這種省略 style 的語法，就會使用 style=tkinter.PIESLICE 的預設值（第 15 列）。

執行程式後會顯示下列的圖形。

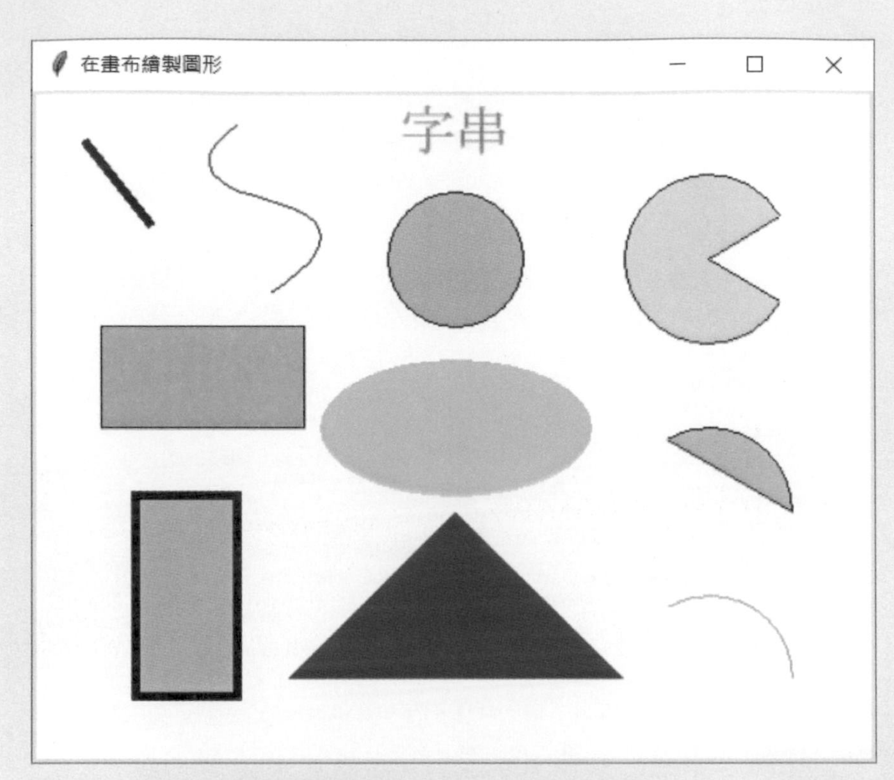

圖 6-A　**column06.py 的執行結果**

請試著改寫程式，變更圖形的大小與顏色。此外，請試著調整圖形的位置，進一步了解電腦螢幕的座標。

這章將説明文字輸入欄位 GUI 的使用方法。讓我們透過 GUI 製作診斷遊戲，學習遊戲開發的基礎知識。

Chapter 7 GUI 的基礎 ②

Lesson 7-1

配置文字輸入欄位

Python 的文字輸入 GUI 分成 Entry 單列輸入欄位與 Text 多列輸入欄位。我們在這一節說明 Entry 的使用方法，再於 Lesson 7-2 說明 Text 的使用方法。

單列的文字輸入欄位

單列的文字輸入欄位可利用 **Entry()** 命令建立。文字輸入欄位也可利用 place() 命令配置。請輸入下列的程式，並且命名與儲存檔案，再執行程式。

程式 ▶ list0701_1.py　　※ 建立與配置文字輸入欄位的部分均以粗體字標記

```
1  import tkinter                          載入 tkinter 模組
2  root = tkinter.Tk()                     建立視窗物件
3  root.title("第一個文字輸入欄位")         指定視窗標題
4  root.geometry("400x200")                指定視窗大小
5  entry = tkinter.Entry(width=20)         建立可輸入 20 個半形字元的文字輸入欄位
6  entry.place(x=10, y=10)                 配置輸入欄位
7  root.mainloop()                         顯示視窗
```

執行這個程式後會於視窗配置下列的輸入欄位。Entry() 的參數 width= 可用來指定該欄位可容納幾個半形字元的文字。

圖 7-1-1
list0701_1.py 的執行結果

操作 Entry 的字串

Entry 的字串可透過 **get()** 命令取得。接著撰寫在文字輸入欄位輸入文字後，按下按鈕與取得字串的程式。請輸入下列的程式，並且命名與儲存檔案，再執行程式。

程式 ▶ list0701_2.py ※ 取得文字輸入欄位的字串以及顯示按鈕的處理都以粗體字標記

	程式	說明
1	`import tkinter`	載入 tkinter 模組
2		
3	`def click_btn():`	定義於點選按鈕之際執行的函數
4	**`    txt = entry.get()`**	**將文字輸入欄位的字串代入變數 txt**
5	**`    button["text"] = txt`**	**將按鈕的字串設定為 txt 的值**
6		
7	`root = tkinter.Tk()`	建立視窗物件
8	`root.title("第一個文字輸入欄位")`	指定視窗標題
9	`root.geometry("400x200")`	指定視窗大小
10	`entry = tkinter.Entry(width=20)`	建立可輸入 20 個半形字元的文字輸入欄位
11	`entry.place(x=20, y=20)`	配置輸入欄位
12	`button = tkinter.Button(text="取得字串", command=click_btn)`	建立按鈕物件，以 command= 指定於點選按鈕之際執行的函數
13	`button.place(x=20, y=100)`	配置按鈕
14	`root.mainloop()`	顯示視窗

執行程式後，在文字輸入欄位輸入字串與按下按鈕，該字串會於按鈕顯示。

第一個文字輸入欄位

利用Python開發遊戲

利用Python開發遊戲

圖 7-1-2
list0701_2.py 的執行結果

這次雖然沒使用到，但要刪除 Entry 的字串可使用 delete() 命令，設定字串可使用 insert() 命令。

Lesson 7-2

配置多列的文字輸入欄位

多列文字輸入欄位的 Text 的使用方法說明如下。

多列文字輸入欄位

多列文字輸入欄位可使用 **Text()** 命令建立。請輸入下列的程式，並且命名與儲存檔案，再執行程式。

程式 ▶ list0702_1.py　　※ 建立與配置文字輸入欄位的部分均已套用粗體字樣式

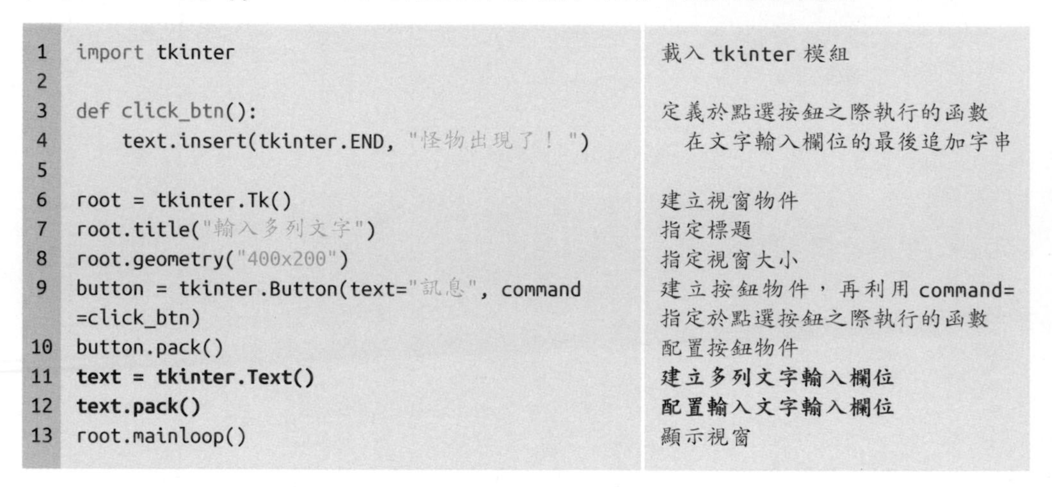

	程式	說明
1	`import tkinter`	載入 tkinter 模組
2		
3	`def click_btn():`	定義於點選按鈕之際執行的函數
4	`    text.insert(tkinter.END, "怪物出現了！ ")`	在文字輸入欄位的最後追加字串
5		
6	`root = tkinter.Tk()`	建立視窗物件
7	`root.title("輸入多列文字")`	指定標題
8	`root.geometry("400x200")`	指定視窗大小
9	`button = tkinter.Button(text="訊息", command=click_btn)`	建立按鈕物件，再利用 command= 指定於點選按鈕之際執行的函數
10	`button.pack()`	配置按鈕物件
11	**`text = tkinter.Text()`**	**建立多列文字輸入欄位**
12	**`text.pack()`**	**配置輸入文字輸入欄位**
13	`root.mainloop()`	顯示視窗

執行這個程式後可顯示按鈕與多列文字輸入欄位。每點選一次按鈕，文字輸入欄位就會追加「怪物出現了！」這個字串。

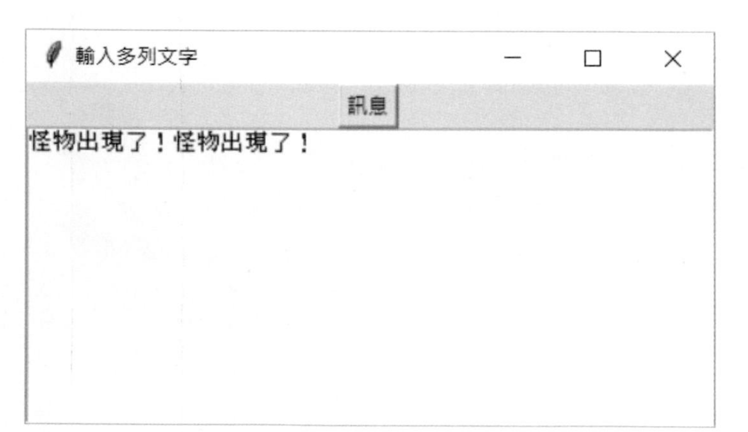

圖 7-2-1
list0702_1.py 的執行結果

程式是以 pack() 命令配置以 Text() 命令建立的文字輸入欄位。若使用 place() 命令配置，可指定文字輸入欄位的配置位置與大小，例如視窗的大小可利用參數的 width= 以及 height= 指定。

例

```
text = tkinter.Text()
text.place(x=20, y=50, width=360, height=120)
```

文字輸入欄位可如第 4 列以 **insert()** 命令追加字串。insert() 命令的參數為追加位置與字串。這次將追加位置設定為 **tkinter.END，讓字串於輸入欄位的結尾處新增**。

要取得 Text 的字串可使用 Entry 程式的 get() 命令，語法則是「get(起點 , 終點)」。要刪除文字輸入欄位的字串可使用語法「delcte(起點 , 終點)」。

假設要取得文字輸入欄位的所有字串可將 get() 命令寫成「get("1.0","end-1c")」。"1.0" 是第 1 列第 0 個字（也就是開頭的字元）的意思，"end-1c" 則代表結尾處的前一個字元（1 character），若只有 "end" 則代表最後一個字元。

Text 指定字串位置的方法有點複雜，不過現在不懂也沒關係。

如果將來準備開發正統的 GUI 軟體，請注意：假設要開發處理大量文字的軟體，需要使用有捲軸的文字輸入欄位的話，可利用 ScrolledText() 命令配置文字輸入欄位。ScrolledText() 的使用方法與 Text() 基本一樣，但要載入的是 tkinter.scrolledtext 模組。

Lesson 7-3

配置勾選按鈕

這節將說明勾選按鈕的使用方法，**勾選按鈕也稱為核選方塊，也就是勾選項目的小方塊**。這次要撰寫的程式是點選按鈕並加上「✓」的 GUI。

本書依照 Python 命令的英文單字，統一將這個按鈕稱為勾選按鈕，而不是核選方塊。

配置勾選按鈕

勾選按鈕可利用 **Checkbutton()** 命令建立。請輸入下列的程式，並且命名與儲存檔案，再執行程式。

程式 ▶ list0703_1.py　　※ 建立與配置勾選按鈕的部分均已套用粗體字樣式

```
1  import tkinter                                    載入 tkinter 模組
2  root = tkinter.Tk()                               建立視窗物件
3  root.title("使用勾選按鈕")                          指定標題
4  root.geometry("400x200")                          指定大小
5  cbtn = tkinter.Checkbutton(text="勾選按鈕")         建立勾選按鈕
6  cbtn.pack()                                       配置勾選按鈕
7  root.mainloop()                                   顯示視窗
```

執行這個程式後會如下配置勾選按鈕，點選□可加上勾選符號。

圖 7-3-1 list0703_1.py 的執行結果

⟫⟫ 取得勾選的狀態

要取得勾選的狀態需要稍微複雜的程式。勾選的狀態可利用 **BooleanVar()** 命令取得，所以先為大家說明這個命令的使用方法。第一步先試著取得勾選按鈕已勾選的狀態。請輸入下列的程式，並且命名與儲存檔案，再執行程式。

程式 ▶ **list0703_2.py** ※BooleanVar() 的部分已套用粗體字樣式

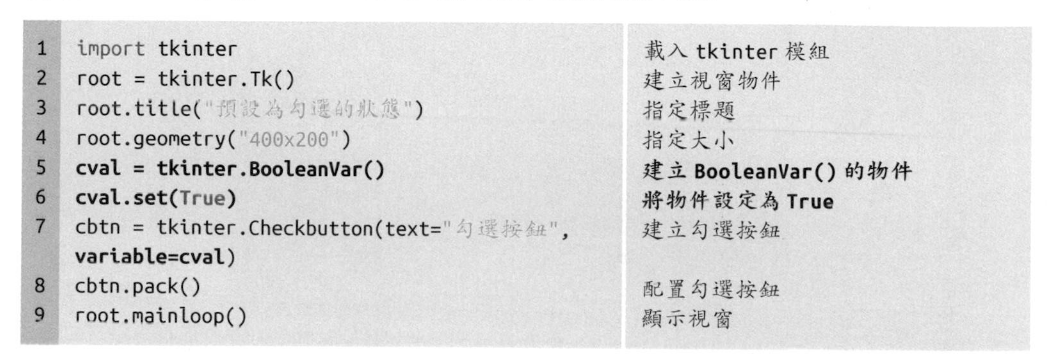

```
1 import tkinter
2 root = tkinter.Tk()
3 root.title("預設為勾選的狀態")
4 root.geometry("400x200")
5 cval = tkinter.BooleanVar()
6 cval.set(True)
7 cbtn = tkinter.Checkbutton(text="勾選按鈕",
  variable=cval)
8 cbtn.pack()
9 root.mainloop()
```

載入 tkinter 模組
建立視窗物件
指定標題
指定大小
建立 BooleanVar() 的物件
將物件設定為 True
建立勾選按鈕
配置勾選按鈕
顯示視窗

執行程式後可如下顯示一開始就已勾選的勾選按鈕。

圖 7-3-2
list0703_2.py 的執行結果

在第 5 列建立 BooleanVar() 的物件，再於第 6 列將物件的狀態設定為 True。True 代表的是已勾選，False 代表未勾選。於第 7 列建立勾選按鈕後，利用 **variable=** 指定上述的 BooleanVar() 物件，讓 BooleanVar() 物件與勾選按鈕產生關聯性。

接著取得勾選的狀態，要取得勾選狀態可對 BooleanVar() 物件執行 get() 方法。請輸入下列的程式，並且命名與儲存檔案，再執行程式。

程式 ▶ list0703_3.py ※追加的程式都以底色標記

	程式	說明
1	`import tkinter`	載入 tkinter 模組
2		
3	`def check():`	定義於點選勾選按鈕之際執行的函數
4	`    if cval.get() == True:`	若已勾選
5	`        print("已勾選")`	輸出「已勾選」
6	`    else:`	否則
7	`        print("未勾選")`	輸出「未勾選」
8		
9	`root = tkinter.Tk()`	建立視窗物件
10	`root.title("取得勾選狀態")`	指定標題
11	`root.geometry("400x200")`	指定大小
12	`cval = tkinter.BooleanVar()`	建立 BooleanVar() 的物件
13	`cval.set(False)`	將物件設定為 False
14	`cbtn = tkinter.Checkbutton(text="勾選按鈕", variable=cval, command=check)`	建立勾選按鈕，利用 command= 指定於點選按鈕之際執行的函數
15	`cbtn.pack()`	配置勾選按鈕
16	`root.mainloop()`	顯示視窗

執行程式與點選勾選按鈕後，會於 Shell 視窗輸出勾選的狀態。請試著勾選與取消，確認程式是否正常運作。

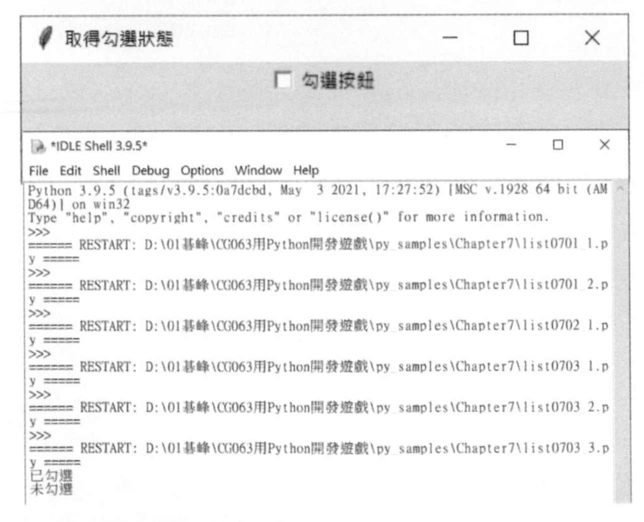

圖 7-3-3
list0703_3.py 的執行結果

上述的程式於第 14 列建立勾選按鈕時，利用 command= 指定了於點選按鈕之際執行的函數。這與點選按鈕，進行處理的程式碼一樣。要取得勾選按鈕的狀態可如第 4 列對 BooleanVar() 物件執行 get() 命令。

大家可能會覺得勾選按鈕的診斷程式有點難，不過之後還會在 Lesson 7-5 的遊戲中複習一次。

Lesson 7-4

顯示訊息方塊

訊息方塊可在螢幕顯示訊息，在此為大家說明訊息方塊的使用方法。

訊息方塊的使用方法

要使用訊息方塊可載入 **tkinter.messagebox** 模組。請輸入下列的程式，並且命名與儲存檔案，再執行程式。

程式 ▶ list0704_1.py　　※ 訊息方塊的命令皆以粗體字標記

```
1  import tkinter                                                   載入 tkinter 模組
2  import tkinter.messagebox                                        載入 tkinter.messagebox 模組
3
4  def click_btn():                                                 定義函數
5      tkinter.messagebox.showinfo("資訊",                           顯示訊息方塊
   "點選按鈕了")
6
7  root = tkinter.Tk()                                              建立視窗物件
8  root.title("第一個訊息方塊")                                       指定標題
9  root.geometry("400x200")                                         指定大小
10 btn = tkinter.Button(text="測試", command=click                   建立按鈕，指定於點選時執行的
   _btn)                                                            函數
11 btn.pack()                                                       配置按鈕
12 root.mainloop()                                                  顯示視窗
```

執行程式再點選視窗上方的按鈕，就能顯示訊息方塊。

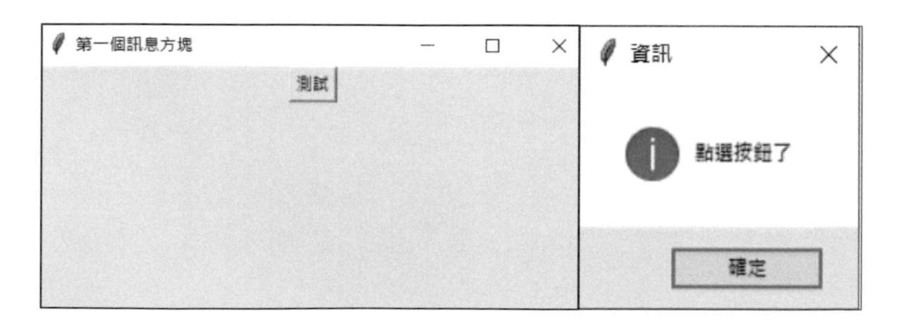

圖 7-4-1 list0704_1.py 的執行結果

這個程式利用 **showinfo()** 命令顯示了訊息方塊。訊息方塊的種類有很多，顯示各類訊息方塊的主要命令如表 **7-4-1**。

表 7-4-1　顯示訊息方塊的命令

showinfo()	顯示資訊的訊息方塊
showwarning()	顯示警告訊息的訊息方塊
showerror()	顯示錯誤訊息的訊息方塊
askyesno()	顯示「是」「否」按鈕的訊息方塊
askokcancel()	顯示「確定」「取消」按鈕的訊息方塊

訊息方塊將於第 8 章的遊戲製作時使用。本章雖然不會使用，但建議大家記住與 GUI 有關的訊息方塊命令。

Lesson 7-5 製作診斷遊戲

接著要利用文字輸入欄位與勾選按鈕製作診斷遊戲，名稱叫做「貓咪相似度診斷程式」，診斷你的前世是不是貓咪。更換題目與評語，就變成「依照拉麵的口味診斷是否為拉麵愛好者」的遊戲。

先思考畫面的編排

遊戲會以勾選按鈕列出題目，玩家可勾選符合自己個性的選項，完成後按下診斷按鈕，會依照勾選個數顯示適當的評語。這次一樣先從畫面的編排開始思考。

圖 7-5-1
診斷遊戲的畫面草圖

這次是由我診斷，所以使用的是「sumire.png」圖片。

圖片檔可從本書支援頁面下載。**請將圖片檔與程式檔放在同一個資料夾。**

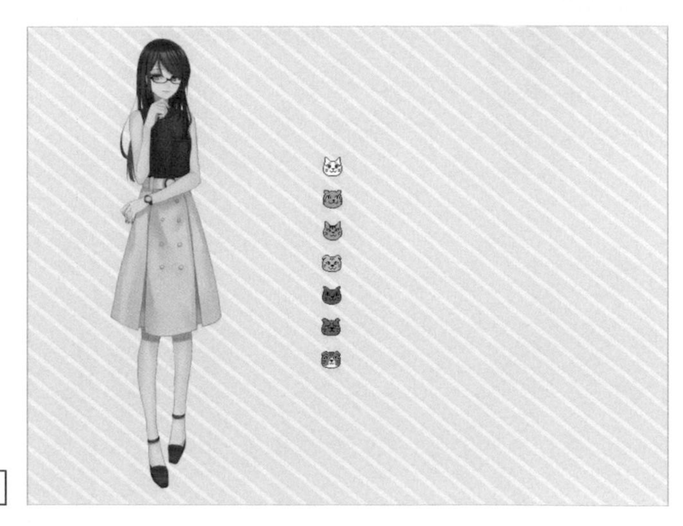

sumire.png

⟩⟩⟩ 步驟 1：配置GUI

這個遊戲分成四個步驟製作。第一個步驟是顯示圖片，配置勾選按鈕之外的 GUI。請輸入下列的程式，並且命名與儲存檔案，再執行程式。

程式 ▶ list0705_1.py

```
1   import tkinter                                                          載入 tkinter 模組
2
3   root = tkinter.Tk()                                                     建立視窗物件
4   root.title("貓咪相似度診斷程式")                                          指定標題
5   root.resizable(False, False)                                            禁止視窗縮放
6   canvas = tkinter.Canvas(root, width=800, height=600)                    指定大小
7   canvas.pack()                                                           建立畫布物件
8   gazou = tkinter.PhotoImage(file="sumire.png")                           配置畫布
9   canvas.create_image(400, 300, image=gazou)                              載入圖片
10  button = tkinter.Button(text="診斷", font=("Times New                    建立按鈕物件
    Roman", 32), bg="lightgreen")
11  button.place(x=400, y=480)                                              配置按鈕
12  text = tkinter.Text(width=40, height=5, font=("Times New                建立文字輸入欄位物件
    Roman", 16))
13  text.place(x=320, y=30)                                                 配置文字輸入欄位
14  root.mainloop()                                                         顯示視窗
```

執行這個程式後，會顯示下列的視窗。於第 10 列程式建立按鈕時，是以 bg="lightgreen" 指定按鈕的顏色，但 Mac 會忽略這個顏色的指定，直接套用預設的顏色（使用的是本書執筆之際的 Python 3.7）。

圖 7-5-2
配置文字輸入欄位與按鈕

》》步驟 2：配置多個勾選按鈕

利用 for 迴圈配置多個勾選按鈕。請輸入下列的程式，並且命名與儲存檔案，再執行程式。

程式 ▶ list0705_2.py　　※ 新增或變更的程式碼均以顏色標記

行	程式	說明
1	`import tkinter`	載入 tkinter 模組
2		
3	`root = tkinter.Tk()`	建立視窗物件
4	`root.title("貓咪相似度診斷程式")`	指定標題
5	`root.resizable(False, False)`	禁止視窗縮放
6	`canvas = tkinter.Canvas(root, width=800, height=600)`	指定大小
7	`canvas.pack()`	建立畫布物件
8	`gazou = tkinter.PhotoImage(file="sumire.png")`	配置畫布
9	`canvas.create_image(400, 300, image=gazou)`	載入圖片
10	`button = tkinter.Button(text="診斷", font=("Times New Roman", 32), bg="lightgreen")`	建立按鈕物件
11	`button.place(x=400, y=480)`	配置按鈕
12	`text = tkinter.Text(width=40, height=5, font=("Times New Roman", 16))`	建立文字輸入欄位物件
13	`text.place(x=320, y=30)`	配置文字輸入欄位
14		
15	`bvar = [None]*7`	BooleanVar 物件的列表
16	`cbtn = [None]*7`	勾選按鈕的列表
17	`ITEM = [`	定義勾選按鈕的題目
18	`"喜歡高處",`	
19	`"看到球就想玩",`	
20	`"嚇一跳的時候，頭髮會立起來",`	
21	`"喜歡造型像老鼠的玩具",`	
22	`"對味道很敏感",`	
23	`"喜歡啃魚骨",`	
24	`"晚上特別有精神"`	
25	`]`	
26	`for i in range(7)`	利用迴圈配置勾選按鈕
27	`    bvar[i] = tkinter.BooleanVar()`	建立 BooleanVar 物件
28	`    bvar[i].set(False)`	將該物件設定為 False
29	`    cbtn[i] = tkinter.Checkbutton(text=ITEM[i], font=("Times New Roman", 12), variable=bvar[i], bg="#dfe")`	建立勾選按鈕物件
30	`    cbtn[i].place(x=400, y=160+40*i)`	配置勾選按鈕
31	`root.mainloop()`	顯示視窗

執行這個程式後，會如**圖 7-5-3** 配置 7 個勾選按鈕。

圖 7-5-3　配置勾選按鈕

第 15、16 列的程式分別是「bvar=[None]*7」與「cbtn=[None]*7」。**None** 在 Python 是沒有任何東西存在的值。bvar 是為了 BooleanVar 物件建立的列表，建立了 7 個空白的箱子，cbtn 是為了勾選按鈕建立的列表，一樣也建立了 7 個空白的箱子。Python 可利用星號（*）替列表指定要建立幾個箱子（元素）。

第 27 列與 29 列的程式指定了 bvar 與 cbtn 的箱子有哪些內容（實體）。以第 29 列的程式碼建立勾選按鈕時，是以「bg="#dfe"」這種 16 進位數指定文字後方的顏色（背景色）。以 16 進位數指定顏色的方法將於本章專欄（→ P.138）說明。

或許大家會覺得列表以及利用迴圈建立多個 GUI 的手法很困難，但是要寫出正統的程式，就必須像這樣精簡程式碼，所以請大家對照說明與執行畫面，掌握這類程式碼的輪廓。

步驟 3：計算勾選了幾個按鈕

接著要撰寫計算勾選了幾個按鈕的程式，請輸入下列的程式，並且命名與儲存檔案，再執行程式。

程式 ▶ list0705_3.py　　※ 新增或變更的程式碼均以顏色標記

```
1  import tkinter                                              載入 tkinter 模組
2
3  def click_btn():                                            定義於點選按鈕之際執行的函數
4      pts = 0                                                   計算勾選個數的變數
5      for i in range(7):                                        利用迴圈
6          if bvar[i].get() == True:                               在勾選之後
7              pts = pts + 1                                         讓變數的值遞增 1
8      text.delete("1.0", tkinter.END)                           刪除文字輸入欄位的字串
9      text.insert("1.0", "勾選的個數是" + str(pts))              於文字輸入欄位插入變數值
10
11 root = tkinter.Tk()                                         建立視窗物件
12 root.title("貓咪相似度診斷程式")                              指定標題
13 root.resizable(False, False)                                禁止視窗縮放
14 canvas = tkinter.Canvas(root, width=800, height=600)        建立畫布物件
15 canvas.pack()                                               配置畫布
16 gazou = tkinter.PhotoImage(file="sumire.png")               載入圖片
17 canvas.create_image(400, 300, image=gazou)                  顯示圖片
18 button = tkinter.Button(text="診斷", font=("Times New        建立按鈕物件
   Roman", 32), bg="lightgreen", command=click_btn)
19 button.place(x=400, y=480)                                  配置按鈕
20 text = tkinter.Text(width=40, height=5, font=("Times        建立文字輸入欄位物件
   New Roman", 16))
21 text.place(x=320, y=30)                                     配置文字輸入欄位
22
23 bvar = [None]*7                                             BooleanVar 物件的列表
24 cbtn = [None]*7                                             勾選按鈕的列表
25 ITEM = [                                                    定義勾選按鈕的題目
26 "喜歡高處",
27 "看到球就想玩",
28 "嚇一跳的時候，頭髮會立起來",
29 "喜歡造型像老鼠的玩具",
30 "對味道很敏感",
31 "喜歡啃魚骨",
32 "晚上特別有精神"
33 ]
34 for i in range(7):                                          利用迴圈配置勾選按鈕
35     bvar[i] = tkinter.BooleanVar()                            建立 BooleanVar 物件
36     bvar[i].set(False)                                        將該物件設定為 False
37     cbtn[i] = tkinter.Checkbutton(text=ITEM[i], font=         建立勾選按鈕物件
   ("Times New Roman", 12), variable=bvar[i], bg="#dfe")
38     cbtn[i].place(x=400, y=160+40*i)                          配置勾選按鈕
39 root.mainloop()                                             顯示視窗
```

執行這個程式後，勾選幾個項目並按下「診斷」，就會於文字輸入欄位顯示勾選的數量。

圖 7-5-4　顯示勾選數量

利用第 5 ～ 7 列的迴圈與條件分歧計算勾選個數，再利用第 8 列的 delete() 命令清空文字輸入欄位的字串，最後利用第 9 列的 insert() 命令在文字輸入欄位插入字串。

步驟 4：輸出評語

撰寫按下按鈕，依照勾選個數顯示評語的程式，請輸入下列的程式，並且命名與儲存檔案，再執行程式。

程式 ▶ list0705_4.py　　※ 新增或變更的程式碼均以顏色標記

```
1  import tkinter                                  載入 tkinter 模組
2
3  KEKKA = [                                       以列表定義診斷結果的評語
4  "你的前世是貓咪的可能性趨近於零。",
5  "你只是很普通的人類。",
6  "沒有什麼特別之處。",
```

```
7   "有些地方很像貓咪。",
8   "個性很像貓咪。",
9   "個性非常像貓咪。",
10  "前世有可能是貓咪。",
11  "外表是人類，內在卻是貓咪。"
12  ]
13  def click_btn():                                        定義於點選按鈕之際執行的函數
14      pts = 0                                               計算勾選個數的變數
15      for i in range(7):                                    利用迴圈
16          if bvar[i].get() == True:                           在勾選之後
17              pts = pts + 1                                     讓變數的值遞增1
18      nekodo = int(100*pts/7)                               計算「貓咪相似度」，無條件捨去小數點的部分
19      text.delete("1.0", tkinter.END)                       刪除文字輸入欄位的字串
20      text.insert("1.0", "＜診斷結果＞\n貓咪相似度是" +      於文字輸入欄位插入變數值
    str(nekodo) + "%喲 \n" + KEKKA[pts])
21
22  root = tkinter.Tk()                                     建立視窗物件
23  root.title("貓咪相似度診斷程式")                        指定標題
24  root.resizable(False, False)                            禁止視窗縮放
25  canvas = tkinter.Canvas(root, width=800, height=600)    建立畫布物件
26  canvas.pack()                                           配置畫布
27  gazou = tkinter.PhotoImage(file="sumire.png")           載入圖片
28  canvas.create_image(400, 300, image=gazou)              顯示圖片
29  button = tkinter.Button(text="診斷", font=("Times New   建立按鈕物件
    Roman", 32), bg="lightgreen", command=click_btn)
30  button.place(x=400, y=480)                              配置按鈕
31  text = tkinter.Text(width=40, height=5, font=("Times    建立文字輸入欄位物件
    New Roman", 16))
32  text.place(x=320, y=30)                                 配置文字輸入欄位
33
34  bvar = [None]*7                                         BooleanVar 物件的列表
35  cbtn = [None]*7                                         勾選按鈕的列表
36  ITEM = [                                                定義勾選按鈕的題目
37  "喜歡高處",
38  "看到球就想玩",
39  "嚇一跳的時候，頭髮會立起來",
40  "喜歡造型像老鼠的玩具",
41  "對味道很敏感",
42  "喜歡啃魚骨",
43  "晚上特別有精神"
44  ]
45  for i in range(7):                                      利用迴圈配置勾選按鈕
46      bvar[i] = tkinter.BooleanVar()                        建立 BooleanVar 物件
47      bvar[i].set(False)                                    將該物件設定為 False
48      cbtn[i] = tkinter.Checkbutton(text=ITEM[i], font=     建立勾選按鈕物件
    ("Times New Roman", 12), variable=bvar[i], bg="#dfe")
49      cbtn[i].place(x=400, y=160+40*i)                      配置勾選按鈕
50  root.mainloop()                                         顯示視窗
```

執行診斷遊戲的程式，勾選符合自己的選項，再按下「診斷」，就會依照勾選個數輸出不同的評語。

圖 7-5-5　診斷遊戲完成

第 18 列的「nekodo = int(100*pts/7)」是根據勾選個數計算「貓咪相似度」的程式。總共有 7 個項目可以勾選，所以全部勾選時，貓咪相似度會是 100*7/7=100%，若只勾選一個，會得到 100*1/7=14% 的結果。**int()** 是將值轉換成整數的命令，假設 100*pts/7 的值有小數點，就會無條件捨去小數點，再將變數值存入 nekodo。

第 20 列的程式碼將評語插入文字輸入欄位，評語裡的 **\n 為換行字元**，字串會在這個位置換行。

因為 Python 的字串不能直接與數值連接，所以透過第 20 列的 str() 命令將變數 nekodo 的值轉換成字串。

若另外準備題目、評語與圖片，就能做出內容完全不同的診斷遊戲。試著把這個程式改良成原創的診斷遊戲吧！

或許大家會覺得勾選按鈕的用法有點難，但之後再慢慢理解就好。

我一開始也難理解該怎麼使用勾選按鈕呢！

話說回來，我記得彩華妳喜歡貓對吧？

對啊，我超喜歡貓的！從這個診斷遊戲來說的話，我前世說不定是貓喲（笑）

喜歡狗的人，也可以把這個程式改良成愛狗程度診斷遊戲。

COLUMN

利用 RGB 值指定顏色

前面提過 Python 可利用 red 或 white 等英文單字指定顏色，也可利用 **16 進位的 RGB 值指定**。在此說明以 16 進位值指定顏色的原理。

第一步要先了解光的三原色。

紅、綠、藍是光的三原色，當紅色與綠色的光混在一起，就會混出黃色，紅色與藍色的光混在一起，就會混出紫色（magenta：紫紅色），綠色與藍色混在一起就會混出水藍色（Cyan：青色）。若是紅、綠、藍三種光全混在一起就會混出白色。假設光線的強度較弱（= 暗色），混出的顏色就會比較暗沉。

圖 7-A　光的三原色

電腦將紅（Red）、綠（Green）、藍（Blue）光的強度分成 0 ～ 255 的 256 階，換言之，較亮的紅色為 R=255，較暗沉的紅色為 R=128。若想顯示較暗的水藍色，可設定成「R=0,G=128,B128」。

0 ～ 255 是常見的十進位值，右表是轉換成 16 進位值的結果。

10 進位	16 進位	10 進位	16 進位
0	00	12	0c
1	01	13	0d
2	02	14	0e
3	03	15	0f
4	04	16	10
5	05	17	11
6	06	:	:
7	07	127	7f
8	08	128	80
9	09	:	:
10	0a	254	fe
11	0b	255	ff

表 7-A　10 進位與 16 進位

16 進位的 a ～ f 可以是大寫的英文字母。

RGB 值是以 16 進位值標記為 #RRGGBB，例如亮紅色為 #ff0000，亮綠色為 #00ff00、灰色為 #808080。

也有各以一個半形字元標記紅、綠、藍的方法，也就是寫成 #RGB 的格式。此時的紅、綠、藍並非 256 階，而是 16 階，黑色的數值為 #000、亮紅色為 #f00、灰色為 #888，白色為 #fff。

遊戲軟體經常需要接收鍵盤輸入的訊號以及更新畫面，這些都稱為處理。本章要學習的是利用 Python 進行即時處理的手法，製作角色移動時一邊替迷宮地板塗色的遊戲。讓我們一起學習開發正統遊戲時所需的技術吧！

開發正統遊戲的技術

Chapter 8

Lesson

8-1 實現即時處理

遊戲軟體隨時都在進行許多處理。以動作遊戲為例，就算使用者沒執行任何操作，敵人也是會在畫面上一直移動，背景裡的雲也會不斷飄動，水面也會搖晃，如果是有時間限制的遊戲，計時器也會一直倒數，由此可知，依照時間順序不斷進行處理的軟體會不斷執行**即時處理**，這也是製作遊戲所不可或缺的技術。接著就來學習以 Python 執行即時處理的方法。

使用 after() 命令

Python 可利用 **after()** 執行即時處理。透過自動計數的程式了解何謂即時處理。請輸入下列的程式，並且命名與儲存檔案，再執行程式。

程式 ▶ list0801_1.py

```
1  import tkinter                                          載入 tkinter 模組
2  tmr = 0                                                 宣告計時變數 tmr
3  def count_up():                                         定義執行即時處理的函數
4      global tmr                                            將 tmr 宣告為全域變數
5      tmr = tmr + 1                                         讓 tmr 的值遞增 1
6      label["text"] = tmr                                   在標籤顯示 tmr 的值
7      root.after(1000, count_up)                            過 1 秒之後再次執行這個函數
8
9  root = tkinter.Tk()                                     建立視窗物件
10 label = tkinter.Label(font=("Times New Roman", 80))     建立標籤零件
11 label.pack()                                            配置標籤零件
12 root.after(1000, count_up)                              於 1 秒之後呼叫指定的函數
13 root.mainloop()                                         顯示視窗
```

執行這個程式後，視窗裡的數值會每 1 秒遞增 1。

第 4 列的 **global** 可在函數內部變更於函數外部定義的變數，相關的說明請參考 142 頁。

在第 3 ～ 7 列定義 count_up() 函數，再以這個函數與 after() 命令執行即時處理。after() 命令的語法如下。

圖 8-1-1
list0801_1.py 的執行結果

語法：after() 命令

```
after(毫秒，要執行的函數的名稱)
```

參數就是「在幾毫秒之後」執行「什麼函數」。**在 after() 命令的參數設定函數名稱時，函數名稱不需要特別加上 ()。**

count_up() 函數會讓變數 tmr 不斷遞增 1，再於標籤顯示變數 tmr 的值。視窗建立完成後，第 12 列的 after() 命令會呼叫 count_up()，count_up() 函數也於第 7 列撰寫了 after() 命令，所以會在 1 秒之後呼叫 count_up()。這段處理的示意圖如下。

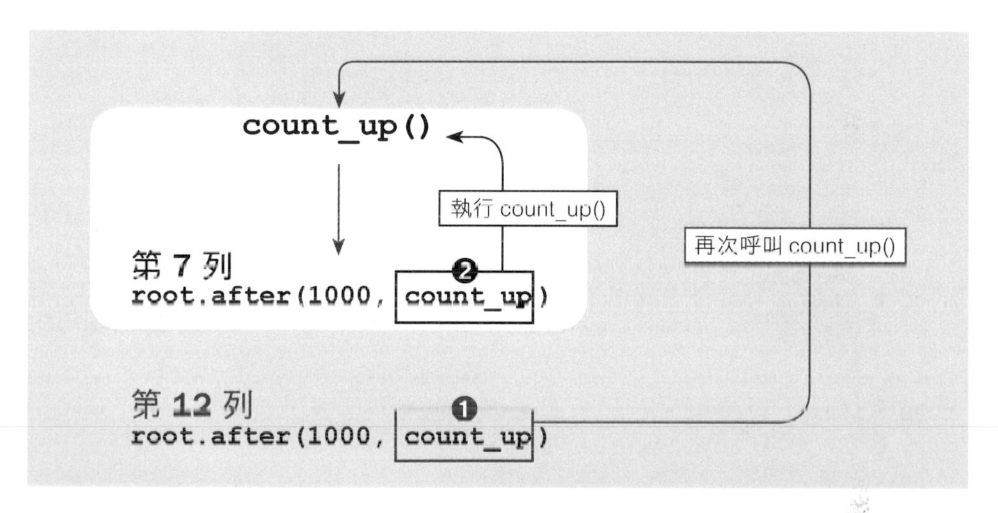

圖 8-1-2　count_up() 函數的處理

請試著以第 6 章的「抽籤遊戲」或第 7 章的「診斷遊戲」比較這個程式的執行內容。抽籤遊戲與診斷遊戲都是在按了按鈕才顯示結果，只要沒按按鈕，畫面就不會有任何改變，也不會進行任何處理。使用者進行了某種操作才執行處理的程式稱為**事件觸發型**或事件驅動型軟體。

MEMO

這次程式的第 12 列若只寫著 count_up() 也能執行即時處理，不過，會在視窗顯示之前就執行一次 count_up()。到底該在第一次呼叫執時處理函數的時候就執行 after() 命令還是不要執行，由處理的內容決定。

全域變數與區域變數

於函數外部宣告的變數稱為**全域變數**，於函數內部宣告的變數稱為**區域變數**。以 Python 為例，若想在函數內部變更全域變數的值，必須先將該變數宣告為 **global（全域）變數**。

這次的程式將變數 tmr 宣告為全域變數。下列的程式可讓 tmr 的值在 count_up() 之內遞增。

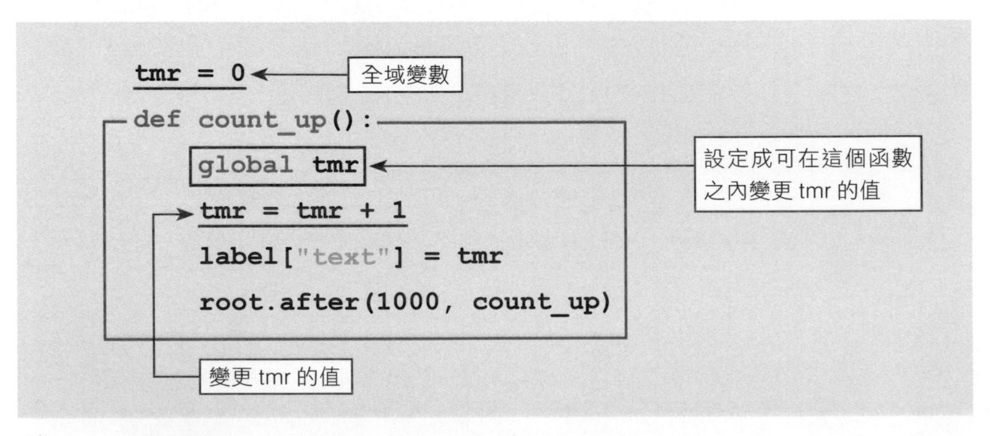

圖 8-1-3　全域變數

不宣告為 global，可寫成下列的程式碼

```
tmr = 0
def count_up():
    tmr = tmr + 1
    label["text"] = tmr
    root.after(1000, count_up)
```

執行後會在 tmr=tmr+1 的部分發生錯誤。

此外，若寫成下列的內容，在函數內部宣告的 tmr 會變成區域變數，每呼叫一次這個函數，tmr 的值就會歸零。

```
def count_up():
    tmr = 0
    tmr = tmr + 1
    label["text"] = tmr
    root.after(1000, count_up)
```

所以不管過了多久，都只會顯示 1。

全域變數的值在程式結束之前不會消失，但函數內部的區域變數卻會在每次呼叫該函數之際回歸為初始值。這個規則很重要，而且適用於大部分的程式設計語言，務必謹記。

Python 的全域變數還有一項規則：只要在函數內部參照值的話，不需要宣告為全域變數。以下列的程式為例，函數內部的 mikan、ringo 的值不會改變，所以不需要將它們宣告為全域變數。

```
mikan = 50
ringo = 120
def goukei_kingaku():
    print(mikan+ringo)
```

此外，於函數內部使用於函數外部宣告的列表時，也不需要宣告為全域列表，因為列表的每個元素可直接從任何函數改寫值。

MEMO

其實「要在函數內部變更在函數外部宣告的列表時，該列表必須宣告為全域列表」，但這個規則對程式設計的初學者有點難，所以此時就算不了解全域列表的意思也沒關係。

可能有些人會覺得一下子吸收太多程式設計的相關知識很難，但 after() 與 global 會一直用到，所以可以透過後續的程式慢慢了解。

全域宣告是 Python 特有的規則，如果忘記宣告為全域變數就直接在函數內部調整該變數的值，通常會發生錯誤。還請大家務必熟悉 global 的使用方法。

Lesson 8-2

接收鍵盤輸入的指令

遊戲軟體常需要判斷使用者按了哪些按鍵，再依照按鍵讓角色做出不一樣的動作。接著為大家說明判斷按鍵的程式該怎麼寫。

關於事件

使用者對軟體操作鍵盤或滑鼠的行為稱為**事件**。舉例來說，點選視窗裡的圖片就稱為「對圖片觸發了點選事件」。

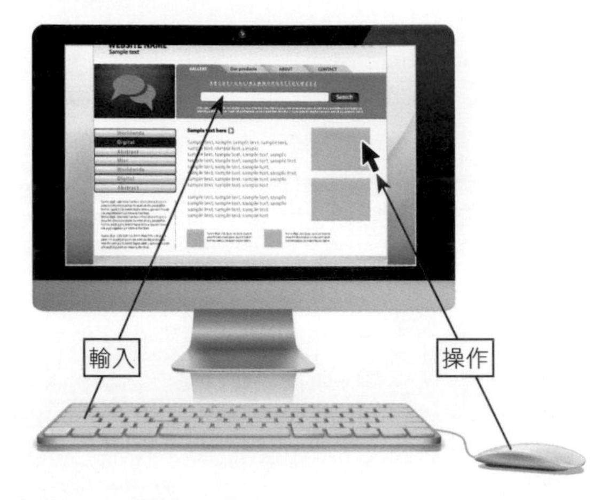

圖 8-2-1　事件

使用 bind() 命令

Python 可利用 **bind()** 命令接收事件。讓我們一起看看取得按鍵事件以及判斷按鍵的程式。bind() 命令的使用方法會在執行程式之後說明。請輸入下列的程式，並且命名與儲存檔案，再執行程式。

程式 ▶ list0802_1.py

	程式	說明
1	import tkinter	載入 tkinter 模組
2	key = 0	宣告存放鍵碼的變數
3	def key_down(e):	定義於按下按鍵之際執行的函數
4	global key	將 key 宣告為全域變數
5	key = e.keycode	將鍵碼代入 key
6	print("KEY:"+str(key))	在 Shell 視窗輸出 key 的值
7		
8	root = tkinter.Tk()	建立視窗的物件
9	root.title("取得鍵碼")	指定標題
10	root.bind("<KeyPress>", key_down)	利用 bind() 命令指定於按下按鍵之際執行的函數
11	root.mainloop()	顯示視窗

執行程式後，視窗不會顯示任何訊息，直到使用者按下鍵盤的任何一鍵，Shell 視窗才會輸出該鍵的值（**鍵碼**）。

圖 8-2-2　list0802_1.py 的執行結果

可利用 bind() 命令取得的事件

bind() 命令的語法如下。

```
bind("< 事件 >"，於事件觸發之際執行的函數 )
```

參數之一的函數不需要加上 ()。

可取得的主要事件如下。

表 8-2-1　主要事件

<事件>	事件內容
<KeyPress>或<Key>	按下按鍵
<KeyRelease>	放開按鍵
<Motion>	移動滑鼠游標
<ButtonPress>或<Button>	點選滑鼠按鍵

<KeyPress> 可以簡寫為 <Key>，<ButtonPress> 也可以簡寫為 <Button>。

讓我們看看第 3 ～ 6 列接受事件的函數。

```
def key_down(e):
    global key
    key = e.keycode
    print("KEY:"+str(key))
```

這個函數利用參數 e 接收按鍵事件，所以透過 **e.keycode** 取得鍵碼。這次的參數定義為 e，也可自行決定喜歡的變數名稱，例如 def key_down(event)，此時 event.keycode 就會是鍵碼。

<ButtonPress> 會對滑鼠的所有按鍵產生反應，<Button-1> 是對應滑鼠左鍵，<Button-2> 對應滑鼠中間的按鈕，<Button-3> 則是對應滑鼠右鍵。

Lesson
8-3
輸入按鈕，移動圖片

Lesson 8-1 的即時處理若與 Lesson 8-2 的按鍵事件處理搭配，就能移動畫面裡的角色。

即時按鍵輸入處理

Lesson 8-2 的程式會於 Shell 視窗顯示鍵碼，這次要在視窗的標籤顯示鍵碼，作為移動角色的事前準備。程式會同時執行按鍵輸入處理與即時處理。請輸入下列的程式，並且命名與儲存檔案，再執行程式。

程式 ▶ **list0803_1.py**

	程式	說明
1	`import tkinter`	載入 tkinter 模組
2		
3	`key = 0`	宣告存放按鍵的變數
4	`def key_down(e):`	定義於按下按鍵之際執行的函數
5	`    global key`	將 key 宣告為全域變數
6	`    key = e.keycode`	將鍵碼代入 key
7		
8	`def main_proc():`	定義執行即時處理的函數
9	`    label["text"] = key`	在標籤顯示 key 的值
10	`    root.after(100, main_proc)`	利用 after() 命令指定在 0.1 秒之後執行的函數
11		
12	`root = tkinter.Tk()`	建立視窗物件
13	`root.title("即時按鍵輸入處理")`	指定標題
14	`root.bind("<KeyPress>", key_down)`	利用 bind 命令指定按下按鍵之際執行的函數
15	`label = tkinter.Label(font=("Times New Roman", 80))`	建立標籤零件
16	`label.pack()`	配置標籤零件
17	`main_proc()`	執行 main_proc() 函數
18	`root.mainloop()`	顯示視窗

執行這個程式後，會在按下按鍵後於視窗顯示對應的鍵碼。假設按下空白鍵，就會顯示 32。

第 4 ～ 6 列的程式碼是取得按鍵事件的函數，第 8 ～ 10 列的程式碼是執行即時處理的函數。這次是以 Lesson 8-2 學到的 bind() 命令指定函數，取得按鍵事件，也利用 Lesson 8-1 學到的 after() 命令指定執行即時處理的函數。這個程式的執行流程如下圖。

圖 8-3-1
list0803_1.py 的執行結果

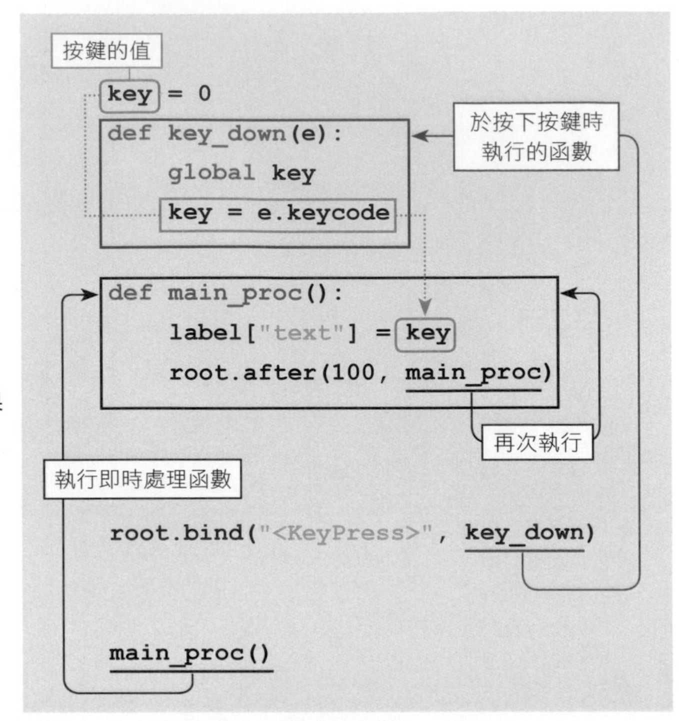

圖 8-3-2　即時按鍵輸入處理的流程

主要的鍵碼

Python 主要的鍵碼如下。

表 8-3-1　Windows 電腦

按鍵	鍵碼
方向鍵←↑→↓的值	37、38、39、40
空白鍵	32
Enter鍵	13
英文字母A～Z	65～90
數字0～9	48～57

表 8-3-2　Mac　※ Mac 的 caps 鍵是 ON 或 OFF 時，英文字母的鍵碼會改變

按鍵	鍵碼
方向鍵←↑→↓的值	8124162、8320768、81896999、8255233
空白鍵	32
return鍵	2359309
英文字母A～Z	65～90
英文字母a～z	97～122
數字0～9	48～57

Windows 與 Mac 的鍵碼不同，所以若為了判斷方向左鍵而把程式碼寫成「if key== 37」，那麼這段程式碼只能在 Windows 使用，無法在 Mac 使用。若寫成「if key == 37 or key== 8124162」則可在兩邊使用，不過其實還有更簡單的方法，接下來就為大家介紹。

以 keysym 的值判斷

接著介紹取得 **keysym** 的值，而不是 keycode 的程式。請輸入下列的程式，並且命名與儲存檔案，再執行程式。

程式 ▶ list0803_2.py ※ 與 list0803_1.py 的差異之處皆已標記為粗體字

行	程式	說明
1	`import tkinter`	載入 tkinter 模組
2		
3	**`key = ""`**	**宣告存放按鍵值的變數**
4	`def key_down(e):`	定義於按下按鍵之際執行的函數
5	`    global key`	將 key 宣告為全域變數
6	**`    key = e.keysym`**	**將按鍵名稱代入 key**
7		
8	`def main_proc():`	定義執行即時處理的函數
9	`    label["text"] = key`	在標籤顯示 key 的值
10	`    root.after(100, main_proc)`	利用 after() 命令指定在 0.1 秒之後執行的函數
11		
12	`root = tkinter.Tk()`	建立視窗物件
13	`root.title("即時按鍵輸入處理")`	指定標題
14	`root.bind("<KeyPress>", key_down)`	利用 bind 命令指定按下按鍵之際執行的函數
15	`label = tkinter.Label(font=("Times New Roman", 80))`	建立標籤零件
16	`label.pack()`	配置標籤零件
17	`main_proc()`	執行 main_proc() 函數
18	`root.mainloop()`	顯示視窗

這個程式會在按下方向鍵的 ↑ 時顯示 Up，按下 ↓ 時顯示 Down，在按下空白鍵時顯示 space，按下 Enter 或 return 顯示 Return。請試著按下不同的按鍵，看看會顯示什麼結果。

由於利用 keysym 取得的按鍵名稱在 Windows 與 Mac 都一樣，所以使用 keysym 的判斷按鍵會比較簡單。

圖 8-3-3
list0803_2.py 的執行結果

》》讓角色即時動起來

mimi.png

利用方向鍵控制視窗裡的角色，這個程式裡的新命令會在執行程式後說明。這次的程式會用到右側的圖片，請從本書的支援網頁下載圖片，再將圖片檔與程式檔放在同一個資料夾。

請輸入下列的程式，並且命名與儲存檔案，再執行程式。

程式 ▶ list0803_3.py

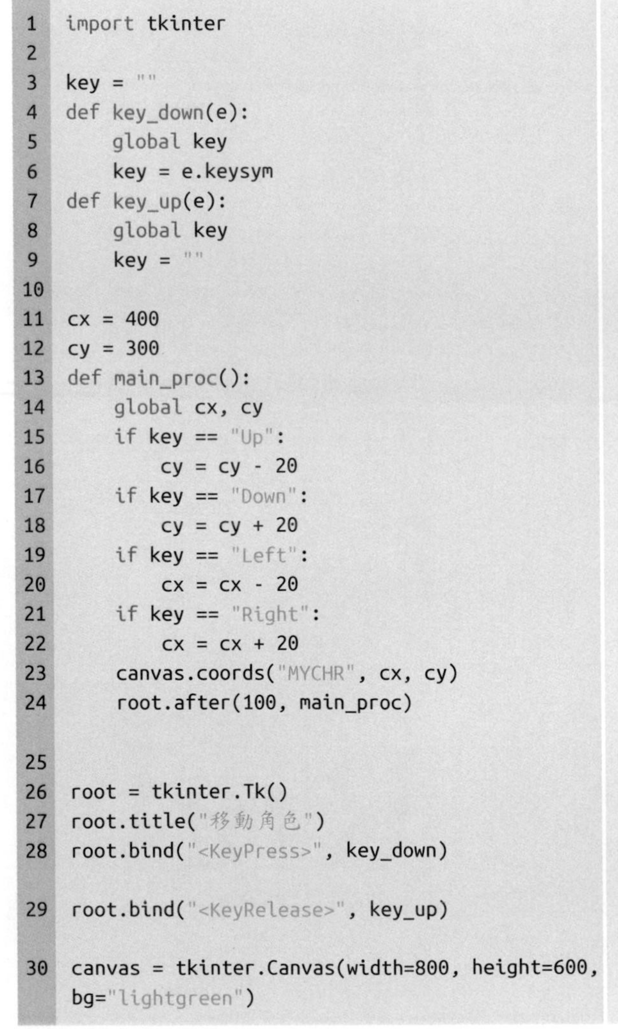

行	程式	說明
1	`import tkinter`	載入 tkinter 模組
2		
3	`key = ""`	宣告存放鍵值的變數
4	`def key_down(e):`	定義於按下按鍵之際執行的函數
5	`    global key`	將 key 宣告為全域變數
6	`    key = e.keysym`	將按鍵的名稱代入 key
7	`def key_up(e):`	定義於放開按鍵之際執行的函數
8	`    global key`	將 key 宣告為全域變數
9	`    key = ""`	將空白的字串代入 key
10		
11	`cx = 400`	管理角色 x 座標的變數
12	`cy = 300`	管理角色 y 座標的變數
13	`def main_proc():`	定義即時處理函數
14	`    global cx, cy`	將 cx、cy 宣告為全域變數
15	`    if key == "Up":`	按下方向鍵「上」的話
16	`        cy = cy - 20`	y 座標減少 20 點
17	`    if key == "Down":`	按下方向鍵「下」的話
18	`        cy = cy + 20`	y 座標增加 20 點
19	`    if key == "Left":`	按下方向鍵「左」的話
20	`        cx = cx - 20`	x 座標減少 20 點
21	`    if key == "Right":`	按下方向鍵「右」的話
22	`        cx = cx + 20`	x 座標增加 20 點
23	`    canvas.coords("MYCHR", cx, cy)`	將圖片移動到新的位置
24	`    root.after(100, main_proc)`	利用 after() 命令指定於 0.1 秒之後執行的函數
25		
26	`root = tkinter.Tk()`	建立視窗物件
27	`root.title("移動角色")`	指定標題
28	`root.bind("<KeyPress>", key_down)`	利用 bind() 命令指定於按下按鍵時執行的函數
29	`root.bind("<KeyRelease>", key_up)`	利用 bind() 命令指定於放開按鍵時執行的函數
30	`canvas = tkinter.Canvas(width=800, height=600, bg="lightgreen")`	建立畫布零件

31	canvas.pack()	配置畫布
32	img = tkinter.PhotoImage(file="mimi.png")	將角色圖片載入變數 img
33	canvas.create_image(cx, cy, image=img, tag="MYCHR")	於畫布顯示圖片
34	main_proc()	執行 main_proc() 函數
35	root.mainloop()	顯示視窗

執行這個程式後，會於視窗之內顯示角色，同時可利用方向鍵讓圖片往上下左右移動。

圖 8-3-4
list0803_3.py 的執行結果

第 13 ～ 24 行的 main_proc() 是執行即時處理的函數。第 11 ～ 12 行的程式碼將管理角色座標的變數 cx、cy 宣告為全域變數。main_proc() 會依照按下的按鍵增減 cx、cy 的值。第 23 行的 **coords()** 是將圖片移動到新位置的命令。coords() 點的參數為 tag 名稱、x 座標、y 座標。接著為大家說明標籤。

關於 tag

第 32 行的 PhotoImage() 命令會匯入圖片，第 33 行的 create_image() 命令會於畫布顯示圖片。此時會透過 create_image() 命令的參數如下指定 tag。

tag 的指定範例

```
canvas.create_image(cx, cy, image=img, tag="MYCHR")
```

tag= 後面的字串是 tag 名稱。tag 可在畫布配置圖案或圖片，通常會在移動與消除圖案與圖片時使用。tag 名稱可自訂，但建議取一個簡單易懂的名稱。這次的 tag 名稱為 MYCHR。

⋙ 關於 create_image() 命令的座標

create_image() 命令的座標就是圖片的中心點。請大家先參考下圖。

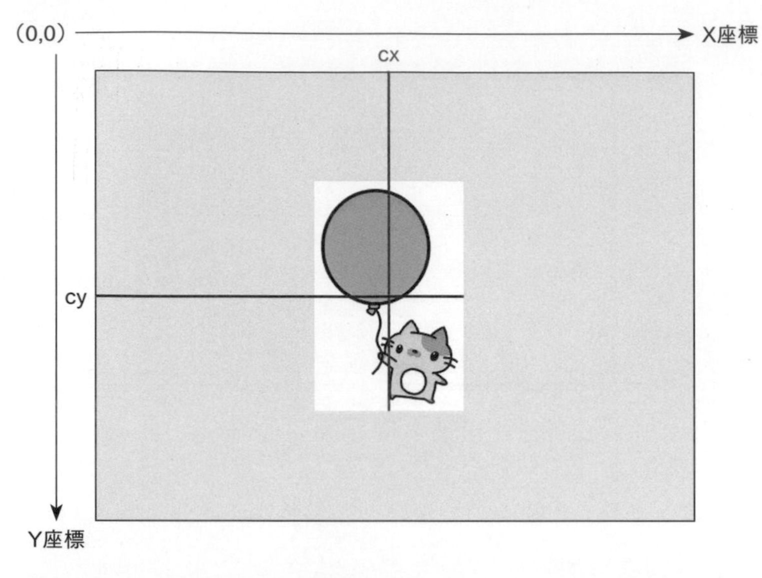

圖 8-3-5 create_image() 的座標

create_image() 命令的座標已在第 6 章學過，大家再複習一遍（→ P.111）。

Lesson 8-4 定義迷宮的資料

2D（二維）的遊戲可利用陣列管理背景資料，而 Python 的列表相當於所謂的陣列。這節為大家說明以列表定義迷宮，在視窗顯示迷宮的方法，在 Lesson 8-5 讓角色在迷宮之內走路。

關於二維列表

由二維列表定義迷宮的資料，二維列表可利用索引編號操作處理水平方向（列）與垂直方向（欄）的資料，假設水平方向為 x，垂直方向為 y，各元素的索引編號如下。

m[y][x]

m[0][0]	m[0][1]	m[0][2]	m[0][3]
m[1][0]	m[1][1]	m[1][2]	m[1][3]
m[2][0]	m[2][1]	m[2][2]	m[2][3]

圖 8-4-1　二維列表的示意圖

假設要將 10 代入右下角的 m[2][3]，可寫成 m[2][3]=10。

以列表定義迷宮

假設要定義的迷宮如右圖。白色的部分是地板，灰色的部分是牆壁。讓我們試著以二維列表定義右邊的迷宮。

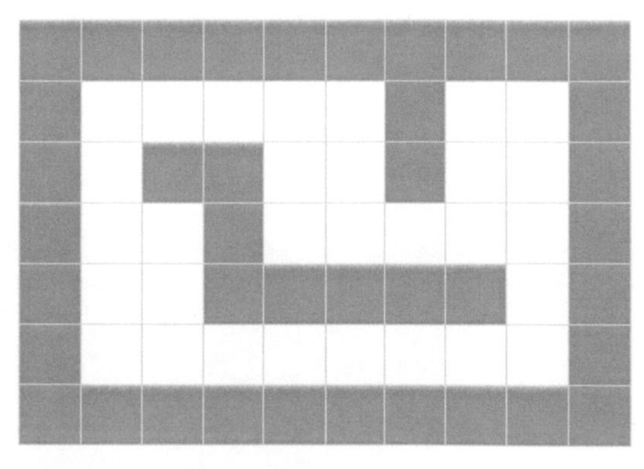

圖 8-4-2　迷宮的示意圖

要利用程式打造迷宮，可先替地板與牆壁置換成數值。這次將地板置換為 0，將牆壁置換為 1。

1	1	1	1	1	1	1	1	1	1
1	0	0	0	0	0	1	0	0	1
1	0	1	1	0	0	1	0	0	1
1	0	0	1	0	0	0	0	0	1
1	0	0	1	1	1	1	1	0	1
1	0	0	0	0	0	0	0	0	1
1	1	1	1	1	1	1	1	1	1

圖 8-4-3　將地板與牆壁置換為數值

接著以二維列表定義這些值。假設列表名稱為 maze。水平的部分為列。

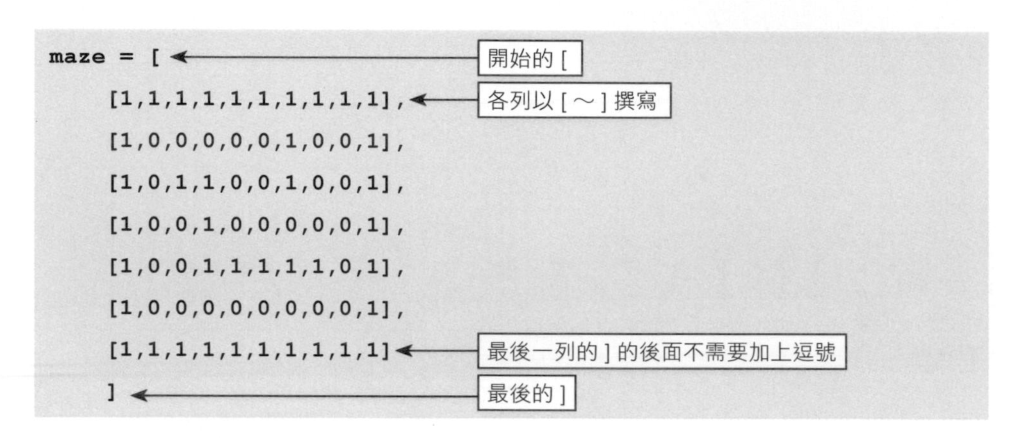

接著要在視窗顯示剛剛以列表定義的迷宮。下列的程式只顯示迷宮，不會進行即時處理或是按鍵輸入處理。這個程式在 for 迴圈之中放了另一個 for 迴圈，即所謂的**雙重 for 迴圈**。雙重 for 迴圈會在執行程式後說明。請輸入下列的程式，並且命名與儲存檔案，再執行程式。

程式 ▶ list0804_1.py

```
1   import tkinter                                   載入tkinter模組
2   root = tkinter.Tk()                              建立視窗的物件
3   root.title("顯示迷宮")                            指定標題
4   canvas = tkinter.Canvas(width=800, height=       建立畫布的零件
    560, bg="white")
5   canvas.pack()                                    配置畫布
6   maze = [                                         利用列表定義迷宮
7       [1,1,1,1,1,1,1,1,1,1],
8       [1,0,0,0,0,0,1,0,0,1],
9       [1,0,1,1,0,0,1,0,0,1],
10      [1,0,0,1,0,0,0,0,0,1],
11      [1,0,0,1,1,1,1,1,0,1],
12      [1,0,0,0,0,0,0,0,0,1],
```

13	`    [1,1,1,1,1,1,1,1,1,1]`	
14	`    ]`	
15	`for y in range(7):`	迴圈 y 為 0→1→2→3→4→5→6
16	`    for x in range(10):`	迴圈 x 為 0→1→2→3→4→5→6→7→8→9
17	`        if maze[y][x] == 1:`	maze[y][x] 為 1 也就是牆壁的話
18	`            canvas.create_rectangle(x*80, y*80, x*80+80, y*80+80, fill="gray")`	繪製灰色正方形
19	`root.mainloop()`	顯示視窗

執行程式後就會顯示下列的迷宮。

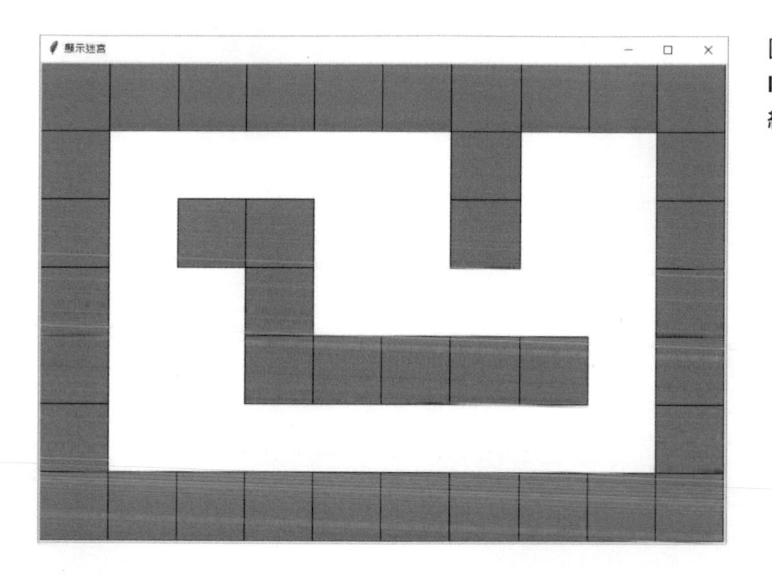

圖 8-4-4
list0804_1.py 的執行結果

關於雙重 for 迴圈

第 15 ～ 18 列是雙重 for 迴圈，其迴圈的構造請參考右側的說明。

```
for 變數 1 in 變數 1 的範圍：
␣␣␣␣for 變數 2 in 變數 2 的範圍：
␣␣␣␣␣␣␣␣ 程式區塊
```

圖 8-4-5 for 迴圈的構造

將變數 1 與變數 2 設定為不同的名稱，例如變數 1 設定為 y，變數 2 設定為 x。

```
for y in range(7):
    for x in range(10):
        處理
```

y 值會依序變化為 0 → 1 → 2 → 3 → 4 → 5 → 6。當 y 值為 0，x 值會先依序變化為 0 → 1 → 2 → 3 → 4 → 5 → 6 → 7 → 8 → 9，再一邊執行處理。當 x 的變化結束後，y 值會遞增為 1，接著 x 值再依照 0 → 1 → 2 → 3 → 4 → 5 → 6 → 7 → 8 → 9 的順序變化以及執行處理。這次的雙重 for 迴圈會先取得 maze[y][x] 的值，並在該值為 1 時繪製灰色正方形（牆壁）；下圖為繪製結果。

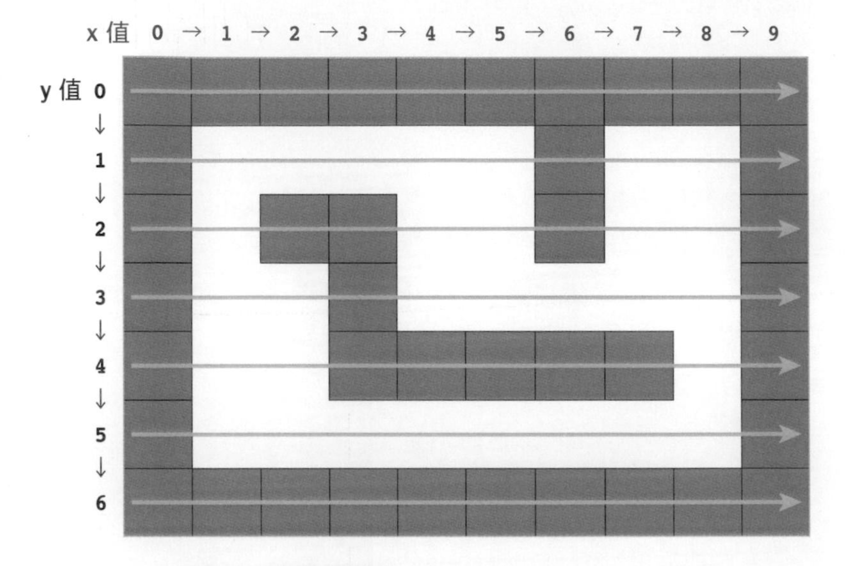

圖 8-4-6　利用雙重迴圈繪製迷宮

隨著 y 值與 x 值的變化繪製迷宮。

一開始或許會覺得雙重 for 迴圈很難，但遊戲與各種軟體都會用到，所以請大家多加複習以了解所謂的雙重迴圈。

for 迴圈或 if 條件式的處理都要縮排。千萬不要忘記 Python 是藉由縮排判斷程式區塊。

Lesson 8-5 平面遊戲的開發基礎

根據即時處理、按鍵輸入、迷宮繪製這三種知識製作讓角色在迷宮內部走路的程式。這次學習的內容是開發平面遊戲的基礎知識。

在迷宮之內走路

將 Lesson 8-3 的程式（list0803_3.py），即利用方向鍵操控角色的程式與 Lesson 8-4 顯示迷宮的程式（list0804_1.py）合併成以方向鍵操控角色在迷宮之內走路的程式。用來判斷角色動作的 if 條件式會以 and 同時判斷兩個條件，而這部分會在執行程式後說明。

這次的程式會用到右側的圖片，請大家在本書的支援網站下載，再與程式碼放在相同的資料夾。

mimi_s.png

請輸入下列的程式，並且命名與儲存檔案，再執行程式。

程式 ▶ **list0805_1.py**

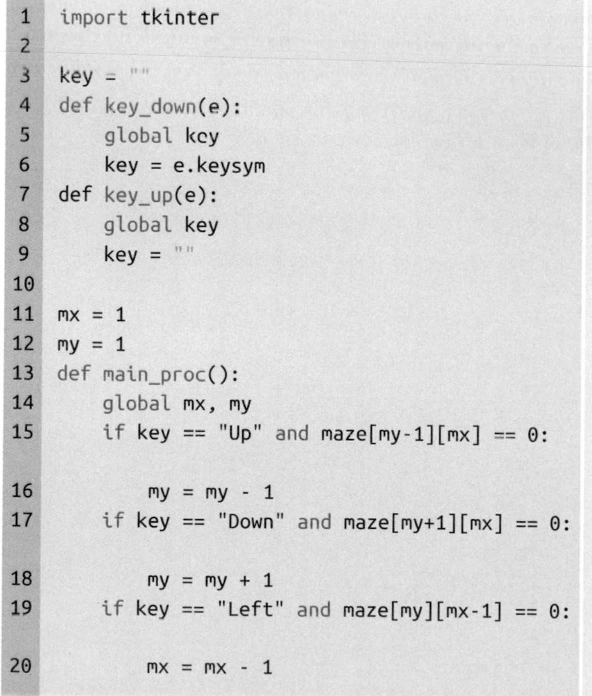

```
1   import tkinter
2
3   key = ""
4   def key_down(e):
5       global key
6       key = e.keysym
7   def key_up(e):
8       global key
9       key = ""
10
11  mx = 1
12  my = 1
13  def main_proc():
14      global mx, my
15      if key == "Up" and maze[my-1][mx] == 0:
16          my = my - 1
17      if key == "Down" and maze[my+1][mx] == 0:
18          my = my + 1
19      if key == "Left" and maze[my][mx-1] == 0:
20          mx = mx - 1
```

行	說明
1	載入 tkinter 模組
3	宣告存放鍵值的變數
4	定義於按下按鍵之際執行的函數
5	將 key 宣告為全域變數
6	將按鍵名稱代入 key
7	定義於放開按鍵之際執行的函數
8	將 key 宣告為全域變數
9	將空白字串代入 key
11	管理角色水平方向的變數
12	管理角色垂直方向的變數
13	定義執行即時處理的變數
14	將 mx，my 宣告為全域變數
15	當使用者按下方向鍵「上」，而且上方那格為通路時
16	my 減 1
17	當使用者按下方向鍵「下」，而且下方那格為通路時
18	my 加 1
19	當使用者按下方向鍵「左」，而且左側那格為通路時
20	mx 減 1

21	`    if key == "Right" and maze[my][mx+1] == 0:`	當使用者按下方向鍵「右」，而且右側那格為通路時
22	`        mx = mx + 1`	mx 加 1
23	`    canvas.coords("MYCHR", mx*80+40, my*80+40)`	將角色圖片移動到新的位置
24	`    root.after(300, main_proc)`	在 0.3 秒之後再次執行這個函數
25		
26	`root = tkinter.Tk()`	建立視窗物件
27	`root.title("在迷宮之內移動")`	指定標題
28	`root.bind("<KeyPress>", key_down)`	以 bind() 命令指定於按下按鍵之際執行的函數
29	`root.bind("<KeyRelease>", key_up)`	以 bind() 命令指定於放開按鍵之際執行的函數
30	`canvas = tkinter.Canvas(width=800, height=560, bg="white")`	建立畫布零件
31	`canvas.pack()`	配置畫布
32		
33	`maze = [`	以列表定義迷宮
34	`    [1,1,1,1,1,1,1,1,1,1],`	
35	`    [1,0,0,0,0,0,1,0,0,1],`	
36	`    [1,0,1,1,0,0,1,0,0,1],`	
37	`    [1,0,0,1,0,0,0,0,0,1],`	
38	`    [1,0,0,1,1,1,1,1,0,1],`	
39	`    [1,0,0,0,0,0,0,0,0,1],`	
40	`    [1,1,1,1,1,1,1,1,1,1]`	
41	`    ]`	
42	`for y in range(7):`	迴圈 y 為 0→1→2→3→4→5→6
43	`    for x in range(10):`	迴圈 x 為 0→1→2→3→4→5→6→7→8→9
44	`        if maze[y][x] == 1:`	當 maze[y][x] 為 1，也就是牆壁的時候
45	`            canvas.create_rectangle(x*80, y*80, x*80+79, y*80+79, fill="skyblue", width=0)`	繪製水藍色的正方形
46		
47	`img = tkinter.PhotoImage(file="mimi_s.png")`	將角色圖片載入變數 img
48	`canvas.create_image(mx*80+40, my*80+40, image=img, tag="MYCHR")`	在畫布顯示圖片
49	`main_proc()`	執行 main_proc() 函數
50	`root.mainloop()`	顯示視窗

執行這個程式後，會在迷宮之內顯示角色，也可利用方向鍵操控角色的方向。

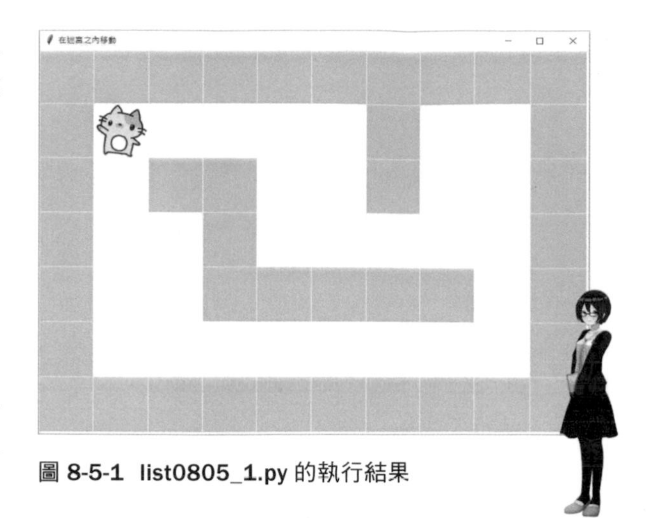

圖 8-5-1 list0805_1.py 的執行結果

讓我們進一步說明移動角色的部分，也就是 main_proc() 函數的處理。

```
 :  ～略～
11 mx = 1
12 my = 1
13 def main_proc():
14     global mx, my
15     if key == "Up" and maze[my-1][mx] == 0:
16         my = my - 1
17     if key == "Down" and maze[my+1][mx] == 0:
18         my = my + 1
19     if key == "Left" and maze[my][mx-1] == 0:
20         mx = mx - 1
21     if key == "Right" and maze[my][mx+1] == 0:
22         mx = mx + 1
23     canvas.coords("MYCHR", mx*80+40, my*80+40)
 :  ～略～
```

Lesson 8-3 的移動角色程式是以變數 cx、cy 管理角色的座標，這次的程式則是於第 11 ～ 12 宣告變數，管理角色位於迷宮的哪一格。「哪一格」指的是以 maze[y][x] 的索引編號 y 與 x 的值。

第 15 行的「if key == "Up" **and** maze[my-1][mx]==0」的條件分歧是「按下方向鍵的上，**而且**，上方那格為地板」的意思。and 可判斷兩個以上的條件是否同時成立。

這個程式將每一格的寬與高設定為 80 點，所以角色的位置就是 canvas.coords("MYCHR",mx*80+40,my*80+40)，x 座標為 mx*80+40，y 座標為 my*80+40。之所以各加 40 是因為座標是以圖片的中心點為準（→ P.152）。

二維列表 maze[][] 的索引編號可畫成下一頁的示意圖。這個程式裡的變數 mx 與 my 就是索引編號的值。

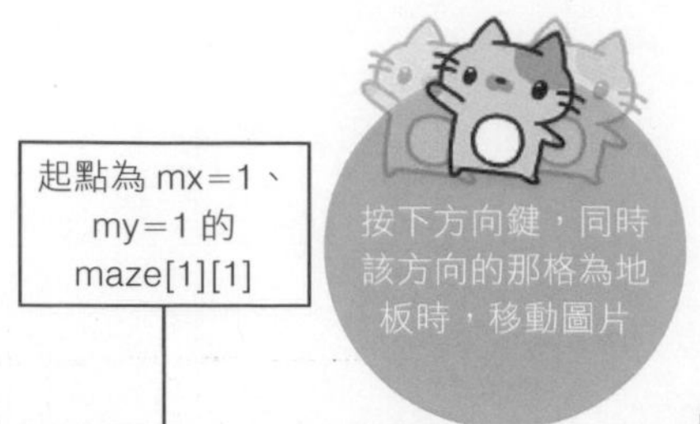

圖 8-5-2　二維列表 maze[][] 的索引編號

maze[0][0]	maze[0][1]	maze[0][2]	maze[0][3]	maze[0][4]	maze[0][5]	maze[0][6]	maze[0][7]	maze[0][8]	maze[0][9]
maze[1][0]		maze[1][2]	maze[1][3]	maze[1][4]	maze[1][5]	maze[1][6]	maze[1][7]	maze[1][8]	maze[1][9]
maze[2][0]	maze[2][1]	maze[2][2]	maze[2][3]	maze[2][4]	maze[2][5]	maze[2][6]	maze[2][7]	maze[2][8]	maze[2][9]
maze[3][0]	maze[3][1]	maze[3][2]	maze[3][3]	maze[3][4]	maze[3][5]	maze[3][6]	maze[3][7]	maze[3][8]	maze[3][9]
maze[4][0]	maze[4][1]	maze[4][2]	maze[4][3]	maze[4][4]	maze[4][5]	maze[4][6]	maze[4][7]	maze[4][8]	maze[4][9]
maze[5][0]	maze[5][1]	maze[5][2]	maze[5][3]	maze[5][4]	maze[5][5]	maze[5][6]	maze[5][7]	maze[5][8]	maze[5][9]
maze[6][0]	maze[6][1]	maze[6][2]	maze[6][3]	maze[6][4]	maze[6][5]	maze[6][6]	maze[6][7]	maze[6][8]	maze[6][9]

這次的程式是以 0 與 1 的數值管理迷宮的地板與牆壁，但如果多設定幾種數值，例如將平原設定為 0，將樹木設定為 1，水面設定為 2，就能打造更複雜的遊戲世界。平面遊戲通常都會像這次的程式將背景或地圖裡的物件置換成數值，藉此管理遊戲世界的一草一木以及位置。

COLUMN

如何完成遊戲軟體

有些讀者雖然具有程式設計的基本功力，卻不知道如何開發遊戲。其實筆者剛學會程式設計時也是如此，因此希望透過這篇專欄告訴大家如何完成遊戲開發。

首先請大家回想本章學過的內容。「即時處理」、「按鍵輸入」、「以二維列表定義迷宮」，都是在本章學到的內容，而 list0805_2.py 也利用這些內容開發出角色能在迷宮內部移動的程式。

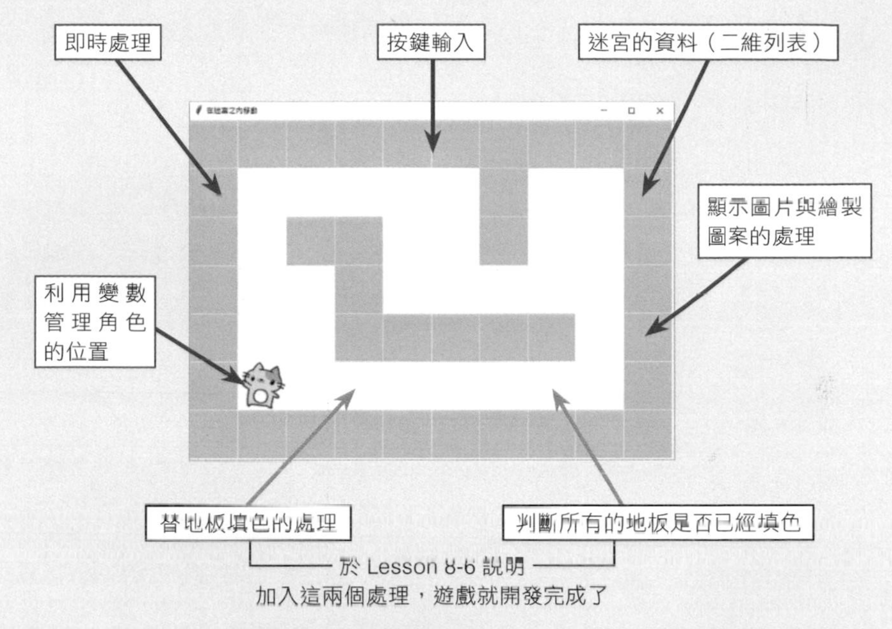

圖 8-A　一步步撰寫相關的處理與開發遊戲

除了利用變數管理角色的位置，或是顯示圖片與圖案的處理之外，這次還在 list0805_1.py 加入紅框的部分，讓這個遊戲變成替迷宮地板填色的遊戲。紅框的處理將在 Lesson 8-6 說明。

遊戲軟體通常就是像這樣一步步完成每一段的處理，過程跟烹調料理很像。煮飯的時候，要先準備需要的食材，將食材切成適當的大小或形狀，再煎煮炒炸一段時間，最後適度的調味。電腦軟體也是像這樣按部就班開發而成。

遊戲開發初學者在開始設計遊戲前，必須先想像遊戲的最終型態，整理出需要哪些處理，也建議先列出所有可能的處理，也可以像第 6 章或第 7 章先畫出需要的畫面，然後再一步步撰寫需要的處理。

熟悉程式設計後，或許能在腦中規劃要撰寫哪些程式，因為如果是想到什麼就寫什麼，有可能寫到一半不知道寫到哪裡，所以若能在一開始列出需要撰寫的程式以及遊戲的畫面，遊戲的開發就會更順利。換言之，這就是讓遊戲開發完成的祕訣。

Lesson

8-6 替遊戲收尾

將 Lesson 8-5 撰寫的遊戲改良成「一口氣塗滿迷宮地板就能過關」的遊戲。

置換列表的值

讓角色經過的地方都變成粉紅色。目前二維列表裡的 0 是迷宮的地板，1 是牆壁，接下來要讓角色走過的地方從 0 設定為 2。只要設定成角色不能進入 2 的位置，就代表角色無法往回走，所以就能實現「一口氣塗滿迷宮地板」的規則。

這個程式是從 Lesson 8-5 的 list0805_1.py 改良而來。請輸入下列的程式，並且命名與儲存檔案，再執行程式。

程式 ▶ list0806_1.py　　※ 已反白標記與前一節的程式不同之處

	程式	說明
1	`import tkinter`	載入 tkinter 模組
2		
3	`key = ""`	宣告存放鍵值的變數
4	`def key_down(e):`	定義於按下按鍵之際執行的函數
5	`    global key`	將 key 宣告為全域變數
6	`    key = e.keysym`	將按鍵名稱代入 key
7	`def key_up(e):`	定義於放開按鍵之際執行的函數
8	`    global key`	將 key 宣告為全域變數
9	`    key = ""`	將空白字串代入 key
10		
11	`mx = 1`	管理角色水平方向的變數
12	`my = 1`	管理角色垂直方向的變數
13	`def main_proc():`	定義執行即時處理的變數
14	`    global mx, my`	將 mx，my 宣告為全域變數
15	`    if key == "Up" and maze[my-1][mx] == 0:`	當使用者按下方向鍵「上」，而且上方那格為通路時
16	`        my = my - 1`	my 減 1
17	`    if key == "Down" and maze[my+1][mx] == 0:`	當使用者按下方向鍵「下」，而且下方那格為通路時
18	`        my = my + 1`	my 加 1
19	`    if key == "Left" and maze[my][mx-1] == 0:`	當使用者按下方向鍵「左」，而且左側那格為通路時
20	`        mx = mx - 1`	mx 減 1
21	`    if key == "Right" and maze[my][mx+1] == 0:`	當使用者按下方向鍵「右」，而且右側那格為通路時
22	`        mx = mx + 1`	mx 加 1
23	`    if maze[my][mx] == 0:`	假設角色位於通路
24	`        maze[my][mx] = 2`	將列表的值設定為 2

行	程式	說明
25	`        canvas.create_rectangle(mx*80, my*80, mx*80+79, my*80+79, fill="pink", width=0)`	再填滿粉紅色
26	`    canvas.delete("MYCHR")`	先消除角色
27	`    canvas.create_image(mx*80+40, my*80+40, image=img, tag="MYCHR")`	再重新顯示角色的圖片
28	`    root.after(300, main_proc)`	在 0.3 秒之後再次執行這個函數
29		
30	`root = tkinter.Tk()`	建立視窗物件
31	`root.title("塗滿迷宮的地板")`	指定標題
32	`root.bind("<KeyPress>", key_down)`	以 bind() 命令指定於按下按鍵之際執行的函數
33	`root.bind("<KeyRelease>", key_up)`	以 bind() 命令指定於放開按鍵之際執行的函數
34	`canvas = tkinter.Canvas(width=800, height=560, bg="white")`	建立畫布零件
35	`canvas.pack()`	配置畫布
36		
37	`maze = [`	以列表定義迷宮
38	`    [1,1,1,1,1,1,1,1,1,1],`	
39	`    [1,0,0,0,0,0,1,0,0,1],`	
40	`    [1,0,1,1,0,0,1,0,0,1],`	
41	`    [1,0,0,1,0,0,0,0,0,1],`	
42	`    [1,0,0,1,1,1,1,1,0,1],`	
43	`    [1,0,0,0,0,0,0,0,0,1],`	
44	`    [1,1,1,1,1,1,1,1,1,1]`	
45	`    ]`	
46	`for y in range(7):`	迴圈 y 為 0 → 1 → 2 → 3 → 4 → 5 → 6
47	`    for x in range(10):`	迴圈 x 為 0 → 1 → 2 → 3 → 4 → 5 → 6 → 7 → 8 → 9
48	`        if maze[y][x] == 1:`	當 maze[y][x] 為 1，也就是牆壁的時候
49	`            canvas.create_rectangle(x*80, y*80, x*80+79, y*80+79, fill="skyblue", width=0)`	繪製水藍色的正方形
50		
51	`img = tkinter.PhotoImage(file="mimi_s.png")`	將角色圖片載入變數 img
52	`canvas.create_image(mx*80+40, my*80+40, image=img, tag="MYCHR")`	在畫布顯示圖片
53	`main_proc()`	執行 main_proc() 函數
54	`root.mainloop()`	顯示視窗

執行這個程式後再移動角色，地板就會填滿粉紅色。

第 23 ～ 25 列的程式是替地板填色，利用 if 條件式取得角色所在位置的列表值後，若該值為 0 就設定為 2，以及填入粉紅色。第 26 列的程式是以 **delete()** 命令刪除角色，再以第 27 列的 create_image() 命令重新繪製角色。delete() 命令可於參數指定圖案或圖片的 tag，藉此刪除圖案與圖片。若以前一個程式使用的 coords() 命令指定角色的位置，角色會被粉紅色的正方形蓋住，所以才重新繪製角色。

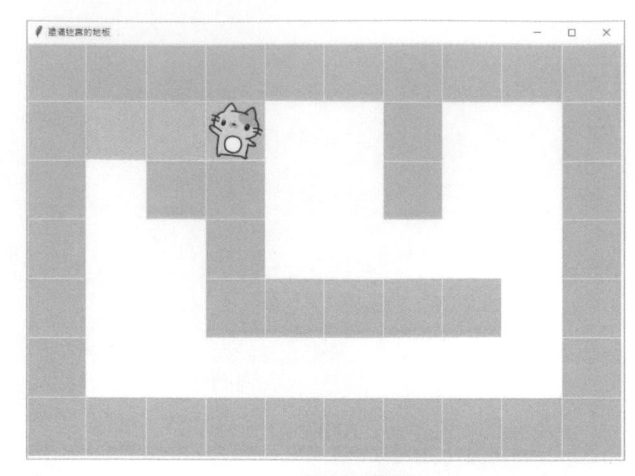

圖 8-6-1　list0806_1.py 的執行結果

判斷是否過關

增加判斷所有地板是否都塗成粉紅色，這部分的判斷會以 if 條件式撰寫。請輸入下列的程式，並且命名與儲存檔案，再執行程式

程式 ▶ list0806_2.py　　※ 已反白標記與前一節的程式不同之處

```
1   import tkinter                                        載入 tkinter 模組
2   import tkinter.messagebox                             載入 tkinter.messagebox 模組
3
4   key = ""                                              宣告存放鍵值的變數
5   def key_down(e):                                      定義於按下按鍵之際執行的函數
6       global key                                          將 key 宣告為全域變數
7       key = e.keysym                                      將按鍵名稱代入 key
8   def key_up(e):                                        定義於放開按鍵之際執行的函數
9       global key                                          將 key 宣告為全域變數
10      key = ""                                            將空白字串代入 key
11
12  mx = 1                                                管理角色水平方向的變數
13  my = 1                                                管理角色垂直方向的變數
14  yuka = 0                                              計算有幾個地板塗色的變數
15  def main_proc():                                      定義執行即時處理的變數
16      global mx, my, yuka                                 將這些變數全部宣告為全域變數
17      if key == "Up" and maze[my-1][mx] == 0:             當使用者按下方向鍵「上」，而且
                                                            上方那格為通路時
18          my = my - 1                                       my 減 1
19      if key == "Down" and maze[my+1][mx] == 0:           當使用者按下方向鍵「下」，而且
                                                            下方那格為通路時
20          my = my + 1                                       my 加 1
21      if key == "Left" and maze[my][mx-1] == 0:           當使用者按下方向鍵「左」，而且
                                                            左側那格為通路時
22          mx = mx - 1                                       mx 減 1
```

23	if key == "Right" and maze[my][mx+1] == 0:	當使用者按下方向鍵「右」，而且右側那格為通路時
24	mx = mx + 1	mx 加 1
25	if maze[my][mx] == 0:	假設角色位於通路
26	maze[my][mx] = 2	將列表的值設定為 2
27	yuka = yuka + 1	塗色的地板加 1
28	canvas.create_rectangle(mx*80, my*80, mx*80+79, my*80+79, fill="pink", width=0)	填滿粉紅色
29	canvas.delete("MYCHR")	先消除角色
30	canvas.create_image(mx*80+40, my*80+40, image=img, tag="MYCHR")	再重新顯示角色的圖片
31	if yuka == 30:	假設 30 格地板都塗滿顏色
32	canvas.update()	更新畫布
33	tkinter.messagebox.showinfo("恭喜！", "所有地板都塗色了")	顯示過關訊息
34	else:	否則
35	root.after(300, main_proc)	在 0.3 秒之後再次執行這個函數
36		
37	root = tkinter.Tk()	建立視窗物件
38	root.title("塗滿迷宮的地板")	指定標題
39	root.bind("<KeyPress>", key_down)	以 bind() 命令指定於按下按鍵之際執行的函數
40	root.bind("<KeyRelease>", key_up)	以 bind() 命令指定於放開按鍵之際執行的函數
41	canvas = tkinter.Canvas(width=800, height=560, bg="white")	建立畫布零件
42	canvas.pack()	配置畫布
43		
44	maze = [	以列表定義迷宮
45	[1,1,1,1,1,1,1,1,1,1],	
46	[1,0,0,0,0,0,1,0,0,1],	
47	[1,0,1,1,0,0,1,0,0,1],	
48	[1,0,0,1,0,0,0,0,0,1],	
49	[1,0,0,1,1,1,1,1,0,1],	
50	[1,0,0,0,0,0,0,0,0,1],	
51	[1,1,1,1,1,1,1,1,1,1]	
52	]	
53	for y in range(7):	迴圈 y 為 0→1→2→3→4→5→6
54	for x in range(10):	迴圈 x 為 0→1→2→3→4→5→6→7→8→9
55		
56	if maze[y][x] == 1:	當 maze[y][x] 為 1，也就是牆壁的時候
57	canvas.create_rectangle(x*80, y*80, x*80+79, y*80+79, fill="skyblue", width=0)	繪製水藍色的正方形
58		
59	img = tkinter.PhotoImage(file="mimi_s.png")	將角色圖片載入變數 img
	canvas.create_image(mx*80+40, my*80+40, image=img, tag="MYCHR")	在畫布顯示圖片
60	main_proc()	執行 main_proc() 函數
61	root.mainloop()	顯示視窗

執行這個程式後，再替所有地板塗色，就會顯示過關訊息。

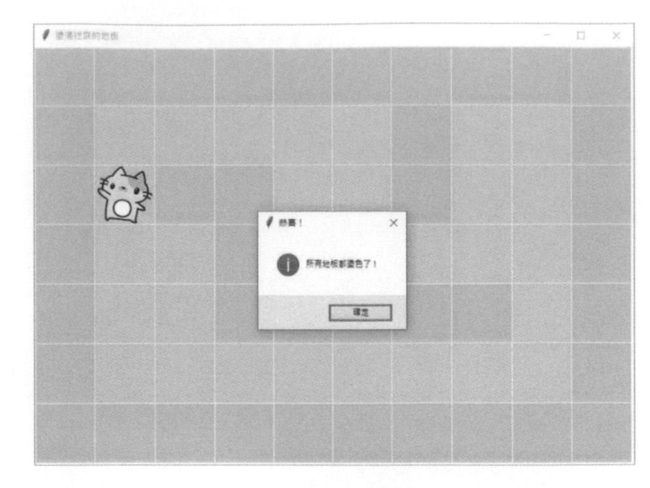

圖 8-6-2　list0806_2.py 的執行結果

迷宮的地板共有 30 格。第 27 列的程式會計算有幾格地板塗了顏色，第 31 列的 if 條件式則會在該值為 30 時，顯示過關訊息。第 32 列的程式是以 canvas.**update()** 更新畫布。

假設不新增 update() 這個命令，有些電腦會在沒辦法替最後一個地板塗色的時候顯示過關訊息。

在塗色的地板未滿 30 個前，第 35 列的 after() 命令會持續執行即時處理的部分。

追加重來一次的處理

如果能在不小心塗錯格重來的話，會比較方便對吧？讓我們試著將程式改良成按下左側 Shift 就能重來一次。

程式 ▶ list0806_3.py　　※ 已反白標記與前一節的程式不同之處

```
1   import tkinter                                 載入 tkinter 模組
2   import tkinter.messagebox                      載入 tkinter.messagebox 模組
3
4   key = ""                                       宣告存放鍵值的變數
5   def key_down(e):                               定義於按下按鍵之際執行的函數
6       global key                                   將 key 宣告為全域變數
7       key = e.keysym                               將按鍵名稱代入 key
8   def key_up(e):                                 定義於放開按鍵之際執行的函數
9       global key                                   將 key 宣告為全域變數
10      key = ""                                     將空白字串代入 key
11
12  mx = 1                                         管理角色水平方向的變數
13  my = 1                                         管理角色垂直方向的變數
14  yuka = 0                                       計算有幾個地板塗色的變數
15  def main_proc():                               定義執行即時處理的變數
16      global mx, my, yuka                          將這些變數全部宣告為全域變數
17      if key == "Shift_L" and yuka > 1:            玩家按下左側 Shift 鍵，地板也塗
                                                     滿 2 格以上的話
18          canvas.delete("PAINT")                     消除填色
```

行	程式碼	說明
19	`        mx = 1`	將 1 代入 mx ┐ 讓角色回到初始值
20	`        my = 1`	將 1 代入 my ┘ 的位置
21	`        yuka = 0`	將 0 代入 yuka
22	`        for y in range(7):`	雙重迴圈　外側的 for
23	`            for x in range(10):`	內側的 for
24	`                if maze[y][x] == 2:`	假設有地板被塗了顏色
25	`                    maze[y][x] = 0`	將值設定為 0（還沒塗色的狀態）
26	`    if key == "Up" and maze[my-1][mx] == 0:`	當使用者按下方向鍵「上」，而且上方那格為通路時
27	`        my = my - 1`	my 減 1
28	`    if key == "Down" and maze[my+1][mx] == 0:`	當使用者按下方向鍵「下」，而且下方那格為通路時
29	`        my = my + 1`	my 加 1
30	`    if key == "Left" and maze[my][mx-1] == 0:`	當使用者按下方向鍵「左」，而且左側那格為通路時
31	`        mx = mx - 1`	mx 減 1
32	`    if key == "Right" and maze[my][mx+1] == 0:`	當使用者按下方向鍵「右」，而且右側那格為通路時
33	`        mx = mx + 1`	mx 加 1
34	`    if maze[my][mx] == 0:`	假設角色位於通路
35	`        maze[my][mx] = 2`	將列表的值設定為 2
36	`        yuka = yuka + 1`	塗色的地板加 1
37	`        canvas.create_rectangle(mx*80, my*80, mx*80+79, my*80+79, fill="pink", width=0, tag="PAINT")`	填滿粉紅色
38	`    canvas.delete("MYCHR")`	先消除角色
39	`    canvas.create_image(mx*80+40, my*80+40, image=img, tag="MYCHR")`	再重新顯示角色的圖片
40	`    if yuka == 30:`	假設 30 格地板都塗滿顏色
41	`        canvas.update()`	更新畫布
42	`        tkinter.messagebox.showinfo("恭喜！", "所有地板都塗色了")`	顯示過關訊息
43	`    else:`	否則
44	`        root.after(300, main_proc)`	在 0.3 秒之後再次執行這個函數
45		
46	`root = tkinter.Tk()`	建立視窗物件
47	`root.title("塗滿迷宮的地板")`	指定標題
48	`root.bind("<KeyPress>", key_down)`	以 bind() 命令指定於按下按鍵之際執行的函數
49	`root.bind("<KeyRelease>", key_up)`	以 bind() 命令指定於放開按鍵之際執行的函數
50	`canvas = tkinter.Canvas(width=800, height=560, bg="white")`	建立畫布零件
51	`canvas.pack()`	配置畫布
52		
53	`maze = [`	以列表定義迷宮
54	`    [1,1,1,1,1,1,1,1,1,1],`	
55	`    [1,0,0,0,0,0,1,0,0,1],`	
56	`    [1,0,1,1,0,0,1,0,0,1],`	

```
57      [1,0,0,1,0,0,0,0,0,1],
58      [1,0,0,1,1,1,1,1,0,1],
59      [1,0,0,0,0,0,0,0,0,1],
60      [1,1,1,1,1,1,1,1,1,1]
61      ]
62  for y in range(7):
63      for x in range(10):
64          if maze[y][x] == 1:
65              canvas.create_rectangle(x*80, y*80,
    x*80+79, y*80+79, fill="skyblue", width=0)
66
67  img = tkinter.PhotoImage(file="mimi_s.png")
68  canvas.create_image(mx*80+40, my*80+40, image
    =img, tag="MYCHR")
69  main_proc()
70  root.mainloop()
```

行	說明
62	迴圈 y 為 0→1→2→3→4→5→6
63	迴圈 x 為 0→1→2→3→4→5→6→7→8→9
64	當 maze[y][x] 為 1，也就是牆壁的時候
65	繪製水藍色的正方形
67	將角色圖片載入變數 img
68	在畫布顯示圖片
69	執行 main_proc() 函數
70	顯示視窗

這次省略執行的畫面。大家可試著按下左側的 Shift 鍵，看角色是否真的回到起點。如果使用 Mac，不按住左側的 Shift 鍵，有可能不會有反應。

關於製作的遊戲

市售的遊戲通常會有標題畫面跟許多關卡，有的還能儲存過關資料，但要在現階段製作上述功能，程式就會變得困難也很複雜，所以這次的遊戲就先到此為止，後續會教大家撰寫標題畫面的程式以及增加關卡的方法。

本書附贈了迷宮遊戲的進階版（→ P.346），總共有五關，大家可以挑戰看看。

如何設置標題畫面

建立管理處理的變數。假設將這些變數稱為索引值，就可以先宣告 index 這個變數，然後在此變數的值為 1 就執行標題畫面的處理，為 2 就執行遊戲的處理。相關的程式可以寫成如下。

```
if index == 1:
    if 按下空白鍵的話:
        初始化遊戲所需的變數
        消除標題畫面
        將 index 的值設定為 2
elif index == 2:
    遊戲的處理
```

elif 是依序確認多個條件的條件分歧命令。這個程式的「if　index==1」會確認 index 的值是否為 1，假設不為 1，就會以「elif index == 2」確認 index 的值是否為 2。第 9 章的掉落物拼圖遊戲就會利用這種條件分歧的程式配置標題畫面與遊戲結束畫面。

■ 如何增加關卡

宣告管理關卡數的變數。舉例來說宣告 stage 這個變數，並在過關時讓這個變數加 1，再依照 stage 的值改寫迷宮的資料（列表），以及將角色放回起點，讓遊戲重新開始。

條件分歧的 if 與 else 已在第 3 章學過，此外還有 elif 這個命令。請大家務必記住 Python 的條件分歧命令有 if、elif、else。

COLUMN

製作數位相框

可顯示智慧型手機或數位相機所拍攝照片（數位檔案）的裝置稱為數位相框。本章介紹的即時處理也能製作數位相框的程式。在此介紹循環顯示圖片檔的 Python 程式。

程式 ▶ **column08.py**

```
1   import tkinter                                   載入 tkinter 模組
2
3   pnum = 0                                         管理圖片檔編號的變數
4   def photograph():                                定義即時處理的函數
5       global pnum                                   將pnum宣告為變數
6       canvas.delete("PH")                           刪除圖片
7       canvas.create_image(400, 300,                 顯示圖片
    image=photo[pnum], tag="PH")
8       pnum = pnum + 1                               計算下一張圖片的編號
9       if pnum >= len(photo):                        假設是最後一張圖片
10          pnum = 0                                   設定為第一個編號
11      root.after(7000, photograph)                  7秒後，再執行這個函數
12
13  root = tkinter.Tk()                              建立視窗的物件
14  root.title("數位相框")                            指定標題
```

```
15  canvas = tkinter.Canvas(width=800, height=600)  建立畫布的零件
16  canvas.pack()                                    配置畫布
17  photo = [                                        以列表定義圖片檔
18  tkinter.PhotoImage(file="cat00.png"),
19  tkinter.PhotoImage(file="cat01.png"),
20  tkinter.PhotoImage(file="cat02.png"),
21  tkinter.PhotoImage(file="cat03.png")
22  ]
23  photograph()                                     呼叫執行即時處理的函數
24  root.mainloop()                                  顯示視窗
```

第 9 行的 **len()** 命令可取得列表的元素個數。第 17 ～ 22 列在 photo 的列表定義了 4 種圖片檔，所以 len(photo) 的值就會是 4。第 9 ～ 10 列的條件分歧是以 len() 命令在顯示最後一張圖片後繼續顯示第一張圖片。如此一來，只需要在列表新增圖片檔的檔案名稱，就能不斷循環顯示圖片，不需要改寫任何程式。

執行程式後會依序顯示貓咪的圖片。

圖 8-B　column08.py 的執行結果

若想設定顯示的秒數可利用第 11 列的 after() 命令的參數指定。不妨利用一些有趣的照片或是全家的照片、插圖製作專屬的數位相框。

在各種遊戲類型之中，掉落物拼圖絕對是歷久不衰的經典作品。本章要運用之前學到的知識製作掉落物拼圖遊戲。在開發正統的遊戲時，會視情況來使用多種演算法，因此也要一起學習演算法。

掉落物拼圖

Chapter 9

Lesson
9-1 思考遊戲的規格

接下來要正式開發遊戲。要先思考的是遊戲規則、畫面編排與處理流程。

遊戲規則

這次開發的遊戲以貓咪角色為主要設計，掉落的方塊稱為「貓咪」，利用滑鼠點擊遊玩，遊戲規則如下。

❶ 點選畫面任何一處後，配置一個貓咪（方塊）。可配置的貓咪會在畫面右上角顯示，每次都會隨機改變

❷ 配置貓咪之後，會從畫面上方掉落多個貓咪

❸ 貓咪會一直下墜，並且從畫面下方慢慢往上堆積

❹ 不管是垂直、水平還是傾斜的方向，只要要三個貓咪連成一線，就能消掉他們

❺ 只要其中一欄頂到最上層遊戲就結束

畫面編排

一般開發遊戲時，會先繪製遊戲畫面編排的草稿，但這次先以完成的畫面讓大家想像一下即將開發的遊戲。

圖 9-1-1
掉落物拼圖的完成圖

處理流程

根據右圖的流程執行處理。可從標題畫面選擇 Easy、Normal、Hard 三種難易度。遊戲不另設關卡，只以更新最高記錄為目標。

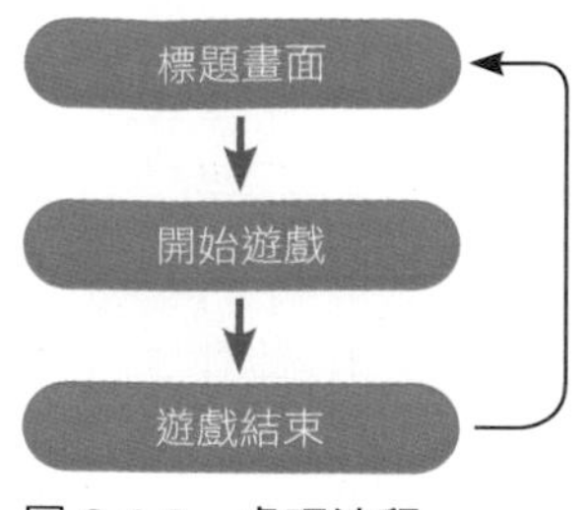

圖 9-1-2　處理流程

開發步驟

開發內容較複雜的遊戲時，先思考上述的**遊戲規格**，遊戲的輪廓就會變得具體，也能知道該撰寫哪些處理。

透過電腦或數學解題的步驟稱為**演算法**，而掉落物拼圖遊戲需要 2 大演算法：「讓方塊往下墜落的演算法」與判斷「方塊是否連線的演算法」。

接下來會在 Lesson 9-2 到 9-8 介紹要執行的各種處理、Lesson 9-5 介紹讓方塊落下的演算法、Lesson 9-7 與 9-8 介紹判斷方塊是否連成一線的演算法則，並在 Lesson 9-9 整理成一個完成的遊戲，最後再於 Lesson 9-10 調整遊戲的細節。

關於圖片

這個範例所使用到的圖片，都已經存放在本書所提供的下載範例檔中，請大家前往下載。

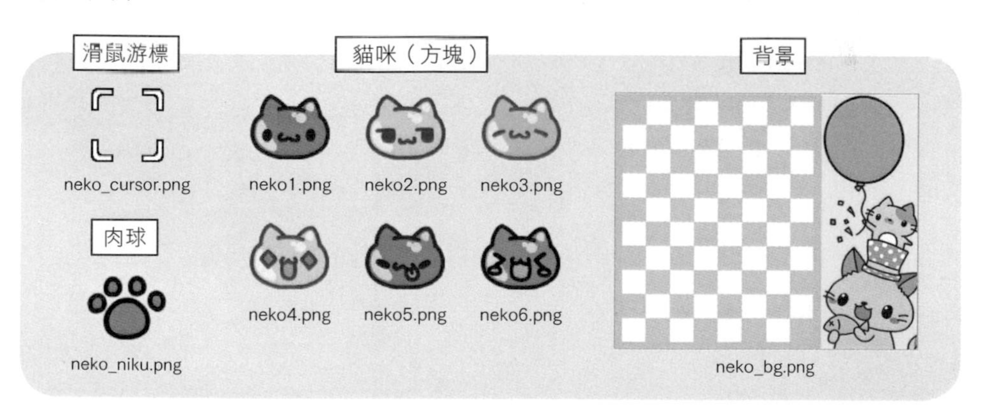

圖 9-1-3　本次使用的圖片檔

這次要開發的是正統的遊戲，讓我們一起加油吧！

Lesson
9-2 嵌入滑鼠輸入處理

由於這是以滑鼠操作的遊戲，所以要先撰寫判斷滑鼠動作與點擊的程式。讓我們一起學習將滑鼠的動作轉換成數值的方法。

Python 的滑鼠輸入處理

第 8 章學過鍵盤輸入處理（鍵盤事件），但滑鼠也一樣能利用 bind() 命令與接收事件的函數接收動作。具體來說，要先宣告存滑鼠游標的座標的變數，以及判斷滑鼠點擊的變數。定義於觸發滑鼠事件之際執行的函數，再將從事件取得的值代入這些變數。

讓我們一起了解處理的程式碼。請輸入下列的程式，並且命名與儲存檔案，再執行程式。

程式 ▶ list0902_1.py　　※ 取得滑鼠事件的部分均以套用粗體樣式

	程式	說明
1	`import tkinter`	載入 tkinter 模組
2		
3	`mouse_x = 0`	滑鼠游標的 X 座標
4	`mouse_y = 0`	滑鼠游標的 Y 座標
5	`mouse_c = 0`	點選滑鼠按鍵時的變數（旗標）
6		
7	**`def mouse_move(e):`**	**於移動滑鼠之際執行的函數**
8	**`    global mouse_x, mouse_y`**	**將這些變數宣告為全域變數**
9	**`    mouse_x = e.x`**	**將滑鼠游標的 X 座標代入 mouse_x**
10	**`    mouse_y = e.y`**	**將滑鼠游標的 Y 座標代入 mouse_y**
11		
12	**`def mouse_press(e):`**	**於點選滑鼠按鍵之際執行的函數**
13	**`    global mouse_c`**	**將這個變數宣告為全域變數**
14	**`    mouse_c = 1`**	**將 1 代入 mouse_c**
15		
16	**`def mouse_release(e):`**	**於放開滑鼠按鍵之際執行的函數**
17	**`    global mouse_c`**	**將這個變數宣告為全域變數**
18	**`    mouse_c = 0`**	**將 0 代入 mouse_c**
19		
20	`def game_main():`	執行即時處理的函數
21	`    fnt = ("Times New Roman", 30)`	指定字型的變數
22	`    txt = "mouse({},{}){}".format(mouse_x, mouse_y, mouse_c)`	要顯示的字串（滑鼠專用變數的值）
23	`    cvs.delete("TEST")`	先刪除字串
24	`    cvs.create_text(456, 384, text=txt, fill="black", font=fnt, tag="TEST")`	在畫布顯示字串

```
25     root.after(100, game_main)                          在 0.1 秒之後再次執行這個函數
26
27  root = tkinter.Tk()                                    建立視窗物件
28  root.title("滑鼠輸入處理")                              指定標題
29  root.resizable(False, False)                           禁止改變視窗大小
30  root.bind("<Motion>", mouse_move)                      指定於滑鼠移動之際執行的函數
31  root.bind("<ButtonPress>", mouse_press)                指定於點選滑鼠按鍵之際執行的函數
32  root.bind("<ButtonRelease>", mouse_release)            指定於放開滑鼠按鍵之際執行的函數
33  cvs = tkinter.Canvas(root, width=912,                  建立畫布零件
    height=768)
34  cvs.pack()                                             配置畫布
35  game_main()                                            呼叫執行主要處理的函數
36  root.mainloop()                                        顯示視窗
```

執行程式後，會顯示滑鼠游標的座標，按下滑鼠的按鍵，最右側的數值也會從 0 變成 1。請試著移動滑鼠或按按鍵，看看數值會不會變化。

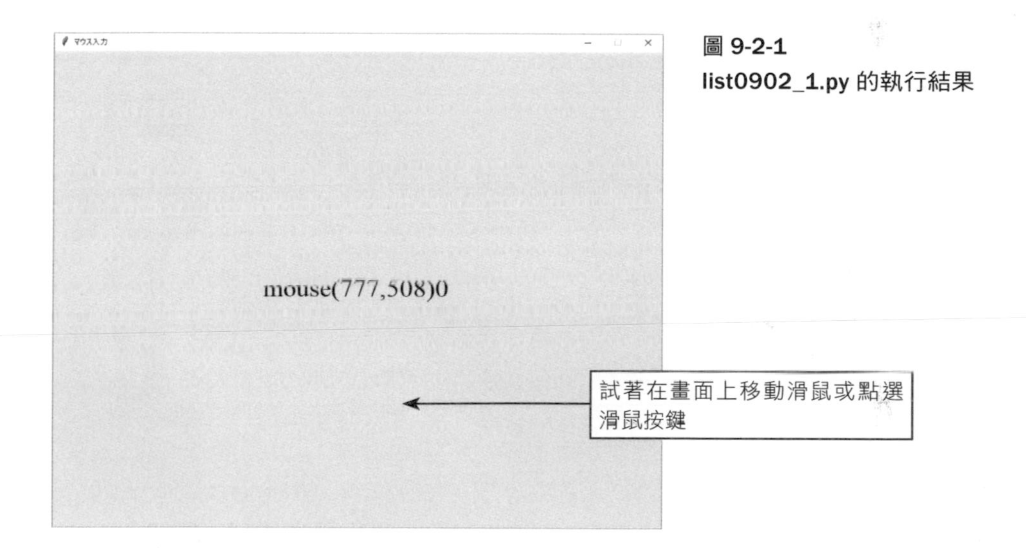

圖 9-2-1
list0902_1.py 的執行結果

第 7 ～ 18 列的程式，定義「移動滑鼠游標以及點選滑鼠按鍵」時執行的函數。滑鼠游標的座標是以參數傳遞的事件變數（在此程式為 e），可如 9、10 列的程式以 .x 與 .y 取得。放開滑鼠按鍵時，將 1 與 0 代入 mouse_c，可在此變數為 1 時，確定使用者按下按鍵。

mouse_c 變數又稱為**旗標**，在點選時設定為 1 的行為稱為「建立旗標」，在放開按鍵時設定為 0 稱為「取消旗標」。

第 22 列的 **format()** 命令可將字串的大括號 {} 置換成變數值。{} 的數量（變數數量）可一次輸入很多個。

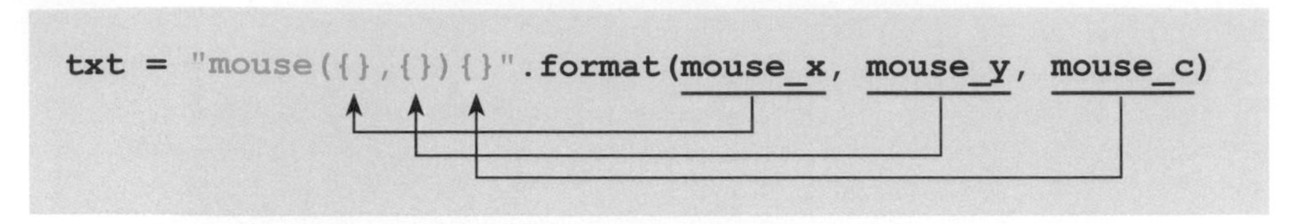

圖 9-2-2　format 命令的功能

到目前為止都是利用 str() 命令將數值轉換成字串，但 format() 命令可直接將數值放入字串。不妨將這方便好用的命令記起來。

Lesson 9-3

顯示遊戲裡的滑鼠游標

要根據取得的滑鼠座標，操作遊戲裡的滑鼠游標。

設計遊戲畫面的大小

貓咪（方塊）可落下的區塊如下，水平共有 8 格，垂直共有 10 格。

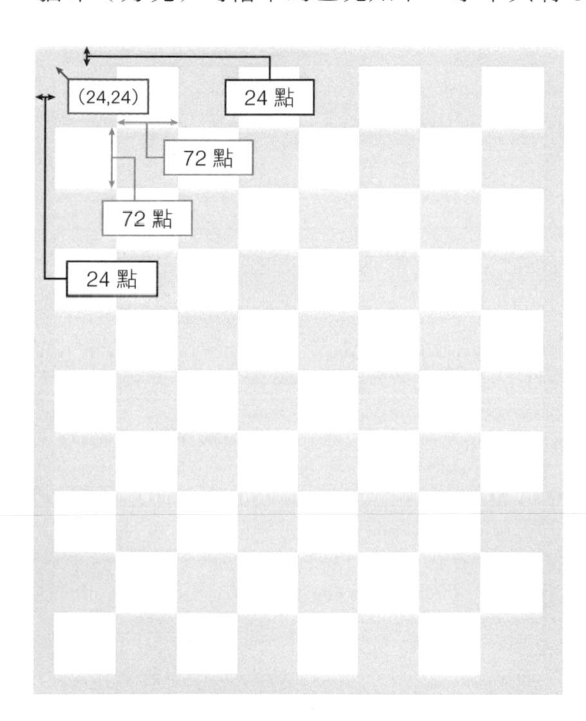

圖 9-3-1　畫面大小的設計

以下介紹從滑鼠游標的座標計算滑鼠游標位置的程式，此時還不需要判斷滑鼠按鍵是否點選，所以先省略。請輸入下列的程式，並且命名與儲存檔案，再執行程式。

程式 ▶ **list0903_1.py**　　※ 計算與顯示滑鼠游標的部分都已套用粗體樣式

	程式	說明
1	`import tkinter`	載入 tkinter 模組
2		
3	`cursor_x = 0`	滑鼠游標的水平位置（位於從左側數來第幾格）
4	`cursor_y = 0`	滑鼠游標的垂直位置（位於從上方數來第幾格）
5	`mouse_x = 0`	滑鼠游標的 x 座標
6	`mouse_y = 0`	滑鼠游標的 y 座標

	程式碼	說明
7		
8	`def mouse_move(e):`	於移動滑鼠之際執行的函數
9	`    global mouse_x, mouse_y`	將這些變數宣告為全域變數
10	`    mouse_x = e.x`	將滑鼠游標的 X 座標代入 mouse_x
11	`    mouse_y = e.y`	將滑鼠游標的 Y 座標代入 mouse_y
12		
13	`def game_main():`	執行即時處理的函數
14	`    global cursor_x, cursor_y`	將這些變數宣告為全域變數
15	**`    if 24 <= mouse_x and mouse_x < 24+72*8 and 24 <= mouse_y and mouse_y < 24+72*10:`**	**假設滑鼠游標的座標位於遊戲介面之內**
16	**`        cursor_x = int((mouse_x-24)/72)`**	**根據滑鼠游標的 X 座標計算滑鼠游標的水平位置**
17	**`        cursor_y = int((mouse_y-24)/72)`**	**根據滑鼠游標的 Y 座標計算滑鼠游標的垂直位置**
18	`    cvs.delete("CURSOR")`	消除滑鼠游標
19	**`    cvs.create_image(cursor_x*72+60, cursor_y*72+60, image=cursor, tag="CURSOR")`**	**於新的位置顯示滑鼠游標**
20	`    root.after(100, game_main)`	於 0.1 秒之後再次執行這個函數
21		
22	`root = tkinter.Tk()`	建立視窗物件
23	`root.title("顯示滑鼠游標")`	指定標題
24	`root.resizable(False, False)`	禁止調整視窗大小
25	`root.bind("<Motion>", mouse_move)`	指定於滑鼠移動之際執行的函數
26	`cvs = tkinter.Canvas(root, width=912, height=768)`	建立畫布零件
27	`cvs.pack()`	配置畫布
28		
29	`bg = tkinter.PhotoImage(file="neko_bg.png")`	載入背景圖片
30	`cursor = tkinter.PhotoImage(file="neko_cursor.png")`	載入滑鼠圖片
31	`cvs.create_image(456, 384, image=bg)`	在畫布繪製背景
32	`game_main()`	呼叫執行主要處理的函數
33	`root.mainloop()`	顯示視窗

執行程式後，會在滑鼠游標的位置顯示滑鼠游標。

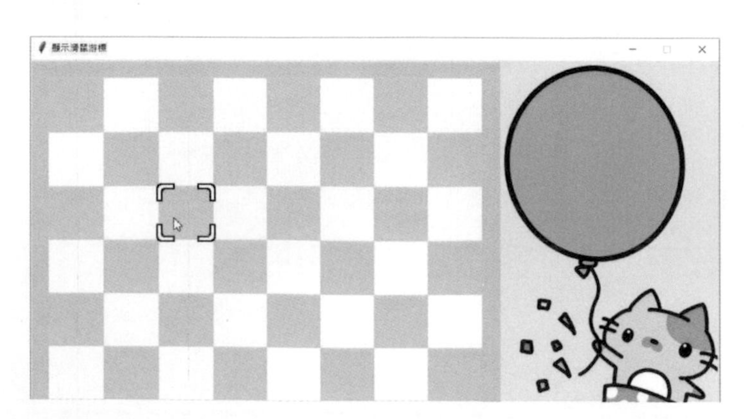

圖 9-3-2
list 0903_1.py 的執行結果

第 16 ～ 17 列的程式會根據滑鼠游標的座標值，計算滑鼠游標位於畫面上的哪一格。

```
cursor_x = int((mouse_x-24)/72)
cursor_y = int((mouse_y-24)/72)
```

讓我們確認這個算式的數值是**圖 9-3-1** 的哪個值。

24 為空白的點數，72 為 1 格的大小。mouse_x-24、mouse_y-24 之所以是減法，是因為格子左上角的位置為原點，如**圖 9-3-3**。

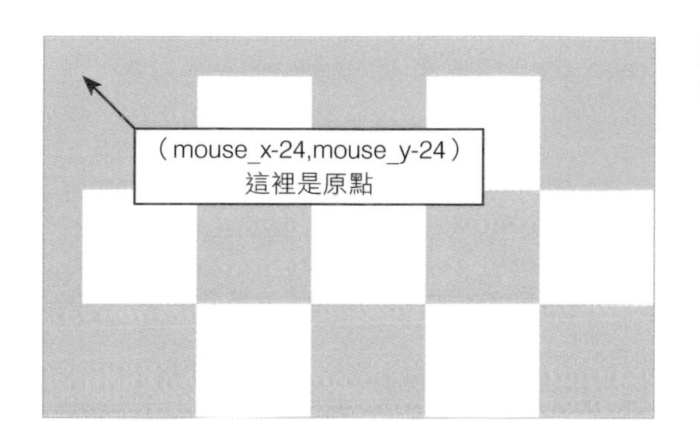

圖 9-3-3
畫面區塊的原點

以「(mouse_x-24) 除以 72 的商數代表滑鼠游標位於從左側數來第幾格」，以「(mouse_y-24) 除以 72 的商數代表滑鼠游標位於從上方數來第幾格」。這次的程式是以 int() 命令無條件捨去小數點的部分。

第 19 列的「cursor_x*72+60,cursor_y*72+60」的算式可根據滑鼠游標的位置計算滑鼠游標在畫布上的座標。由於 1 格的大小是 72 點，所以公式是乘以 72，而 create_image() 命令的座標是圖片的中心點，而留白的 24 點與半格大小的 36 點加起來為 60 點，公式之中才會有加 60 的部分。

Python 在畫布繪製新圖片或圖案時，要先利用 delete() 命令刪除舊的圖片或圖案。要注意的是，若沒有先刪除就覆寫，久而久之程式就會變得怪怪的。

Lesson

9-4 管理格子裡的資料

以列表管理格子裡的貓咪（方塊）的程式。

利用二維列表管理

假設格子有寬 8× 直 10 個，格子中各有 6 種貓咪的其中一種，這類遊戲的畫面可利用第 8 章學過的二維列表管理。

這次的程式會如下定義列表的元素。這次將列表的名稱訂為 neko，也因為是二維列表，所以會在 neko[y][x] 存取資料。

neko[y][x]的值	0	1	2	3	4	5	6	7
	空白							

圖 9-4-1　以二維列表管理圖片　　※ 7 的肉球圖片會於貓咪連成一線的時候使用

接著介紹以二維列表定義 8×10 的格子，再顯示貓咪圖片的程式。由於圖片有很多張，所以利用一維列表管理。讓我們先執行程式，再說明將圖片載入列表的方法。請輸入下列的程式，並且命名與儲存檔案，再執行程式。

程式 ▶ list0904_1.py　　※ 二維列表與顯示貓咪圖片的處理均已套用粗體樣式

```
1  import tkinter                          載入 tkinter 模組
2
3  neko = [                               管理格子的二維列表
4  [1, 0, 0, 0, 0, 0, 7, 7],
5  [0, 2, 0, 0, 0, 0, 7, 7],
6  [0, 0, 3, 0, 0, 0, 0, 0],
7  [0, 0, 0, 4, 0, 0, 0, 0],
8  [0, 0, 0, 0, 5, 0, 0, 0],
9  [0, 0, 0, 0, 0, 6, 0, 0],
10 [0, 0, 0, 0, 0, 0, 0, 0],
11 [0, 0, 0, 0, 0, 0, 0, 0],
12 [0, 0, 0, 0, 0, 0, 0, 0],
13 [0, 0, 1, 2, 3, 4, 5, 6]
14 ]
15
16 def draw_neko():                       顯示貓咪的函數
17     for y in range(10):                  迴圈 y 從 0 遞增至 9
18         for x in range(8):                 迴圈 x 從 0 遞增至 7
```

```
19                if neko[y][x] > 0:                              列表的元素若大於 0
20                    cvs.create_image(x*72+60, y*72+60,          顯示貓咪圖片
   image=img_neko[neko[y][x]])
21
22 root = tkinter.Tk()                                         建立視窗物件
23 root.title("利用二維列表管理格子")                            指定標題
24 root.resizable(False, False)                                禁止調整視窗大小
25 cvs = tkinter.Canvas(root, width=912, height=768)           建立畫布零件
26 cvs.pack()                                                  配置畫布
27
28 bg = tkinter.PhotoImage(file="neko_bg.png")                 載入背景圖片
29 img_neko = [                                                利用列表管理多個貓咪圖片
30     None,                                                   將 img_neko[0] 設定為空白值
31     tkinter.PhotoImage(file="neko1.png"),
32     tkinter.PhotoImage(file="neko2.png"),
33     tkinter.PhotoImage(file="neko3.png"),
34     tkinter.PhotoImage(file="neko4.png"),
35     tkinter.PhotoImage(file="neko5.png"),
36     tkinter.PhotoImage(file="neko6.png"),
37     tkinter.PhotoImage(file="neko_niku.png")
38 ]
39
40 cvs.create_image(456, 384, image=bg)                        在畫布繪製背景
41 draw_neko()                                                 呼叫顯示貓咪的函數
42 root.mainloop()                                             顯示視窗
```

執行這個程式後，就會依二維列表定義的內容顯示貓咪與肉球的圖片。

圖 9-4-2 list0904_1.py 的執行結果

第 3 ～ 14 列是管理格子內容的二維列表。請根據列表的值與**圖 9-4-1** 的圖片編號對照。

第 16 ～ 20 列定義的 draw_neko() 函數可顯示貓咪與肉球的圖片。第 20 列的 create_image() 命令的參數為「x*72+60,y*70+60」，代表指定了格子中心點的座標。

第 29 ～ 38 列的程式是載入圖片的列表，第 0 個元素預設為 **None**。Python 的「空無一物」可利用 None 代表。由於 neko[y][x] 為 0 的值代表該格空白，所以此程式也將「空白」定義為 None。

這次程式以列表管理圖片的方法，很適合 Python 在操作多個圖片時使用。

Lesson 9-5

讓方塊落下的演算法

嵌入讓貓咪（方塊）落下的處理。

取得列表的值

若對所有格子執行「當貓咪的下一格為空白，就讓貓咪往下移動一格」的處理，就能讓畫面裡的所有貓咪往下移動。要讓貓咪一格一格移動，就必須從下層往上層調查格子的狀態。讓我們先執行程式再以圖解說明。

請輸入下列的程式，並且命名與儲存檔案，再執行程式。

程式 ▶ list0905_1.py　※ 讓貓咪落下的處理均已套用粗體樣式

```
1  import tkinter                                          載入 tkinter 模組
2
3  neko = [                                                管理格子的二維列表
4  [1, 0, 0, 0, 0, 0, 1, 2],
5  [0, 2, 0, 0, 0, 0, 3, 4],
6  [0, 0, 3, 0, 0, 0, 0, 0],
7  [0, 0, 0, 4, 0, 0, 0, 0],
8  [0, 0, 0, 0, 5, 0, 0, 0],
9  [0, 0, 0, 0, 0, 6, 0, 0],
10 [0, 0, 0, 0, 0, 0, 0, 0],
11 [0, 0, 0, 0, 0, 0, 0, 0],
12 [0, 0, 0, 0, 0, 0, 0, 0],
13 [0, 0, 1, 2, 3, 4, 0, 0]
14 ]
15
16 def draw_neko():                                        顯示貓咪的函數
17     for y in range(10):                                   迴圈 y 從 0 遞增至 9
18         for x in range(8):                                  迴圈 x 從 0 遞增至 7
19             if neko[y][x] > 0:                                列表的元素若大於 0
20                 cvs.create_image(x*72+60,                       顯示貓咪圖片
   y*72+60, image=img_neko[neko[y][x]], tag="NEKO")
21
22 def drop_neko():                                        讓貓咪落下的函數
23     for y in range(8, -1, -1):                            迴圈 y 從 8 遞減至 0
24         for x in range(8):                                  迴圈 x 從 0 遞增至 7
25             if neko[y][x] != 0 and neko[y+1][x]               當貓咪底下的格子為空白
   == 0:
26                 neko[y+1][x] = neko[y][x]                       在空白處顯示貓咪圖案
27                 neko[y][x] = 0                                  讓原本的貓咪消失
```

```
28
29 def game_main():                              執行主要處理（即時處理）的函數
30     drop_neko()                                 呼叫讓貓咪落下的函數
31     cvs.delete("NEKO")                          刪除貓咪圖片
32     draw_neko()                                 顯示貓咪
33     root.after(100, game_main)                  於 0.1 秒之後再次執行主要處理
34
35 root = tkinter.Tk()                           建立視窗物件
36 root.title("讓貓咪落下")                      指定標題
37 root.resizable(False, False)                  禁止調整視窗大小
38 cvs = tkinter.Canvas(root, width=912,         建立畫布零件
   height=768)
39 cvs.pack()                                    配置畫布
40
41 bg = tkinter.PhotoImage(file="neko_bg.png")   載入背景圖片
42 img_neko = [                                  利用列表管理多個貓咪圖片
43     None,                                     將 img_neko[0] 設定為空白值
44     tkinter.PhotoImage(file="neko1.png"),
45     tkinter.PhotoImage(file="neko2.png"),
46     tkinter.PhotoImage(file="neko3.png"),
47     tkinter.PhotoImage(file="neko4.png"),
48     tkinter.PhotoImage(file="neko5.png"),
49     tkinter.PhotoImage(file="neko6.png"),
50     tkinter.PhotoImage(file="neko_niku.png")
51 ]
52
53 cvs.create_image(456, 384, image=bg)          在畫布繪製背景
54 game_main()                                   呼叫顯示貓咪的函數
55 root.mainloop()                               顯示視窗
```

執行這個程式後，貓咪就會往下掉（這次不列出執行結果），大家可多執行幾次，確認程式的運作是否正常。

第 22 ～ 27 列的 drop_neko() 是讓貓咪往下掉的函數。neko[y][x] 是貓咪的位置，假設下一格的 neko[y+1][x] 為 0（也就是空白的話），就在 neko[y+1][x] 存入 neko[y][x] 的值，再將 neko[y][x] 的值設定為 0，讓貓咪往下移動一格。這個處理必須利用雙重 for 迴圈從下層往上層調查格子的狀態，下頁為這項處理的示意圖。

圖 9-5-1　利用雙重迴圈取得格子的狀態

最下層不需要調查，可從 ❶ 這層開始調查。雙重 for 迴圈的 y 值為 8 時，x 值會依照 0 → 1 → 2 → 3 → 4 → 5 → 6 → 7 的順序變化，沿著水平方向調查格子的狀態。假設有該往下掉的貓咪，就讓貓咪往下方掉一層，接著 y 值會遞減為 7，再調查 ❷ 這層的狀態；雙重迴圈會在 y 值為 0、x 值為 7 時停止。

假設調查格子的順序是由上往下進行，第一層的貓咪會移動到第二層，再移動到第三層，一口氣掉到最底層。

drop_neko() 函數會如第 30 列程式在即時處理之內呼叫，讓貓咪自動往下掉。

Lesson

9-6 點擊後配置方塊

嵌入在點擊位置配置貓咪的處理。

配置方塊與讓方塊往下掉

整合 Lesson 9-2 至 9-5 的處理，就能在點選的位置配置貓咪，而且配置的貓咪會自動落下。請輸入下列的程式，並且命名與儲存檔案，再執行程式。

程式 ▶ list0906_1.py

	程式	說明
1	`mport tkinter`	載入 tkinter 模組
2	`import random`	載入 random 模組
3		
4	`cursor_x = 0`	滑鼠游標的水平位置（從左邊數來第幾格）
5	`cursor_y = 0`	滑鼠游標的垂直位置（從上方數來第幾格）
6	`mouse_x = 0`	滑鼠游標的 X 座標
7	`mouse_y = 0`	滑鼠游標的 Y 座標
8	`mouse_c = 0`	點選滑鼠按鍵之際的變數（旗標）
9		
10	`def mouse_move(e):`	於滑鼠移動之際執行的函數
11	`    global mouse_x, mouse_y`	將這些變數全部宣告為全域變數
12	`    mouse_x = e.x`	將滑鼠游標的 X 座標代入 mouse_x
13	`    mouse_y = e.y`	將滑鼠游標的 Y 座標代入 mouse_y
14		
15	`def mouse_press(e):`	於點選滑鼠按鍵之際執行的函數
16	`    global mouse_c`	將這個變數宣告為全域變數
17	`    mouse_c = 1`	將 1 代入 mouse
18		
19	`neko = [`	管理格子的二維列表
20	`[0, 0, 0, 0, 0, 0, 0, 0],`	
21	`[0, 0, 0, 0, 0, 0, 0, 0],`	
22	`[0, 0, 0, 0, 0, 0, 0, 0],`	
23	`[0, 0, 0, 0, 0, 0, 0, 0],`	
24	`[0, 0, 0, 0, 0, 0, 0, 0],`	
25	`[0, 0, 0, 0, 0, 0, 0, 0],`	
26	`[0, 0, 0, 0, 0, 0, 0, 0],`	
27	`[0, 0, 0, 0, 0, 0, 0, 0],`	
28	`[0, 0, 0, 0, 0, 0, 0, 0],`	
29	`[0, 0, 0, 0, 0, 0, 0, 0]`	
30	`]`	
31		

32	def draw_neko():	顯示貓咪的函數
33	for y in range(10):	迴圈 y 從 0 遞增至 9
34	for x in range(8):	迴圈 x 從 0 遞增至 7
35	if neko[y][x] > 0:	列表的元素若大於 0
36	cvs.create_image(x*72+60, y*72+60, image=img_neko[neko[y][x]], tag="NEKO")	顯示貓咪圖片
37		
38	def drop_neko():	讓貓咪落下的函數
39	for y in range(8, -1, -1):	迴圈 y 從 8 遞減至 0
40	for x in range(8):	迴圈 x 從 0 遞增至 7
41	if neko[y][x] != 0 and neko[y+1][x] == 0:	當貓咪底下的格子為空白
42	neko[y+1][x] = neko[y][x]	在空白處顯示貓咪圖案
43	neko[y][x] = 0	讓原本的貓咪消失
44		
45	def game_main():	執行主要處理（即時處理）的函數
46	global cursor_x, cursor_y, mouse_c	將這些變數宣告為全域變數
47	drop_neko()	呼叫讓貓咪落下的函數
48	if 24 <= mouse_x and mouse_x < 24+72*8 and 24 <= mouse_y and mouse_y < 24+72*10:	假設滑鼠游標在遊戲畫面裡
49	cursor_x = int((mouse_x-24)/72)	根據滑鼠游標的 X 座標計算滑鼠游標的水平位置
50	cursor_y = int((mouse_y-24)/72)	根據滑鼠游標的 Y 座標計算滑鼠游標的垂直位置
51	if mouse_c == 1:	玩家若按下滑鼠按鍵
52	mouse_c = 0	解除代表按鍵按下的旗標
53	neko[cursor_y][cursor_x] = random.randint(1, 6)	在滑鼠所在位置隨機配置貓咪
54	cvs.delete("CURSOR")	消除滑鼠游標
55	cvs.create_image(cursor_x*72+60, cursor_y*72+60, image=cursor, tag="CURSOR")	在新的位置顯示滑鼠游標
56	cvs.delete("NEKO")	刪除貓咪圖片
57	draw_neko()	顯示貓咪
58	root.after(100, game_main)	於 0.1 秒之後再次執行主要處理
59		
60	root = tkinter.Tk()	建立視窗物件
61	root.title("點選後配置貓咪")	指定標題
62	root.resizable(False, False)	禁止調整視窗大小
63	root.bind("<Motion>", mouse_move)	指定於滑鼠移動之際執行的函數
64	root.bind("<ButtonPress>", mouse_press)	指定於滑鼠按鍵點選之際執行的函數
65	cvs = tkinter.Canvas(root, width=912, height=768)	建立畫布零件
66	cvs.pack()	配置畫布
67		
68	bg = tkinter.PhotoImage(file="neko_bg.png")	載入背景圖片
69	cursor = tkinter.PhotoImage(file="neko_cursor.png")	載入滑鼠游標圖片
70	img_neko = [	利用列表管理多張貓咪圖片
71	None,	將 img_neko[0] 設定為空白值

```
72        tkinter.PhotoImage(file="neko1.png"),
73        tkinter.PhotoImage(file="neko2.png"),
74        tkinter.PhotoImage(file="neko3.png"),
75        tkinter.PhotoImage(file="neko4.png"),
76        tkinter.PhotoImage(file="neko5.png"),
77        tkinter.PhotoImage(file="neko6.png"),
78        tkinter.PhotoImage(file="neko_niku.png")
79    ]
80
81    cvs.create_image(456, 384, image=bg)      在畫布繪製背景
82    game_main()                                呼叫執行主要處理的函數
83    root.mainloop()                            顯示視窗
```

執行這個程式後，可試著用滑鼠移動滑鼠游標及按下滑鼠左鍵配置貓咪，配置的貓咪也會往下掉。

圖 9-6-1　list0906_1.py 的執行結果

第 48 ～ 53 列的程式是滑鼠移動與點擊配置貓咪的處理，其程式構造如下。

```
if 24 <= mouse_x and mouse_x < 24+72*8 and 24 <= mouse_
y and mouse_y < 24+72*10:
    cursor_x = int((mouse_x-24)/72)
    cursor_y = int((mouse_y-24)/72)
    if mouse_c == 1:
        mouse_c = 0
        neko[cursor_y][cursor_x] = random.randint(1, 6)
```

圖 9-6-2　判斷滑鼠移動的部分

藍框的 if 條件式會判斷滑鼠游標是否位於遊戲畫面之內，如果位於遊戲畫面之內，就計算滑鼠游標的水平位置與垂直位置。

紅框的 if 條件式則會判斷滑鼠按鍵是否按下，若玩家按下滑鼠按鍵就配置貓咪。此時將 mouse_c 設定為 0，就能在每次按下滑鼠左鍵時配置貓咪。試試看將「mouse_c=0」設定為註解（→ P.43）再執行程式，應該會發現一按下滑鼠左鍵，就一直配置貓咪。

在配置貓咪時，設置「mouse_c=0」旗標是程式的重點，如此一來，就不需要撰寫 Lesson 9-2「滑鼠輸入程式 list0902_1.py」的「在放開滑鼠按鍵之際執行的函數」，之後的程式也不會撰寫這部分的處理。

巢狀 if 條件式很常在開發其他的軟體時使用，建議務必要熟悉此構造。

Python 的程式區塊通常會縮排 4 個空白字元，而圖 9-6-2 的 if 條件式還另有一個 if 條件式，所以內側的 if 條件式區塊會縮排 8 個空白字元。

Lesson 9-7

判斷方塊是否連線的演算法

掉落物拼圖需要判斷方塊是否連線的演算法有很多種，這節介紹適合初學者使用的方法。

判斷是否為三個相同的方塊並列

讓我們先從三個方塊水平排列的情況思考，如下圖正中央的貓咪 neko[y][x] 與左側的 neko[y][x-1]、右側的 neko[y][x+1] 水平一致的情況。

圖 9-7-1
判斷方塊是否連成一線

利用雙重 for 迴圈對所有的格子進行這類判斷，就能找出水平連成一線的情況。為了方便了解這種判斷方式的程式，本書省略貓咪往下掉的處理，點選的位置僅配置粉紅色或藍色的貓咪，點選氣球的「測試」後，若貓咪水平連成一線，就會變成肉球的圖片。這段程式是以 append() 命令建立二維列表 neko。append() 命令會在確認執行結果之後說明。

請輸入下列的程式，並且命名與儲存檔案，再執行程式。

程式 ▶ list0907_1.py ※ 判斷是否水平連成一線的處理均已套用粗體樣式

1	import tkinter	載入 tkinter 模組
2	import random	載入 random 模組
3		
4	cursor_x = 0	滑鼠游標的水平位置（從左邊數來第幾格）
5	cursor_y = 0	滑鼠游標的垂直位置（從上方數來第幾格）
6	mouse_x = 0	滑鼠游標的 X 座標
7	mouse_y = 0	滑鼠游標的 Y 座標

8	mouse_c = 0	點選滑鼠按鍵之際的變數（旗標）
9		
10	def mouse_move(e):	於滑鼠移動之際執行的函數
11	global mouse_x, mouse_y	將這些變數全部宣告為全域變數
12	mouse_x = e.x	將滑鼠游標的 X 座標代入 mouse_x
13	mouse_y = e.y	將滑鼠游標的 Y 座標代入 mouse_y
14		
15	def mouse_press(e):	於點選滑鼠按鍵之際執行的函數
16	global mouse_c	將這個變數宣告為全域變數
17	mouse_c = 1	將 1 代入 mouse
18		
19	neko = []	管理格子的二維列表
20	for i in range(10):	透過迴圈與
21	neko.append([0, 0, 0, 0, 0, 0, 0, 0])	append() 命令初始化列表
22		
23	def draw_neko():	顯示貓咪的函數
24	for y in range(10):	迴圈　y 從 0 遞增至 9
25	for x in range(8):	迴圈　x 從 0 遞增至 7
26	if neko[y][x] > 0:	列表的元素若大於 0
27	cvs.create_image(x*72+60, y*72+60, image=img_neko[neko[y][x]], tag="NEKO")	顯示貓咪圖片
28		
29	**def yoko_neko():**	**判斷貓咪是否水平連成一線的函數**
30	**for y in range(10):**	**迴圈 y 從 0 遞增至 9**
31	**for x in range(1, 7):**	**迴圈 x 從 1 遞增至 6**
32	**if neko[y][x] > 0:**	**當格子裡有貓咪**
33	**if neko[y][x-1] == neko[y][x] and neko[y][x+1] == neko[y][x]:**	**左右又是相同的貓咪**
34	**neko[y][x-1] = 7**	**就讓這些格子裡的貓咪變成肉球**
35	**neko[y][x] = 7**	〃
36	**neko[y][x+1] = 7**	〃
37		
38	def game_main():	執行主要處理（即時處理）的函數
39	global **cursor_x, cursor_y, mouse_c**	**將這些變數宣告為全域變數**
40	if 660 <= mouse_x and mouse_x < 840 and 100 <= mouse_y and mouse_y < 160 and mouse_c == 1:	點選氣球的「測試」之後
41	mouse_c = 0	解除旗標
42	**yoko_neko()**	**呼叫判斷是否水平連成一線的函數**
43	if 24 <= mouse_x and mouse_x < 24+72*8 and 24 <= mouse_y and mouse_y < 24+72*10:	假設滑鼠游標位於遊戲畫面之內
44	cursor_x = int((mouse_x-24)/72)	根據滑鼠游標的 X 座標計算滑鼠游標的水平位置
45	cursor_y = int((mouse_y-24)/72)	根據滑鼠游標的 Y 座標計算滑鼠游標的垂直位置
46	if mouse_c == 1:	玩家若按下滑鼠按鍵
47	mouse_c = 0	解除代表按鍵按下的旗標
48	neko[cursor_y][cursor_x] = random.randint(1, 2)	在滑鼠所在位置隨機配置貓咪
49	cvs.delete("CURSOR")	消除滑鼠游標

```
50         cvs.create_image(cursor_x*72+60, cursor_      在新的位置顯示滑鼠游標
   y*72+60, image=cursor, tag="CURSOR")
51         cvs.delete("NEKO")                             刪除貓咪圖片
52         draw_neko()                                    顯示貓咪
53         root.after(100, game_main)                     於 0.1 秒之後再次執行主要處理
54
55 root = tkinter.Tk()                                   建立視窗物件
56 root.title(" 是否水平連成一線呢？ ")                   指定標題
57 root.resizable(False, False)                          禁止調整視窗大小
58 root.bind("<Motion>", mouse_move)                     指定於滑鼠移動之際執行的函數
59 root.bind("<ButtonPress>", mouse_press)               指定於滑鼠按鍵點選之際執行的函數
60 cvs = tkinter.Canvas(root, width=912, height          建立畫布零件
   =768)
61 cvs.pack()                                            配置畫布
62
63 bg = tkinter.PhotoImage(file="neko_bg.png")           載入背景圖片
64 cursor = tkinter.PhotoImage(file="neko_cursor.        載入滑鼠游標圖片
   png")
65 img_neko = [                                          利用列表管理多張貓咪圖片
66     None,                                               將 img_neko[0] 設定為空白值
67     tkinter.PhotoImage(file="neko1.png"),
68     tkinter.PhotoImage(file="neko2.png"),
69     tkinter.PhotoImage(file="neko3.png"),
70     tkinter.PhotoImage(file="neko4.png"),
71     tkinter.PhotoImage(file="neko5.png"),
72     tkinter.PhotoImage(file="neko6.png"),
73     tkinter.PhotoImage(file="neko_niku.png")
74 ]
75
76 cvs.create_image(456, 384, image=bg)                  在畫布繪製背景
77 cvs.create_rectangle(660, 100, 840, 160, fill         在氣球內繪製方框
   ="white")
78 cvs.create_text(750, 130, text="測試", fill
   ="red", font=("Times New Roman", 30))
79 game_main()                                           呼叫執行主要處理的函數
80 root.mainloop()                                       顯示視窗
```

執行這個程式後再點選格子，如下圖水平排列 3 個水藍色貓咪。

圖 9-7-2
排列水藍色的貓咪

接著點選氣球的測試，水藍色貓咪就會變成肉球。

圖 9-7-3　點選氣球的文字

圖 9-7-4　貓咪的圖片改變了

第 29 ～ 36 列是判斷貓咪是否水平排成一列的函數。利用雙重 for 迴圈取得所有格子的狀態，當相同的貓咪水平排成一列時，將這些格子（列表的元素）的值換成肉球的「7」。第 40 ～ 42 列則是於點選測試之際呼叫的函數。

在 yoko_neko() 函數的雙重迴圈裡，x 的範圍指定為 range(1,7)，即 x 會從 1 遞增至 6。之所以這樣指定，是為了將要判斷的列表設定為 neko[y][x-1]、neko[y][x]、neko[y][x+1]。假設將 x 的範圍設定為 range(0,8)，x 值的範圍就是 0 ～ 7，如此一來，當 x 為 0 與 7 的時候，就等於取得畫面之外的值（neko[y][-1]、neko[y][8]），而這樣將會發生錯誤。

關於 append() 命令

前一節的 list0906_1.py 的二維列表 neko 寫了 10 次「0,0,0,0,0,0,0,0」。這種寫法雖然簡單易懂，但程式卻顯得有點冗長，所以這次利用新增列表元素的 append() 命令，把程式碼寫得更簡潔一點。第 19 列先以 neko=[] 新增了空白的列表，之後再利用第 20 ～ 21 列的 for 迴圈與 **append()** 命令追加 10 列「0,0,0,0,0,0,0,0」。

這種判斷方式的缺點

想必大家已經知道要怎麼判斷貓咪是否水平連成一線了，也覺得或許能以相同的方式判斷垂直或斜向連成一線的情況，但其實這種判斷方式有兩個缺點。

缺點 ❶

無法判斷 4 個、5 個、7 個、8 個水平連成一線的情況。

舉例來說，將 4 個相同的貓咪如下圖排成一列再點選測試，最右邊那個貓咪不會變成肉球。

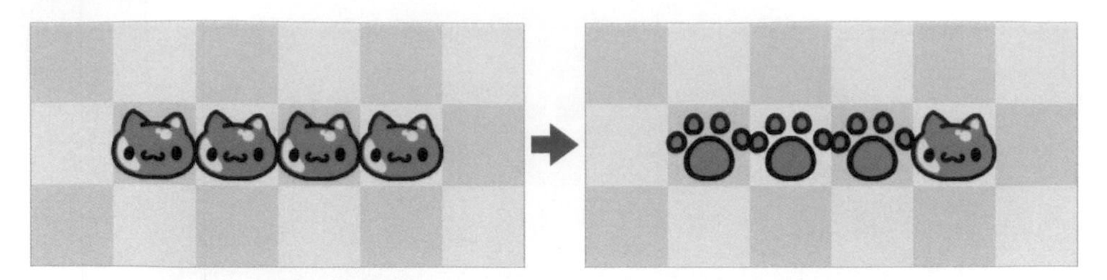

圖 9-7-5　4 個水平排成一列的情況

> **缺點 ❷**
> 在判斷水平方向之後，判斷垂直方向是否連成一線，會出現無法判斷的情況

下列的程式可判斷貓咪是否垂直連成一線。

```
def yoko_neko():
                                                  是否水平連成一線
    for y in range(10):
        for x in range(1, 7):
            if neko[y][x] > 0:
                if neko[y][x-1] == neko[y][x] and neko[y]
[x+1] == neko[y][x]:
                    neko[y][x-1] = 7
                    neko[y][x] = 7
                    neko[y][x+1] = 7
                                                  是否垂直連成一線
    for y in range(1, 9):
        for x in range(8):
            if neko[y][x] > 0:
                if neko[y-1][x] == neko[y][x] and
neko[y+1][x] == neko[y][x]:
                    neko[y-1][x] = 7
                    neko[y][x] = 7
                    neko[y+1][x] = 7
```

圖 9-7-6　判斷是否垂直連成一線

上述的程式雖然能判斷下圖左側的情況，但遇到右側呈十字排列的情況，只能先判斷水平方向，無法判斷垂直方向；這是因為管理貓咪的列表的值已經被修改了。

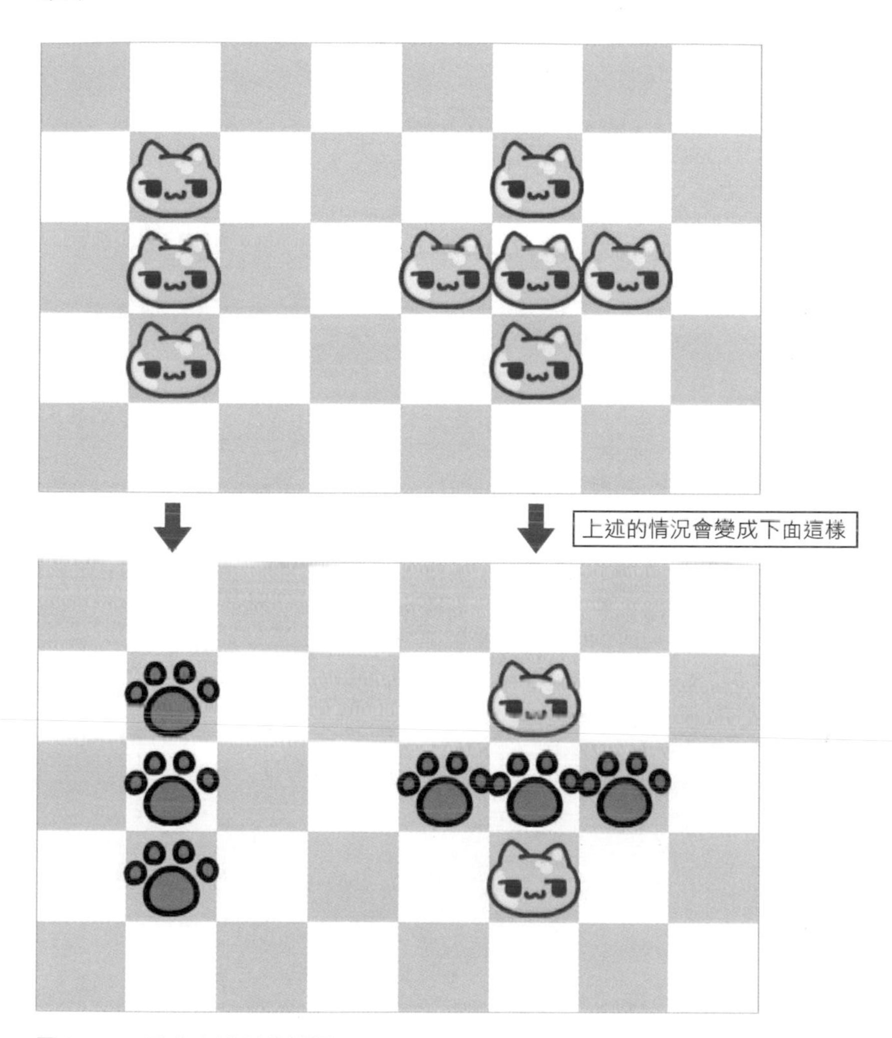

圖 9-7-7　呈十字排列的情況

Lesson 9-8 要介紹 list0907_1.py 改良後的演算法，讓程式在任何情況都能做出更正確的判斷。

Lesson 9-8 嵌入正確的演算法

這節將解決 Lesson 9-7 的問題與改良演算法，讓程式能在垂直、水平、傾斜方向超過 3 個以上的方塊連成一線時，做出正確的判斷。

用於判斷的列表

Lesson 9-7 所提出的問題可透過下列的步驟可解決。

❶ 建立判斷專用列表，將格子的資料複製到列表裡

⬇

❷ 根據判斷專用列表，確認是否有三個貓咪並列的情況，假設有，就變更遊戲專用列表的值

下圖為 ❶ 的示意圖。判斷專用列表的名稱已設定為 check。

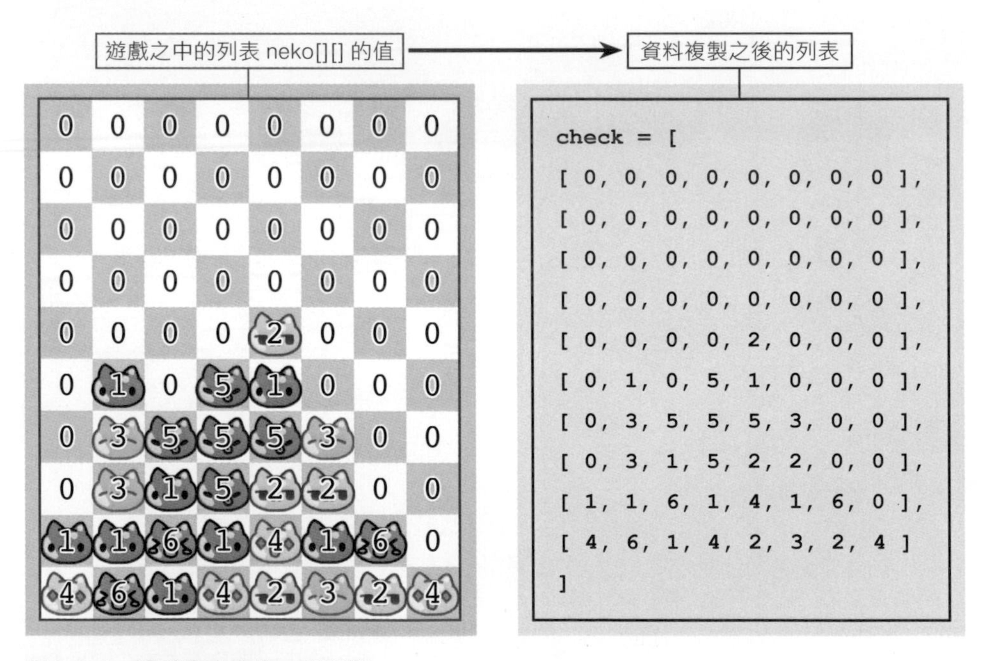

圖 9-8-1　連垂直方向也一併判斷

這部分有些複雜，讓我們先確認執行結果再說明程式的內容。請輸入下列的程式，並且命名與儲存檔案，再執行程式。

程式 ▶ **list0908_1.py**　　※ 判斷是否三個連成一線的處理均已套用粗體樣式

	程式	說明
1	`import tkinter`	載入 tkinter 模組
2	`import random`	載入 random 模組
3		
4	`cursor_x = 0`	滑鼠游標的水平位置（從左邊數來第幾格）
5	`cursor_y = 0`	滑鼠游標的垂直位置（從上方數來第幾格）
6	`mouse_x = 0`	滑鼠游標的 X 座標
7	`mouse_y = 0`	滑鼠游標的 Y 座標
8	`mouse_c = 0`	點選滑鼠按鍵之際的變數（旗標）
9		
10	`def mouse_move(e):`	於滑鼠移動之際執行的函數
11	`    global mouse_x, mouse_y`	將這些變數全部宣告為全域變數
12	`    mouse_x = e.x`	將滑鼠游標的 X 座標代入 mouse_x
13	`    mouse_y = e.y`	將滑鼠游標的 Y 座標代入 mouse_y
14		
15	`def mouse_press(e):`	於點選滑鼠按鍵之際執行的函數
16	`    global mouse_c`	將這個變數宣告為全域變數
17	`    mouse_c = 1`	將 1 代入 mouse
18		
19	`neko = []`	管理格子的二維列表
20	`check = []`	判斷專用列表
21	`for i in range(10):`	透過迴圈與
22	`    neko.append([0, 0, 0, 0, 0, 0, 0, 0])`	append() 命令初始化列表
23	`    check.append([0, 0, 0, 0, 0, 0, 0, 0])`	
24		
25	`def draw_neko():`	顯示貓咪的函數
26	`    for y in range(10):`	迴圈　y 從 0 遞增至 9
27	`        for x in range(8):`	迴圈　x 從 0 遞增至 7
28	`            if neko[y][x] > 0:`	列表的元素若大於 0
29	`                cvs.create_image(x*72+60, y*72+60, image=img_neko[neko[y][x]], tag="NEKO")`	顯示貓咪圖片
30		
31	**`def check_neko():`**	**判斷貓咪是否於垂直、水平、傾斜的方向連成一線，而且數量大於等於 3 個以上的函數**
32	**`    for y in range(10):`**	**迴圈 y 從 0 遞增至 9**
33	**`        for x in range(8):`**	**迴圈 x 從 0 遞增至 7**
34	**`            check[y][x] = neko[y][x]`**	**將貓咪的值放入判斷專用列表**
35		
36	**`    for y in range(1, 9):`**	**迴圈 y 從 1 遞增至 8**
37	**`        for x in range(8):`**	**迴圈 x 從 0 遞增至 7**
38	**`            if check[y][x] > 0:`**	**當格子裡有貓咪**
39	**`                if check[y-1][x] == check[y][x] and check[y+1][x] == check[y][x]:`**	**上下又是相同的貓咪**
40	**`                    neko[y-1][x] = 7`**	**讓這些格子裡的貓變成肉球**
41	**`                    neko[y][x] = 7`**	**〃**
42	**`                    neko[y+1][x] = 7`**	**〃**
43		
44	**`    for y in range(10):`**	**迴圈 y 從 0 遞增至 9**
45	**`        for x in range(1, 7):`**	**迴圈 x 從 1 遞增至 6**
46	**`            if check[y][x] > 0:`**	**當格子裡有貓咪**
47	**`                if check[y][x-1] == check[y][x] and check[y][x+1] == check[y][x]:`**	**左右又是相同的貓咪**

```
48                     neko[y][x-1] = 7                    讓這些格子裡的貓變成肉球
49                     neko[y][x] = 7                      〃
50                     neko[y][x+1] = 7                    〃
51
52     for y in range(1, 9):                              迴圈 y 從 1 遞增至 8
53         for x in range(1, 7):                          迴圈 x 從 1 遞增至 6
54             if check[y][x] > 0:                        當格子裡有貓咪
55                 if check[y-1][x-1] == check[y]         左上與右下又是相同的貓咪
[x] and check[y+1][x+1] == check[y][x]:
56                     neko[y-1][x-1] = 7                  讓這些格子裡的貓變成肉球
57                     neko[y][x] = 7                      〃
58                     neko[y+1][x+1] = 7                  〃
59                 if check[y+1][x-1] == check[y]         左下與右上是相同的貓咪
[x] and check[y-1][x+1] == check[y][x]:
60                     neko[y+1][x-1] = 7                  讓這些格子裡的貓變成肉球
61                     neko[y][x] = 7                      〃
62                     neko[y-1][x+1] = 7                  〃
63
64 def game_main():                                       執行主要處理（即時處理）的函數
65     global cursor_x, cursor_y, mouse_c                 將這些變數宣告為全域變數
66     if 660 <= mouse_x and mouse_x < 840 and 100        點選氣球的「測試」之後
<= mouse_y and mouse_y < 160 and mouse_c == 1:
67         mouse_c = 0                                    解除旗標
68         check_neko()                                   呼叫判斷是否連成一線的函數
69     if 24 <= mouse_x and mouse_x < 24+72*8 and         假設滑鼠游標位於遊戲畫面之內
24 <= mouse_y and mouse_y < 24+72*10:
70         cursor_x = int((mouse_x-24)/72)                根據滑鼠游標的 X 座標計算滑鼠游標的水平位置
71         cursor_y = int((mouse_y-24)/72)                根據滑鼠游標的 Y 座標計算滑鼠游標的垂直位置
72         if mouse_c == 1:                               玩家若按下滑鼠按鍵
73             mouse_c = 0                                解除代表按鍵按下的旗標
74             neko[cursor_y][cursor_x] = random.         在滑鼠所在位置隨機配置貓咪
randint(1, 2)
75     cvs.delete("CURSOR")                               消除滑鼠游標
76     cvs.create_image(cursor_x*72+60, cursor_           在新的位置顯示滑鼠游標
y*72+60, image=cursor, tag="CURSOR")
77     cvs.delete("NEKO")                                 刪除貓咪圖片
78     draw_neko()                                        顯示貓咪
79     root.after(100, game_main)                         於 0.1 秒之後再次執行主要處理
80
81 root = tkinter.Tk()                                    建立視窗物件
82 root.title("垂直、水平、傾斜的方向是否有大於等          指定標題
於 3 個相同的貓咪")
83 root.resizable(False, False)                           禁止調整視窗大小
84 root.bind("<Motion>", mouse_move)                      指定於滑鼠移動之際執行的函數
85 root.bind("<ButtonPress>", mouse_press)                指定於滑鼠按鍵點選之際執行的函數
86 cvs = tkinter.Canvas(root, width=912, height           建立畫布零件
=768)
87 cvs.pack()                                             配置畫布
88
89 bg = tkinter.PhotoImage(file="neko_bg.png")            載入背景圖片
90 cursor = tkinter.PhotoImage(file="neko_cursor.         載入滑鼠游標圖片
png")
```

```
91  img_neko = [                                          利用列表管理多張貓咪圖片
92      None,                                               將 img_neko[0] 設定為空白值
93      tkinter.PhotoImage(file="neko1.png"),
94      tkinter.PhotoImage(file="neko2.png"),
95      tkinter.PhotoImage(file="neko3.png"),
96      tkinter.PhotoImage(file="neko4.png"),
97      tkinter.PhotoImage(file="neko5.png"),
98      tkinter.PhotoImage(file="neko6.png"),
99      tkinter.PhotoImage(file="neko_niku.png")
100 ]
101
102 cvs.create_image(456, 384, image=bg)                  在畫布繪製背景
103 cvs.create_rectangle(660, 100, 840, 160, fill         在氣球內繪製方框
    ="white")
104 cvs.create_text(750, 130, text="テスト", fill         顯示測試
    ="red", font=("Times New Roman", 30))
105 game_main()                                           呼叫執行主要處理的函數
106 root.mainloop()                                       顯示視窗
```

第 31 ～ 62 列是 check_neko 函數 ()，判斷貓咪是否垂直、水平或傾斜連成一線。一開始先利用 32 ～ 34 列的程式將 neko 的資料複製到判斷專用列表 check，再以 36 ～ 42 列的程式判斷貓咪是否 3 個垂直連成一線，若是，就讓這些貓咪變成肉球。用於判斷的列表為 check[][]，用於變成肉球（代入 7）的列表為 neko[][] 是這個程式的重點；它能在 3 個或 3 個以上的貓咪垂直連成一線的時候做出正確判斷。例如：當貓咪如右圖 5 個連成一線時，會進行 ❶ 的判斷，❷ 的判斷與 ❸ 的判斷也會進行。完成❶～❸ 的判斷後，neko[][] 的值都會變成 7，即全部的貓咪都會變成肉球。

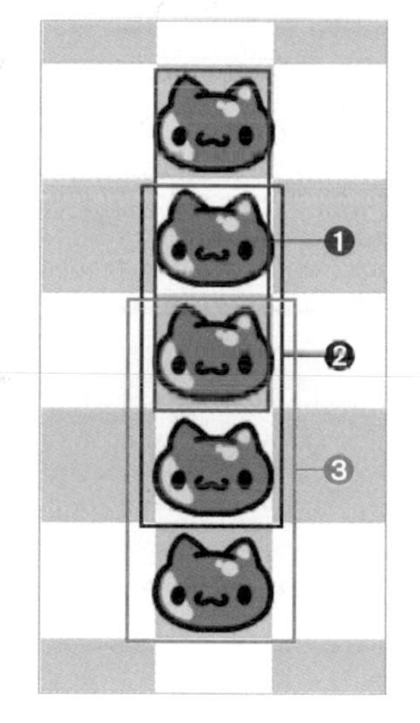

圖 9-8-2
五個並排時的判斷

第 44 ～ 50 列的程式用於判斷水平連成一線的情況，第 52 ～ 62 列的程式則用於判斷傾斜方向的情況。請試著將不同種類的貓咪排成一列再點選測試，看看演算法能否正確判斷連線的情況。

複製列表的方法有很多種，例如可透過 import copy 載入 copy 模組，將程式寫成「check=copy.deepcopy(neko)」，就能建立具有 neko 的值的 check 列表。複製 Python 的列表時，要注意不能寫成「複製目的地的列表 = 複製來源的列表」。以這次的程式為例，若寫成「check=neko」，無法建立擁有 neko 資料的新列表，就無法正確判斷連線的情況。

Lesson

9-9 標題畫面與遊戲結束畫面

Lesson 9-2 至 9-8 撰寫了掉落物拼圖的「主軸程式」，這節則要追加標題畫面與遊戲結束畫面的處理，讓整個遊戲更完整。

利用索引值進行不同的處理

第 8 章的最後說明了新增標題畫面與遊戲畫面的方法（→ P.168），這節讓我們實際執行：宣告 index 這個變數，並於這個變數為 1 時，進行標題畫面的處理，為 2 ～ 5 時進行遊戲的各項處理，為 6 時進行遊戲結束畫面的處理，以 4 個索引值管理。

表 9-9-1　利用變數 index 的值進行不同的處理

index 的值	處理內容
0	顯示標題畫面的文字，進入 index1 的處理。
1	等待遊戲開始的輸入。 點選畫面之後，設定第一個掉落的貓咪，再進入 index2 的處理。
2	【遊戲處理 1】 讓貓咪掉落。 所有貓咪掉落後，進入 index3 的處理。
3	【遊戲處理 2】 判斷貓咪是否 3 個以上連成一線，再將相同的貓咪變成肉球。 進入 index4 的處理。
4	【遊戲處理 3】 假設有變成肉球的格子，就消除肉球與增加分數，再回到 index2 的貓咪落下處理（為了在消除肉球後，讓上方的貓咪往下掉）。 假設沒有變成肉球的格子，又還沒堆到最上層，就進入 index5 等待輸入的處理。假設貓咪已經堆到最上層，就進入 index6 的遊戲結束處理。
5	【遊戲處理 4】 等待玩家輸入。 以滑鼠移動滑鼠游標，並於點選的位置配置貓咪後，進入 index2 讓貓咪落下的處理。
6	遊戲結束畫面。以變數計算時間，並於 5 秒後，進入 index0 的處理。

只要遊戲還沒結束，就會不斷地重複 index2 至 index5 的處理。

要如上述的方式進行不同的處理，必須在執行即時處理的 game_main() 函數中，加入下方的程式。

```
if index == 0:
    處理 0
elif index == 1:
    處理 1
elif index == 2:
    處理 2
 :
```

除了上述的處理外，也新增了一些函數，一樣在執行之後說明程式碼。請輸入下列的程式，並且命名與儲存檔案，再執行程式。這個程式碼將近 200 列，也是到目前為止最長的程式，建議大家從本書的支援網站下載或親手輸入程式（比較容易學會）。

程式 ▶ list0909_1.py　　※ 管理遊戲流程的處理均以套用粗體樣式

	程式	說明
1	`import tkinter`	載入 tkinter 模組
2	`import random`	載入 random 模組
3		
4	`index = 0`	管理遊戲流程的變數
5	`timer = 0`	管理時間的變數
6	`score = 0`	管理分數的變數
7	`tsugi = 0`	設定下個貓咪的變數
8		
9	`cursor_x = 0`	滑鼠游標的水平位置（從左邊數來第幾格）
10	`cursor_y = 0`	滑鼠游標的垂直位置（從上方數來第幾格）
11	`mouse_x = 0`	滑鼠游標的 X 座標
12	`mouse_y = 0`	滑鼠游標的 Y 座標
13	`mouse_c = 0`	點選滑鼠按鍵之際的變數（旗標）
14		
15	`def mouse_move(e):`	於滑鼠移動之際執行的函數
16	`    global mouse_x, mouse_y`	將這些變數全部宣告為全域變數
17	`    mouse_x = e.x`	將滑鼠游標的 X 座標代入 mouse_x
18	`    mouse_y = e.y`	將滑鼠游標的 Y 座標代入 mouse_y
19		
20	`def mouse_press(e):`	於點選滑鼠按鍵之際執行的函數
21	`    global mouse_c`	將這個變數宣告為全域變數
22	`    mouse_c = 1`	將 1 代入 mouse
23		
24	`neko = []`	管理格子的二維列表
25	`check = []`	判斷專用列表
26	`for i in range(10):`	透過迴圈與
27	`    neko.append([0, 0, 0, 0, 0, 0, 0, 0])`	append() 命令初始化列表
28	`    check.append([0, 0, 0, 0, 0, 0, 0, 0])`	
29		
30	`def draw_neko():`	顯示貓咪的函數

Chapter 9
掉落物拼圖

行	程式	說明
31	`    cvs.delete("NEKO")`	貓咪消失後
32	`    for y in range(10):`	迴圈 y 從 0 遞增至 9
33	`        for x in range(8):`	迴圈 x 從 0 遞增至 7
34	`            if neko[y][x] > 0:`	列表的元素若大於 0
35	`                cvs.create_image(x*72+60, y*72+60, image=img_neko[neko[y][x]], tag="NEKO")`	顯示貓咪圖片
36		
37	`def check_neko():`	判斷貓咪是否於垂直、水平、傾斜的方向連成一線，而且數量大於等於 3 個以上的函數
38	`    for y in range(10):`	迴圈 y 從 0 遞增至 9
39	`        for x in range(8):`	迴圈 x 從 0 遞增至 7
40	`            check[y][x] = neko[y][x]`	將貓咪的值放入判斷專用列表
41		
42	`    for y in range(1, 9):`	迴圈 y 從 1 遞增至 8
43	`        for x in range(8):`	迴圈 x 從 0 遞增至 7
44	`            if check[y][x] > 0:`	當格子裡有貓咪
45	`                if check[y-1][x] == check[y][x] and check[y+1][x] == check[y][x]:`	上下又是相同的貓咪
46	`                    neko[y-1][x] = 7`	就讓這些格子裡的貓咪變成肉球
47	`                    neko[y][x] = 7`	〃
48	`                    neko[y+1][x] = 7`	〃
49		
50	`    for y in range(10):`	迴圈 y 從 0 遞增至 9
51	`        for x in range(1, 7):`	迴圈 x 從 1 遞增至 6
52	`            if check[y][x] > 0:`	當格子裡有貓咪
53	`                if check[y][x-1] == check[y][x] and check[y][x+1] == check[y][x]:`	左右又是相同的貓咪
54	`                    neko[y][x-1] = 7`	就讓這些格子裡的貓咪變成肉球
55	`                    neko[y][x] = 7`	〃
56	`                    neko[y][x+1] = 7`	〃
57		
58	`    for y in range(1, 9):`	迴圈 y 從 1 遞增至 8
59	`        for x in range(1, 7):`	迴圈 x 從 1 遞增至 6
60	`            if check[y][x] > 0:`	當格子裡有貓咪
61	`                if check[y-1][x-1] == check[y][x] and check[y+1][x+1] == check[y][x]:`	左上與右下又是相同的貓咪
62	`                    neko[y-1][x-1] = 7`	就讓這些格子裡的貓咪變成肉球
63	`                    neko[y][x] = 7`	
64	`                    neko[y+1][x+1] = 7`	
65	`                if check[y+1][x-1] == check[y][x] and check[y-1][x+1] == check[y][x]:`	左下與右上是相同的貓咪
66	`                    neko[y+1][x-1] = 7`	就讓這些格子裡的貓咪變成肉球
67	`                    neko[y][x] = 7`	〃
68	`                    neko[y-1][x+1] = 7`	〃
69		
70	`def sweep_neko():`	消除連成一線的貓咪（肉球）的函數
71	`    num = 0`	計算消除數量的變數
72	`    for y in range(10):`	迴圈 y 從 0 遞增至 9

73	`        for x in range(8):`	迴圈 x從0遞增至7
74	`            if neko[y][x] == 7:`	假設格子裡面的是肉球
75	`                neko[y][x] = 0`	消除肉球
76	`                num = num + 1`	消除數量加1
77	`    return num`	傳回消除的數量
78		
79	`def drop_neko():`	讓貓咪落下的函數
80	`    flg = False`	判斷是否落下的旗標（False代表未落下）
81	`    for y in range(8, -1, -1):`	迴圈 y從8遞減至0
82	`        for x in range(8):`	迴圈 x從0遞增至7
83	`            if neko[y][x] != 0 and neko[y+1][x] == 0:`	假設貓咪下方的格子是空白的
84	`                neko[y+1][x] = neko[y][x]`	在空格放入貓咪
85	`                neko[y][x] = 0`	讓原本那格的貓咪消失
86	`                flg = True`	建立代表已落下的旗標
87	`    return flg`	傳回旗標值
88		
89	`def over_neko():`	判斷是否已堆到最上層的函數
90	`    for x in range(8):`	迴圈 x從0遞增至7
91	`        if neko[0][x] > 0:`	假設最上層有貓咪
92	`            return True`	傳回True
93	`    return False`	假設最上層沒有貓咪傳回False
94		
95	`def set_neko():`	在最上層設定貓咪的函數
96	`    for x in range(8):`	迴圈 x從0遞增至7
97	`        neko[0][x] = random.randint(0, 6)`	在最上層隨機設定貓咪
98		
99	`def draw_txt(txt, x, y, siz, col, tg):`	顯示帶有陰影效果的字串的函數
100	`    fnt = ("Times New Roman", siz, "bold")`	指定字型
101	`    cvs.create_text(x+2, y+2, text=txt, fill="black", font=fnt, tag=tg)`	於位移2點處顯示黑色字串（陰影）
102	`    cvs.create_text(x, y, text=txt, fill=col, font=fnt, tag=tg)`	顯示指定顏色的字串
103		
104	`def game_main():`	執行主要處理（即時處理）的函數
105	`    global index, timer, score, tsugi`	將這些變數宣告為全域變數
106	`    global cursor_x, cursor_y, mouse_c`	將這些變數宣告為全域變數
107	`    if index == 0: 標題的標誌`	index 0 的處理
108	`        draw_txt("貓咪貓咪", 312, 240, 100, "violet", "TITLE")`	顯示標題的標誌
109	`        draw_txt("Click to start.", 312, 560, 50, "orange", "TITLE")`	顯示Click to start.
110	`        index = 1`	將index的值設定為1
111	`        mouse_c = 0`	解除代表已點選的旗標
112	`    elif index == 1: 標題畫面 等待遊戲開始`	index 1 的處理
113	`        if mouse_c == 1:`	假設玩家按下滑鼠按鍵
114	`            for y in range(10):`	以雙重的
115	`                for x in range(8):`	迴圈
116	`                    neko[y][x] = 0`	清空格子
117	`            mouse_c = 0`	解除代表已點選的旗標
118	`            score = 0`	讓分數歸零
119	`            tsugi = 0`	暫時消除（值為0）下一個要配置的貓咪

行	程式碼	說明
120	`            cursor_x = 0`	讓滑鼠游標的位置回到左上角
121	`            cursor_y = 0`	讓滑鼠游標的位置回到左上角
122	`            set_neko()`	在最上層設定貓咪
123	`            draw_neko()`	顯示貓咪
124	`            cvs.delete("TITLE")`	消除標題畫面的文字
125	`            index = 2`	將 index 的值設定為 2
126	`    elif index == 2: # 貓咪落下`	index2 的處理
127	`        if drop_neko() == False:`	讓貓咪落下。假設沒有已落下的貓咪
128	`            index = 3`	將 index 的值設定為 3
129	`        draw_neko()`	顯示貓咪
130	`    elif index == 3: # 是否連成一線`	index3 的處理
131	`        check_neko()`	判斷相同的貓咪是否連成一線
132	`        draw_neko()`	顯示貓咪
133	`        index = 4`	將 index 的值設定為 4
134	`    elif index == 4: # 消除連成一線的貓咪`	index4 的處理
135	`        sc = sweep_neko()`	消除肉球，將消除的數量代入 sc
136	`        score = score + sc*10`	增加分數
137	`        if sc > 0:`	假設消除了肉球（貓咪）
138	`            index = 2`	進入 index2 的處理（讓貓咪再次落下）
139	`        else:`	否則
140	`            if over_neko() == False:`	只要貓咪還未頂到最上層
141	`                tsugi = random.randint(1, 6)`	就隨機設定下一個要配置的貓咪
142	`                index = 5`	將 index 的值設定為 5
143	`            else:`	否則（貓咪頂到最上層）
144	`                index = 6`	將 index 的值設定為 6
145	`                timer = 0`	將 timer 的值設定為 0
146	`        draw_neko()`	顯示貓咪
147	`    elif index == 5: # 等待玩家滑鼠輸入`	index5 的處理
148	`        if 24 <= mouse_x and mouse_x < 24+72*8 and 24 <= mouse_y and mouse_y < 24+72*10:`	假設滑鼠游標在遊戲畫面之內
149	`            cursor_x = int((mouse_x-24)/72)`	根據滑鼠游標的 X 座標計算滑鼠游標的水平位置
150	`            cursor_y = int((mouse_y-24)/72)`	根據滑鼠游標的 Y 座標計算滑鼠游標的垂直位置
151	`            if mouse_c == 1:`	玩家若按下滑鼠按鍵
152	`                mouse_c = 0`	解除代表按鍵按下的旗標
153	`                set_neko()`	在最上層設定貓咪
154	`                neko[cursor_y][cursor_x] = tsugi`	在滑鼠所在位置隨機配置貓咪
155	`                tsugi = 0`	消除下個要配置的貓咪（位於氣球之內的貓咪）
156	`                index = 2`	將 index 的值設定為 2
157	`        cvs.delete("CURSOR")`	消除滑鼠游標
158	`        cvs.create_image(cursor_x*72+60, cursor_y*72+60, image=cursor, tag="CURSOR")`	在新的位置顯示滑鼠游標
159	`        draw_neko()`	顯示貓咪
160	`    elif index == 6: # 遊戲結束`	index6 的處理
161	`        timer = timer + 1`	讓 timer 的值遞增 1
162	`        if timer == 1:`	假設 timer 的值為 1

```
163                 draw_txt("GAME OVER", 312, 348,          顯示 GAME OVER
    60, "red", "OVER")
164             if timer == 50:                            假設 timer 的值為 50
165                 cvs.delete("OVER")                         消除 GAME OVER
166                 index = 0                                  將 index 的值設定為 0
167         cvs.delete("INFO")                             暫時消除分數
168         draw_txt("SCORE "+str(score), 160, 60,         顯示分數
    32, "blue", "INFO")
169         if tsugi > 0:                                  假設設定了下個要配置的貓咪
170             cvs.create_image(752, 128, image=img_        顯示該貓咪
    neko[tsugi], tag="INFO")
171         root.after(100, game_main)                     於 0.1 秒之後，再次處理主要處理
172
173 root = tkinter.Tk()                                  建立視窗物件
174 root.title("掉落物拼圖「貓咪貓咪」")                 指定標題
175 root.resizable(False, False)                         禁止調整視窗大小
176 root.bind("<Motion>", mouse_move)                    指定於滑鼠移動之際執行的函數
177 root.bind("<ButtonPress>", mouse_press)              指定於滑鼠按鍵點選之際執行的函數
178 cvs = tkinter.Canvas(root, width=912,                建立畫布零件
    height=768)
179 cvs.pack()                                           配置畫布
180
181 bg = tkinter.PhotoImage(file="neko_bg.png")          載入背景圖片
182 cursor = tkinter.PhotoImage(file="neko_              載入滑鼠游標圖片
    cursor.png")
183 img_neko = [                                         利用列表管理多張貓咪圖片
184     None,                                            將 img_neko[0] 設定為空白值
185     tkinter.PhotoImage(file="neko1.png"),
186     tkinter.PhotoImage(file="neko2.png"),
187     tkinter.PhotoImage(file="neko3.png"),
188     tkinter.PhotoImage(file="neko4.png"),
189     tkinter.PhotoImage(file="neko5.png"),
190     tkinter.PhotoImage(file="neko6.png"),
191     tkinter.PhotoImage(file="neko_niku.png")
192 ]
193
194 cvs.create_image(456, 384, image=bg)                 在畫布繪製背景
195 game_main()                                          呼叫執行主要處理的函數
196 root.mainloop()                                      顯示視窗
```

遊戲的一連串處理完成，就能開始遊玩下頁的遊戲。

點選格子後，會於格子配置氣球裡的貓咪，也可以在已經放了貓咪的格子配置貓咪。配置貓咪後，會從最上層掉落多個貓咪。若有 3 個以上的貓咪連成一線就會消除。

圖 9-9-1　list0909_1.py 的執行結果

新增的函數

這次新增了下列函數。

表 9-9-2　於 list0909_1.py 新增的函數

函數	內容
sweep_neko() 第 70～77 列	消除肉球的函數。 計算消除了幾個，再傳回消除的數量。 利用該傳回值計算分數。
over_neko() 第 89～93 列	確定貓咪是否堆到最上層。 若已堆到最上層就傳回 True。
set_neko() 第 95～97 列	在最上層隨機配置貓咪。
draw_txt(txt,x,y,siz,col,tg) 第 99～102 列	顯示套用陰影效果的字串的函數。 參數分別為字串、xy 座標、字體大小、顏色、tag。

draw_txt() 是在畫布繪製字串的函數，為了方便閱讀文字，不受背景干擾，顯示了套用陰影效果的文字。此外，若能將重複進行的處理寫成函數，程式就會變得更簡潔。

呼叫函數的方法

這次呼叫函數的方法有點難，所以在此為大家說明一下。

- **第 127 列 in drop_neko() == False:**

這段 if 條件式會呼叫讓貓咪落下的函數，判斷貓咪是否落下（若未落下，這個函數會傳回 False）。像這樣**定義有傳回值的函數，再寫在 if 條件式的條件裡面就能呼叫該函數**。

- **第 135 列 sc=sweep_neko()**

呼叫消除肉球的函數，再將傳回值（消除的數量）代入變數 sc。

改良遊戲

這個遊戲玩沒多久，貓咪就會堆到上層，所以有必要調整一下難易度。由於是比賽誰最高分的遊戲，所以也要顯示最高分數才對。讓我們試著新增調整難易度及儲存最高分數的處理，讓遊戲更臻完美。

遊戲開發商也會在遊戲接近完成時不斷測試與調整細節；遊戲好不好玩，端看微調的作業夠不夠仔細。

Lesson 9-10

完成掉落物拼圖遊戲

這個遊戲即將完成，我們在這個遊戲放入選擇難易度與儲存最高分數的處理，讓遊戲變得更完美。

››› 難易度的部分

前一節的 list0909_1.py 讓 6 種貓咪（方塊）隨機落下。在這種讓相同的方塊連成一線的遊戲裡，方塊的種類越多，遊戲的難度就越高，所以這次將 Easy 模式設定為 4 種貓咪、Normal 模式設定為 5 種、Hard 模式設定為 6 種，而且宣告儲存最高分數的變數，並在目前分數超過最高分數的時候刷新最高分數。

請輸入下列的程式，並且命名與儲存檔案，再執行程式。檔案名稱設定為代表遊戲製作完成的 neko_pzl.py。這段程式比前面的程式更長，所以大家可以從本書的支援頁面下載。想快點學會的讀者，也可以自行輸入程式。

程式 ▶ neko_pzl.py ※ 於 list0909_1.py 新增與修改的部分，都已反白標示

	程式	說明
1	`import tkinter`	載入 tkinter 模組
2	`import random`	載入 random 模組
3		
4	`index = 0`	管理遊戲流程的變數
5	`timer = 0`	管理時間的變數
6	`score = 0`	管理分數的變數
7	`hisc = 1000`	儲存最高分數的變數
8	`difficulty = 0`	儲存難易度的變數
9	`tsugi = 0`	儲存下個貓咪的變數
10		
11	`cursor_x = 0`	滑鼠游標的水平位置（從左邊數來第幾格）
12	`cursor_y = 0`	滑鼠游標的垂直位置（從上方數來第幾格）
13	`mouse_x = 0`	滑鼠游標的 X 座標
14	`mouse_y = 0`	滑鼠游標的 Y 座標
15	`mouse_c = 0`	點選滑鼠按鍵之際的變數（旗標）
16		
17	`def mouse_move(e):`	於滑鼠移動之際執行的函數
18	`    global mouse_x, mouse_y`	將這些變數全部宣告為全域變數
19	`    mouse_x = e.x`	將滑鼠游標的 X 座標代入 mouse_x
20	`    mouse_y = e.y`	將滑鼠游標的 Y 座標代入 mouse_y
21		
22	`def mouse_press(e):`	於點選滑鼠按鍵之際執行的函數
23	`    global mouse_c`	將這個變數宣告為全域變數
24	`    mouse_c = 1`	將 1 代入 mouse

```
25
26  neko = []                                        管理格子的二維列表
27  check = []                                       判斷專用列表
28  for i in range(10):                              透過迴圈與
29      neko.append([0, 0, 0, 0, 0, 0, 0, 0])          append() 命令初始化列表
30      check.append([0, 0, 0, 0, 0, 0, 0, 0])
31
32  def draw_neko():                                 顯示貓咪的函數
33      cvs.delete("NEKO")                             貓咪消失後
34      for y in range(10):                            迴圈　y 從 0 遞增至 9
35          for x in range(8):                           迴圈　x 從 0 遞增至 7
36              if neko[y][x] > 0:                         列表的元素若大於 0
37                  cvs.create_image(x*72+60, y*             顯示貓咪圖片
72+60, image=img_neko[neko[y][x]], tag="NEKO")
38
39  def check_neko():                                判斷貓咪是否於垂直、水平、傾斜的
                                                 方向連成一線，而且數量大於等於 3
                                                 個以上的函數
40      for y in range(10):                            迴圈　y 從 0 遞增至 9
41          for x in range(8):                           迴圈　x 從 0 遞增至 7
42              check[y][x] = neko[y][x]                   將貓咪的值放入判斷專用列表
43
44      for y in range(1, 9):                          迴圈　y 從 1 遞增至 8
45          for x in range(8):                           迴圈　x 從 0 遞增至 7
46              if check[y][x] > 0:                        當格子裡有貓咪
47                  if check[y-1][x] == check[y][x]            上下又是相同的貓咪
and check[y+1][x] == check[y][x]:
48                      neko[y-1][x] = 7                         就讓這些格子裡的貓咪
                                                                 變成肉球
49                      neko[y][x] = 7                           〃
50                      neko[y+1][x] = 7                         〃
51
52      for y in range(10):                            迴圈　y 從 0 遞增至 9
53          for x in range(1, 7):                        迴圈　x 從 1 遞增至 6
54              if check[y][x] > 0:                        當格子裡有貓咪
55                  if check[y][x-1] == check[y][x]            左右又是相同的貓咪
and check[y][x+1] == check[y][x]:
56                      neko[y][x-1] = 7                         就讓這些格子裡的貓咪
                                                                 變成肉球
57                      neko[y][x] = 7                           〃
58                      neko[y][x+1] = 7                         〃
59
60      for y in range(1, 9):                          迴圈　y 從 1 遞增至 8
61          for x in range(1, 7):                        迴圈　x 從 1 遞增至 6
62              if check[y][x] > 0:                        當格子裡有貓咪
63                  if check[y-1][x-1] == check[y]             左上與右下又是相同的貓咪
[x] and check[y+1][x+1] == check[y][x]:
64                      neko[y-1][x-1] = 7                       就讓這些格子裡的貓咪
                                                                 變成肉球
65                      neko[y][x] = 7                           〃
66                      neko[y+1][x+1] = 7                       〃
67                  if check[y+1][x-1] == check[y]             左下與右上是相同的貓咪
[x] and check[y-1][x+1] == check[y][x]:
```

68	`                neko[y+1][x-1] = 7`	就讓這些格子裡的貓咪變成肉球
69	`                neko[y][x] = 7`	〃
70	`                neko[y-1][x+1] = 7`	〃
71		
72	`def sweep_neko():`	消除連成一線的貓咪（肉球）的函數
73	`    num = 0`	計算消除數量的變數
74	`    for y in range(10):`	迴圈　y 從 0 遞增至 9
75	`        for x in range(8):`	迴圈　x 從 0 遞增至 7
76	`            if neko[y][x] == 7:`	假設格子裡面的是肉球
77	`                neko[y][x] = 0`	消除肉球
78	`                num = num + 1`	消除數量加 1
79	`    return num`	傳回消除的數量
80		
81	`def drop_neko():`	讓貓咪落下的函數
82	`    flg = False`	判斷是否落下的旗標（False 代表未落下）
83	`    for y in range(8, -1, -1):`	迴圈　y 從 8 遞減至 0
84	`        for x in range(8):`	迴圈　x 從 0 遞增至 7
85	`            if neko[y][x] != 0 and neko[y+1][x] == 0:`	假設貓咪下方的格子是空白的
86	`                neko[y+1][x] = neko[y][x]`	在空格放入貓咪
87	`                neko[y][x] = 0`	讓原本那格的貓咪消失
88	`                flg = True`	建立代表已落下的旗標
89	`    return flg`	傳回旗標值
90		
91	`def over_neko():`	判斷是否已堆到最上層的函數
92	`    for x in range(8):`	迴圈　x 從 0 遞增至 7
93	`        if neko[0][x] > 0:`	假設最上層有貓咪
94	`            return True`	傳回 True
95	`    return False`	假設最上層沒有貓咪傳回 False
96		
97	`def set_neko():`	在最上層設定貓咪的函數
98	`    for x in range(8):`	迴圈　x 從 0 遞增至 7
99	`        neko[0][x] = random.randint(0, difficulty)`	依照難易度隨機設置貓咪
100		
101	`def draw_txt(txt, x, y, siz, col, tg):`	顯示帶有陰影效果的字串的函數
102	`    fnt = ("Times New Roman", siz, "bold")`	指定字型
103	`    cvs.create_text(x+2, y+2, text=txt, fill="black", font=fnt, tag=tg)`	於位移 2 點處顯示黑色字串（陰影）
104	`    cvs.create_text(x, y, text=txt, fill=col, font=fnt, tag=tg)`	顯示指定顏色的字串
105		
106	`def game_main():`	執行主要處理（即時處理）的函數
107	`    global index, timer, score, hisc, difficulty, tsugi`	將這些變數宣告為全域變數
108	`    global cursor_x, cursor_y, mouse_c`	將這些變數宣告為全域變數
109	`    if index == 0: 標題的標誌`	index 0 的處理
110	`        draw_txt("貓咪貓咪", 312, 240, 100, "violet", "TITLE")`	顯示標題的標誌
111	`        cvs.create_rectangle(168, 384, 456, 456, fill="skyblue", width=0, tag="TITLE")`	以水藍色填滿 Easy 的文字下方

行	程式碼	說明
112	`        draw_txt("Easy", 312, 420, 40, "white", "TITLE")`	顯示 Easy
113	`        cvs.create_rectangle(168, 528, 456, 600, fill="lightgreen", width=0, tag="TITLE")`	以淡綠色填滿 Normal 的下方
114	`        draw_txt("Normal", 312, 564, 40, "white", "TITLE")`	顯示 Normal
115	`        cvs.create_rectangle(168, 672, 456, 744, fill="orange", width=0, tag="TITLE")`	以橙色填滿 Hard 的下方
116	`        draw_txt("Hard", 312, 708, 40, "white", "TITLE")`	顯示 hard
117	`        index = 1`	將 index 的值設定為 1
118	`        mouse_c = 0`	解除代表點選的旗標
119	`    elif index == 1: # 標題畫面 等待遊戲開始`	index 1 的處理
120	`        difficulty = 0`	將 difficulty 的值設定為 0
121	`        if mouse_c == 1:`	假設玩家按下滑鼠按鍵
122	`            if 168 < mouse_x and mouse_x < 456 and 384 < mouse_y and mouse_y < 456:`	假設是 Easy
123	`                difficulty = 4`	將 4 代入 difficulty
124	`            if 168 < mouse_x and mouse_x < 456 and 528 < mouse_y and mouse_y < 600:`	假設是 normal
125	`                difficulty = 5`	將 5 代入 difficulty
126	`            if 168 < mouse_x and mouse_x < 456 and 672 < mouse_y and mouse_y < 744:`	假設 Hard
127	`                difficulty = 6`	將 6 代入 difficulty
128	`        if difficulty > 0:`	difficulty 的值設定完成後
129	`            for y in range(10):`	以雙重的
130	`                for x in range(8):`	迴圈
131	`                    neko[y][x] = 0`	清空格子
132	`            mouse_c = 0`	解除代表已點選的旗標
133	`            score = 0`	讓分數歸零
134	`            tsugi = 0`	暫時消除（值為 0）下一個要配置的貓咪
135	`            cursor_x = 0`	讓滑鼠游標的位置回到左上角
136	`            cursor_y = 0`	讓滑鼠游標的位置回到左上角
137	`            set_neko()`	在最上層設定貓咪
138	`            draw_neko()`	顯示貓咪
139	`            cvs.delete("TITLE")`	消除標題畫面的文字
140	`            index = 2`	將 index 的值設定為 2
141	`    elif index == 2: # 貓咪落下`	index2 的處理
142	`        if drop_neko() == False:`	讓貓咪落下。假設沒有已落下的貓咪
143	`            index = 3`	將 index 的值設定為 3
144	`        draw_neko()`	顯示貓咪
145	`    elif index == 3: # 是否連成一線`	index3 的處理
146	`        check_neko()`	判斷相同的貓咪是否連成一線
147	`        draw_neko()`	顯示貓咪
148	`        index = 4`	將 index 的值設定為 4
149	`    elif index == 4: # 消除連成一線的貓咪`	index4 的處理
150	`        sc = sweep_neko()`	消除肉球，將消除的數量代入 sc
151	`        score = score + sc*difficulty*2`	增加分數
152	`        if score > hisc:`	假設分數超過最高分數

行	程式	說明
153	hisc = score	更新最高分數
154	if sc > 0:	假設消除了肉球（貓咪）
155	index = 2	進入 index2 的處理（讓貓咪再次落下）
156	else:	否則
157	if over_neko() == False:	只要貓咪還未頂到最上層
158	tsugi = random.randint(1, difficulty)	就隨機設定下一個要配置的貓咪
159	index = 5	將 index 的值設定為 5
160	else:	否則（貓咪頂到最上層）
161	index = 6	將 index 的值設定為 6
162	timer = 0	將 timer 的值設定為 0
163	draw_neko()	顯示貓咪
164	elif index == 5: # 等待玩家滑鼠輸入	index5 的處理
165	if 24 <= mouse_x and mouse_x < 24+72*8 and 24 <= mouse_y and mouse_y < 24+72*10:	v 假設滑鼠游標在遊戲畫面之內
166	cursor_x = int((mouse_x-24)/72)	根據滑鼠游標的 X 座標計算滑鼠游標的水平位置
167	cursor_y = int((mouse_y-24)/72)	根據滑鼠游標的 Y 座標計算滑鼠游標的垂直位置
168	if mouse_c == 1:	玩家若按下滑鼠按鍵
169	mouse_c = 0	解除代表按鍵按下的旗標
170	set_neko()	在最上層設定貓咪
171	neko[cursor_y][cursor_x] = tsugi	在滑鼠所在位置隨機配置貓咪
172	tsugi = 0	消除下個要配置的貓咪（位於氣球之內的貓咪）
173	index = 2	將 index 的值設定為 2
174	cvs.delete("CURSOR")	消除滑鼠游標
175	cvs.create_image(cursor_x*72+60, cursor_y*72+60, image=cursor, tag="CURSOR")	在新的位置顯示滑鼠游標
176	draw_neko()	顯示貓咪
177	elif index == 6: # 遊戲結束	index6 的處理
178	timer = timer + 1	讓 timer 的值遞增 1
179	if timer == 1:	假設 timer 的值為 1
180	draw_txt("GAME OVER", 312, 348, 60, "red", "OVER")	顯示 GAME OVER
181	if timer == 50:	假設 timer 的值為 50
182	cvs.delete("OVER")	消除 GAME OVER
183	index = 0	將 index 的值設定為 0
184	cvs.delete("INFO")	暫時消除分數
185	draw_txt("SCORE "+str(score), 160, 60, 32, "blue", "INFO")	顯示分數
186	draw_txt("HISC "+str(hisc), 450, 60, 32, "yellow", "INFO")	顯示最高分數
187	if tsugi > 0:	假設設定了下個要配置的貓咪
188	cvs.create_image(752, 128, image=img_neko[tsugi], tag="INFO")	顯示該貓咪
189	root.after(100, game_main)	於 0.1 秒之後，再次處理主要處理
190		
191	root = tkinter.Tk()	建立視窗物件
192	root.title("掉落物拼圖「貓咪貓咪」")	指定標題

```
193 root.resizable(False, False)                       禁止調整視窗大小
194 root.bind("<Motion>", mouse_move)                  指定於滑鼠移動之際執行的函數
195 root.bind("<ButtonPress>", mouse_press)            指定於滑鼠按鍵點選之際執行的函數
196 cvs = tkinter.Canvas(root, width=912,              建立畫布零件
    height=768)
197 cvs.pack()                                         配置畫布
198
199 bg = tkinter.PhotoImage(file="neko_bg.png")        載入背景圖片
200 cursor = tkinter.PhotoImage(file="neko_cursor.     載入滑鼠游標圖片
    png")
201 img_neko = [                                       利用列表管理多張貓咪圖片
202     None,                                          將 img_neko[0] 設定為空白值
203     tkinter.PhotoImage(file="neko1.png"),
204     tkinter.PhotoImage(file="neko2.png"),
205     tkinter.PhotoImage(file="neko3.png"),
206     tkinter.PhotoImage(file="neko4.png"),
207     tkinter.PhotoImage(file="neko5.png"),
208     tkinter.PhotoImage(file="neko6.png"),
209     tkinter.PhotoImage(file="neko_niku.png")
210 ]
211
212 cvs.create_image(456, 384, image=bg)               在畫布繪製背景
213 game_main()                                        呼叫執行主要處理的函數
214 root.mainloop()                                    顯示視窗
```

執行程式後，可看到**圖 9-10-1** 的標題畫面。

玩家可從標題畫面選擇 Easy、Normal、Hard 三種難易度。第 111 ～ 116 列的程式會顯示 Easy、Normal、Hard，第 121 ～ 127 列是判斷玩家點選了哪個難度，再將對應的值代入 difficulty。difficulty 的值是貓咪的種類，Easy 代表的是 4，Normal 代表的是 5，Hard 代表的是 6。第 128 列的 if 條件式可判斷 difficulty 有沒有設定任何值，如果有設定就開始遊戲。

第 151 列增加分數的算式為「score=score+sc*difficulty*2」，難易度越高，就能在消除貓咪的時候，賺到越多分數。具體來說，當難易度為 Easy，消除 1 個貓咪可賺到 8 分（消除 3 個為 24 分），難易度為 Normal 的時候，消除 1 個為 10 分（消除 3 個可賺到 30 分），Hard 模式則是 1 個 12 分（消除 3 個可賺到 36 分）。

於第 7 列宣告初始值為 100 的 hisc 變數是用來管理最高分數的變數。第 152 ～ 153 列的程式會在 score 超過 hisc 的時候，將 score 的值代入 hisc，這樣就能在程式結束之前，都一直保有最高分數。

圖 9-10-1 完成遊戲

這次只用了標準模組的 tkinter 就開發出正統的遊戲。第 10 章將以 Pygame 開發更進階的遊戲。

COLUMN

利用 winsound 發出音效

若只用 Python 的基本模組開發遊戲，很難在遊戲過程中播放背景音樂，但如果使用 Windows 電腦，可利用 **winsound 模組**播放音效。在此介紹 winsound 的使用方法。

程式 ▶ column09.py

```
1  import winsound                    載入 winsound 模組
2  print("開始播放音效")
3  winsound.Beep(261,1000)            播放 Do 的頻率 1 秒（1000 毫秒）
4  winsound.Beep(293,1000)            播放 Re 的頻率 1 秒（1000 毫秒）
5  winsound.Beep(329,1000)            播放 Mi 的頻率 1 秒（1000 毫秒）
6  winsound.Beep(349,1000)            播放 Fa 的頻率 1 秒（1000 毫秒）
7  winsound.Beep(392,1000)            播放 Sol 的頻率 1 秒（1000 毫秒）
8  winsound.Beep(440,1000)            播放 La 的頻率 1 秒（1000 毫秒）
9  winsound.Beep(493,1000)            播放 Si 的頻率 1 秒（1000 毫秒）
10 winsound.Beep(523,1000)            播放 Do 的頻率 1 秒（1000 毫秒）
11 print("結束音效播放")
```

執行這個程式能聽到 Do、Re、Mi、Fa、Sol、La、Si、Do 的音效。winsound.Beep(frequency,duration) 可指定音效的頻率與播放毫秒數。由於 winsound 只是個陽春版的音效播放功能，所以聲音聽起來可能有點怪，但還是可以充當簡單的背景音樂。

可惜 Mac 沒有這項功能，winsound 從字面來看可知是 Windows 電腦專用的命令。第 10 ~ 12 章會利用擴充模組的 Pygame 播放音效，所以屆時 Mac 也能播放背景音樂與音效。

這裡只介紹了指定頻率，播放音效的程式，其實還可利用 winsound.PlaySound（檔案名稱 ,winsound.SND_FILENAME）命令播放 wav 檔案。

許多人以為 Python 只是用於開發企業系統、統計、研究領域的程式語言，但現在大家已經知道，Python 也能用來開發遊戲了。

讓我們學會 Python，成為遊戲創作者吧！

Pygame 是 Python 用於開發遊戲的擴充模組，此模組能以簡單的程式碼縮放或旋轉圖片，也能輸出音效，只要使用 Pygame ，就能開發出進階的遊戲。本章會告訴大家安裝與使用 Pygame 的方法。

Pygame 的使用方法

Chapter 10

Lesson 10-1

思考遊戲的規格

接著說明在 Windows 與 Mac 安裝 Pygame 的方法。安裝完成之後，會在 Lesson 10-2 至 10-7 介紹 Pygame 的各種使用方法。

››› 安裝 Pygame

使用 Mac 電腦的讀者請參閱 222 頁。

■ 在 Windows 電腦安裝 Pygame

❶ 啟動命令提示字元，再輸入「pip3 install pygame」再按 Enter 鍵。如果已熟知如何啟動命令提示字元，請依照下一頁的步驟進行。

圖 10-1-1　在命令提示字元輸入安裝命令

※ Windows 10 或舊版作業系統不一定能執行 pip3，若輸入「pip3 install pygame Enter」後出現錯誤，請參考 220 頁的方法解決。

❷ 切換到下個畫面後，會繼續安裝；pip 若版本太舊，會出現黃色提示訊息，但不會影響安裝。若出現下圖的畫面代表 Pygame 已經安裝完成，就能進入 Lesson 10-2。

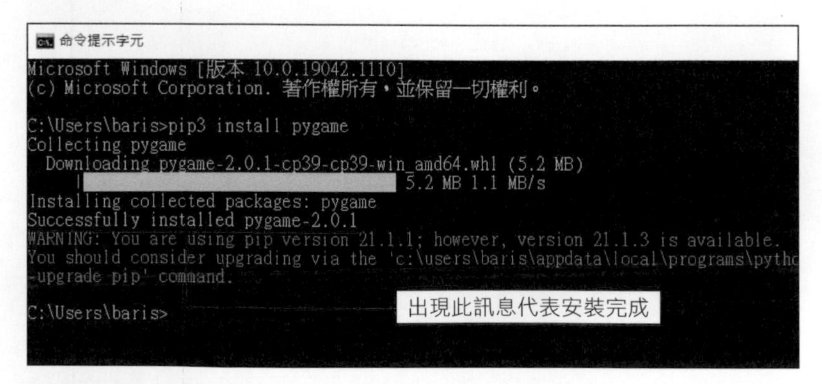

圖 10-1-2　安裝完成

POINT

啟動命令提示字元的方法

▪ **方法 1**

從「開始」選單點選「Windows 系統」的「命令提示字元」。

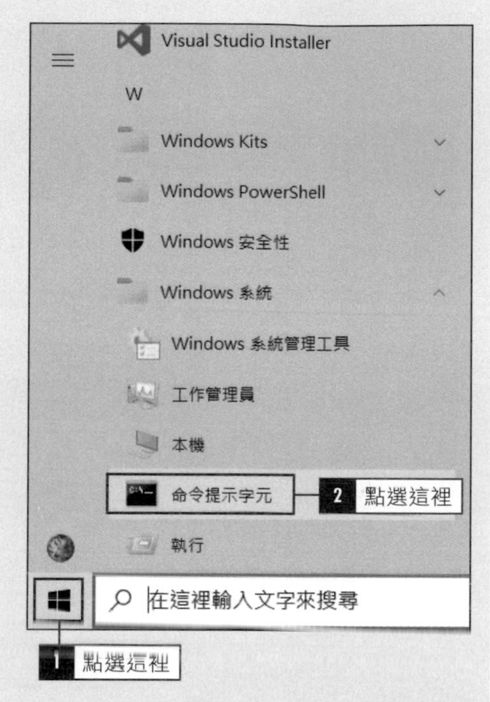

▪ **方法 2**

在 Cortana 輸入「cmd」，即可找到命令提示字元，此時可啟動命令提示字元。

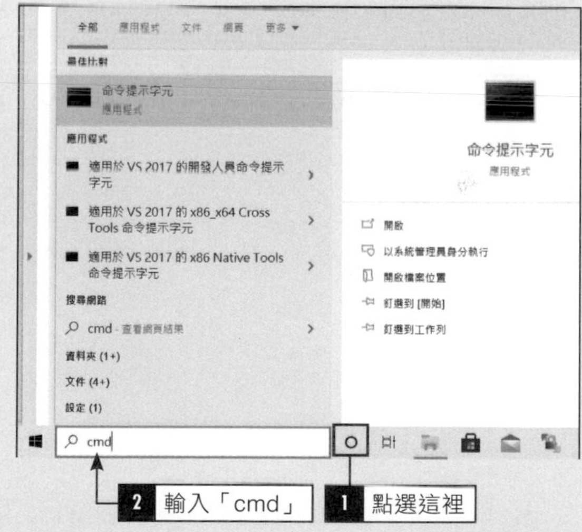

▪ **方法 3**

雙點 C 槽硬碟→ Windows → System32 資料夾的「cmd.ext」啟動命令提示字元。

POINT

假設 pip3 命令出現錯誤

若顯示下列的警告訊息，無法順利安裝時，可使用下列解決方案。

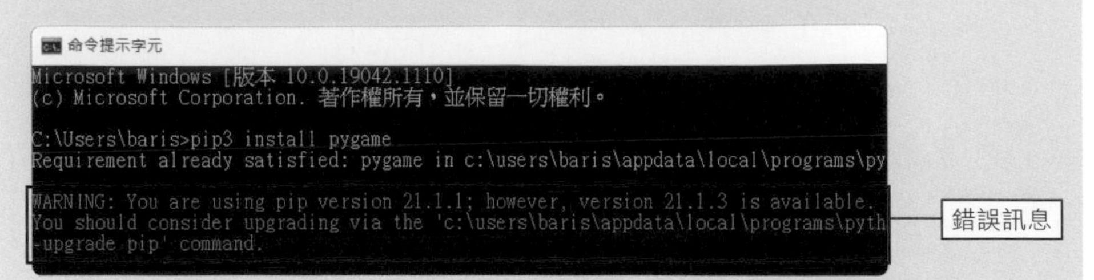

Python 的資料夾裡面有個「Scripts」的資料夾，請確定資料夾裡是否有 pip3.exe。請在 pip3.exe 按下滑鼠右鍵，確認「位置」的階層。

接著在命令提示字元利用 cd 命令移動到 pip3 的資料夾，然後輸入下列的命令與按下 Enter 鍵。

```
cd C:\Users\baris\AppData\Local\Programs\Python\
Python39\Scripts
```

確認移動到 pip3.exe 的資料夾後，輸入「pip3 install pygame」再按下 Enter 鍵。如果顯示下圖的訊息就代表成功安裝了。

■ 在 Mac 安裝

❶ 啟動終端機

圖 10-1-3
啟動終端機

❷ 輸入「pip3 install pygame」再按下 return 鍵。

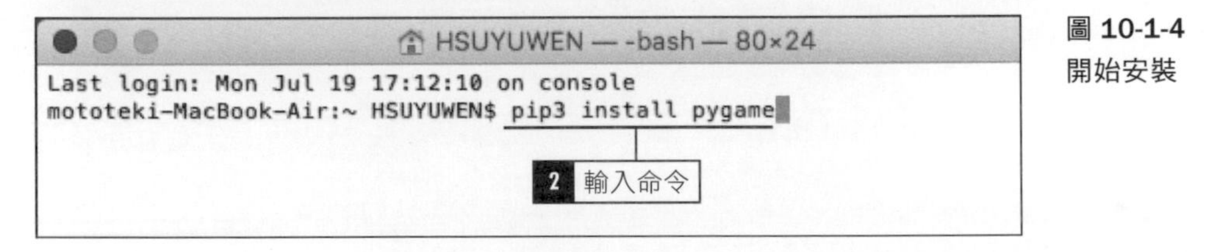

圖 10-1-4
開始安裝

❸ 進入下個畫面開始安裝。若 pip 的版本太舊，會出現黃色提示訊息，但不會影響安裝。

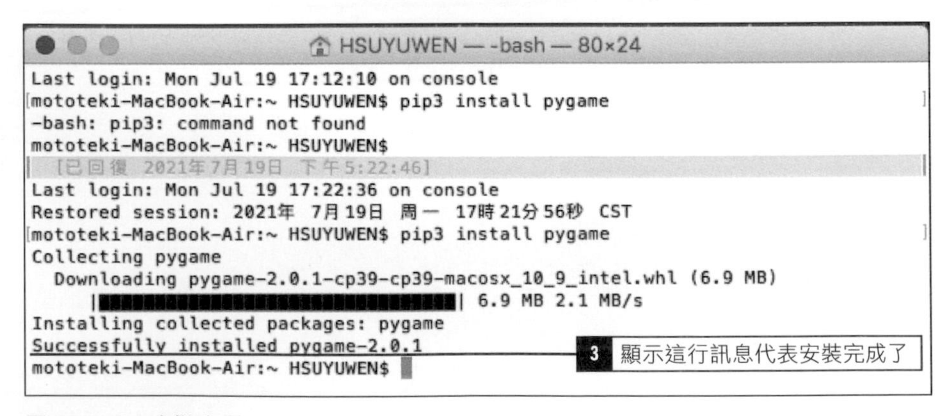

圖 10-1-5　安裝完畢

出現上圖畫面，代表 Pygame 安裝完成了。

Lesson 10-2

Pygame 的系統

Pygame 的基本使用方法。

即時處理與畫面更新

第 9 章的掉落物拼圖是以 tkinter 模組顯示視窗，並以 after() 命令執行即時處理，在 Canvas 繪製遊戲畫面。Pygame 可利用與 after()、Canvas 不同的命令執行即時處理與繪製遊戲畫面。

請輸入下列的程式，並且命名與儲存檔案，再執行程式。本章為了方便區分範例，將程式碼的名稱命名為 pygame_**.py，而不是 list**.py。

程式 ▶ **pygame_system.py**

```
1  import pygame                                  載入 pygame 模組
2  import sys                                     載入 sys 模組
3
4  WHITE = (255, 255, 255)                        顏色定義 白
5  BLACK = (  0,   0,   0)                        顏色定義 黑
6
7  def main():                                    定義執行主要處理的函數
8      pygame.init()                                初始化 pygame 模組
9      pygame.display.set_caption("第一個          指定視窗標題
   Pygame")
10     screen = pygame.display.set_                 初始化繪製畫面（Screen）
   mode((800, 600))
11     clock = pygame.time.Clock()                  建立 clock 物件
12     font = pygame.font.Font(None, 80)            建立字型物件
13     tmr = 0                                      宣告管理時間的變數 tmr
14
15     while True:                                  無限迴圈
16         tmr = tmr + 1                              讓 tmr 的值遞增 1
17         for event in pygame.event.get():           以迴圈處理 pygame 的事件
18             if event.type == pygame.QUIT:            點選視窗的「×」鍵之後
19                 pygame.quit()                          解除初始化 pygame 模組
20                 sys.exit()                             結束程式
21
22         txt = font.render(str(tmr), True,          於 Surface 繪製字串
   WHITE)
23         screen.fill(BLACK)                         以指定的顏色清除繪製畫面
24         screen.blit(txt, [300, 200])               將繪有字串的 Surface 傳遞給繪製
                                                      畫面
```

```
25          pygame.display.update()          更新畫面
26          clock.tick(10)                   指定影格速率
27
28  if __name__ == '__main__':             直接執行這個程式的時候
29      main()                               呼叫 main() 函數
```

執行程式後，會顯示下列的數字。

圖 10-2-1　執行 pygame_system.py 的結果

這是利用 Pygame 開發遊戲的基本程式，下列為程式各個部分的意義。

❶ 初始化 Pygame

使用 Pygame 前，先同第一列的程式載入 pygame 模組，再如第 8 列的程式以 pygame.init() 初始化 pygame 模組。

❷ 指定 Pygame 的顏色

Pygame 的顏色是以 10 進位的 RGB 值指定。這次的程式是在第 4 ～ 5 列定義顏色，常用的顏色可直接以英文單字定義。

❸ 準備顯示視窗

Pygame 的繪製畫面稱為 **Surface**。第 10 列的「screen=pygame.display.set_mode((寬 , 高))」可初始化視窗，程式裡的 screen 即為繪製字串或圖片的 Surface。視窗標題可透過第 9 列的「pygame.display.set_caption()」繪製。

❹ 影格速率

1 秒執行幾次處理的速度稱為影格速率。要在 Pygame 指定影格速率時，必須如第 11 列建立 colck 物件，再仿照第 26 列在主迴圈撰寫 tick() 命令，然後利用該命令的參數指定影格速率。本次的程式指定為 10，所以 1 秒大概會執行 10 次，至於要以多快的頻率執行處理，端看遊戲內容與電腦的規格。

❺ 主要迴圈

第 7 列宣告了 main() 函數，而函數裡的第 15 ～ 26 列程式是執行即時處理的部分。使用 Pygame 的時候，會在 while True 的無限迴圈撰寫主要處理以及第 25 列更新畫面的命令「pygame.display.update()」，還有於 ❹ 說明的 clock.tick()。因此，此程式會在 1 秒之內繪製 10 次畫面。

❻ 繪製字串

以 Pygame 顯示文字時，會依照指定字型、文字大小→在 Surface 繪製字串→將 Surface 貼入視窗的步驟進行。執行處理的程式碼分別為第 12 列、第 22 列與第 24 列。在此要針對這 3 列程式碼說明。

表 10-2-1　與顯示文字有關的處理

行號	對應內容	處理的意義
第12列	font = pygame.font.Font(None,80)	pygame 與 tkinter 兩者指定字型的方法不同。
第22列	txt = font.render(str(tmr),True,WHITE)	利用 render() 命令指定字串與文字顏色。將第 2 個參數設定為 True，可讓文字的邊緣變得平滑。
第24列	screen.blit(txt,[300,200])	利用 blit() 命令貼入畫面。

Pygame 不太適合顯示中文，範例程式指定的字型也無法顯示中文（本章的專欄將說明顯示中文的方法）。

把用於繪製文字的 Surface 想像成玻璃紙或透明便條紙或許會比較容易理解：Pygame 不會直接將文字貼在畫面裡，而是先寫在玻璃紙或透明便條紙上，再將紙貼在畫面裡來顯示字串。

❼ 結束 Pygame 程式的方法

請確認第 17 ～ 20 列的程式。在 Pygame 觸發的事件會像這段程式的 for 迴圈進行處理。由於按下視窗的「×」鍵也是事件之一，所以利用「if event.type == pygame.QUIT」判斷這個事件是否觸發。要結束程式可執行第 19 列與第 20 列的 pygame.quit() 與 sys.ext()，所以在第 2 列載入 sys 模組，就是為了使用 sys.exit()。

關於 if __name__ == '__main__':

第 28 列的「if __name__ == '__main__':」是指**在直接執行此程式時執行的內容**。Python 的程式會在執行時建立 __name__ 變數，再將模組名稱代入這個變數，也就是在執行程式時將 __main__ 代入 __name__。不管是在 IDLE 執行程式或直接雙點程式檔執行，這條件式都會成立，也會呼叫第 29 列的 main() 函數。

以 Python 撰寫的程式可以載入（import）其他 Python 程式，此時只需要先撰寫這個 if 條件式，載入的程式就不會自行啟動。換言之，這段 if 條件式可避免在載入程式時立刻執行處理。

或許有不少讀者會覺得「if __name__ == '__main__':」很難懂，但現在不懂也沒關係。

Lesson 10-3

繪製圖片

接著說明以 Pygmae 繪製圖片的方法。

載入與繪製圖片

這次會用到下列的圖片，請先從本書的支援網站下載圖片，再將圖片放在程式碼的資料夾裡。

pg_bg.png

pg_chara0.png

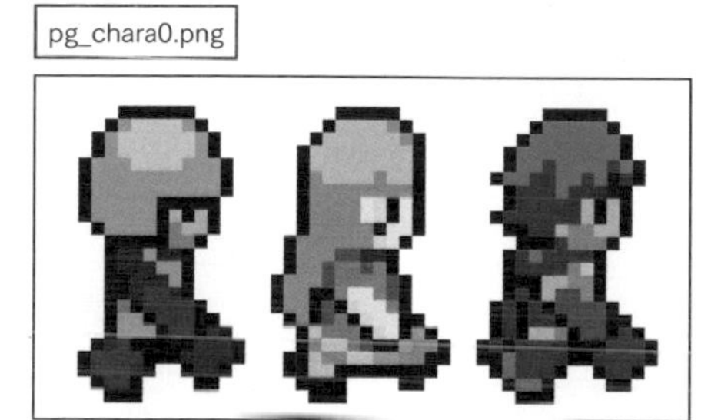

pg_chara1.png

請輸入下列的程式，並且命名與儲存檔案，再執行程式。

程式 ▶ **pygame_image.py** ※ 載入與繪製圖片，以及切換成全螢幕的處理均以套用粗體樣式。

```
1  import pygame                                   載入 pygame 模組
2  import sys                                      載入 sys 模組
3
4  def main():                                     定義執行主要處理的函數
5      pygame.init()                                 初始化 pygame 模組
6      pygame.display.set_caption("第一次以             指定視窗標題
   Pygame 顯示圖片")
7      screen = pygame.display.set_                  初始化繪製畫面（Screen）
   mode((640, 360))
```

8	`    clock = pygame.time.Clock()`	建立 clock 物件
9	`    img_bg = pygame.image.load("pg_bg.png")`	載入背景圖片
10	`    img_chara = [`	載入人物圖片
11	`        pygame.image.load("pg_chara0.png"),`	
12	`        pygame.image.load("pg_chara1.png")`	
13	`    ]`	
14	`    tmr = 0`	宣告管理時間的變數 tmr
15		
16	`    while True:`	無限迴圈
17	`        tmr = tmr + 1`	讓 tmr 的值遞增 1
18	`        for event in pygame.event.get():`	以迴圈處理 pygame 的事件
19	`            if event.type == pygame.QUIT:`	點選視窗的「×」鍵之後
20	`                pygame.quit()`	解除初始化 pygame 模組
21	`                sys.exit()`	結束程式
22	`            if event.type == pygame.KEYDOWN:`	按下按鍵的事件觸發時
23	`                if event.key == pygame.K_F1:`	如果按下的是 F1 鍵
24	`                    screen = pygame.display.set_mode((640, 360), pygame.FULLSCREEN)`	切換成全螢幕模式
25	`                if event.key == pygame.K_F2 or event.key == pygame.K_ESCAPE:`	如果按下的是 F2 鍵或 Esc 鍵
26	`                    screen = pygame.display.set_mode((640, 360))`	切換成一般顯示模式
27		
28	`        x = tmr%160`	根據 tmr 計算捲動背景的值
29	`        for i in range(5):`	以迴圈水平繪製 5 張
30	`            screen.blit(img_bg, [i*160-x, 0])`	繪製背景圖片
31	`        screen.blit(img_chara[tmr%2], [224, 160])`	讓人物動起來
32	`        pygame.display.update()`	更新畫面
33	`        clock.tick(5)`	指定影格速率
34		
35	`if __name__ == '__main__':`	直接執行這個程式的時候
36	`    main()`	呼叫 main() 函數

執行這個程式後，會顯示勇者一行人走路的動畫。按下 F1 鍵可切換成全螢幕模式，按下 F2 鍵或 Esc 鍵可切換回一般的螢幕模式。

圖 10-3-1　執行 pygame_image.py 的結果

第 9 列的 pygame.image.load() 指定了要載入圖檔的檔案名稱。這次要利用兩張圖片讓人物動起來，所以利用第 10 ～ 13 列的列表定義了圖檔的檔案名稱。要在畫面繪製圖片時，可利用下列的語法。

繪製圖片

```
screen.blit（載入圖片的變數 ,[x 座標 ,y 座標 ]）
```

請注意 Pygame 的座標與 tkinter 不同，會以圖片的左上角為原點。這個程式的畫面編排如下。

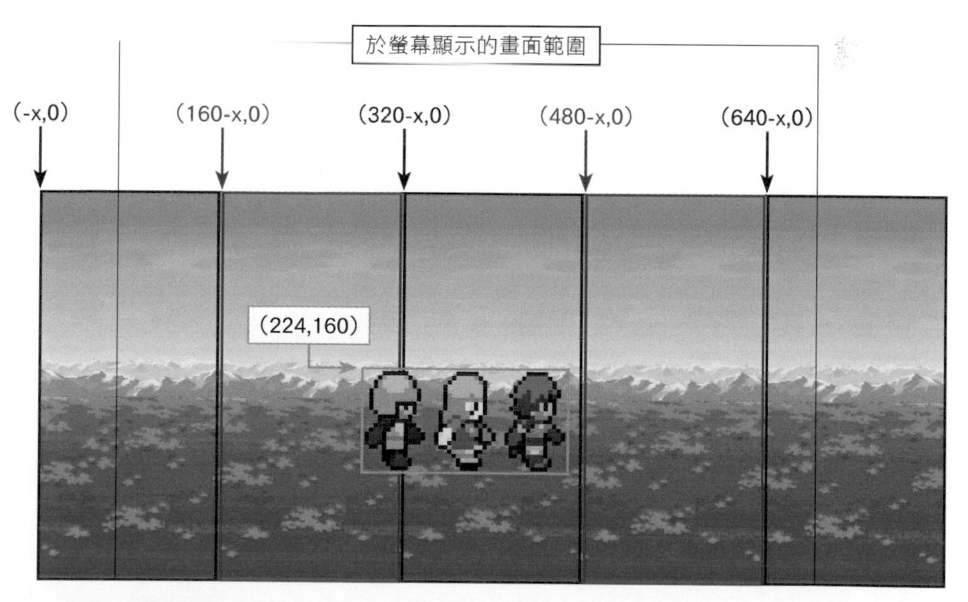

圖 10-3-2　畫面編排

以下說明捲動背景與人物動畫的部分。背景是以連續水平繪製 5 次的方式繪製。第 28 列的「x=tmr%160」是該於何處繪製背景的算式。**% 是計算餘數的運算子**，例如 8%3（以 3 除以 8 的餘數）會得到 2、10%5（以 5 除以 10 的餘數）會得到 0。

第 17 列的程式會讓 tmr 的值不斷遞增 1，所以 tmr%160 的值會不斷從 0 變化至 159，x 的值則會以「0 → 1 → 2 →…→ 158 → 159 → 0 → 1 → 2 →…」的順序變化（遞增至 159 之後會回歸為 0）。這次的程式以 x 值讓背景 1 點 1 點位移，藉此捲動背景。

人物圖片是以第 31 列的 img_chara[tmr%2] 繪製。tmr%2 的值會不斷於 0 與 1 之間跳動，藉此交互指定人物動畫的兩張圖片。

››› 關於全螢幕顯示

第 22 ～ 26 列是以 F1 鍵、F2 鍵、Esc 鍵切換全螢幕與一般畫面的處理。要切換成全螢幕可如下將 pygame.display.set_mode() 的參數設定為 pygame.FULLSCREEN。

表 10-3-1　切換畫面大小

畫面大小	pygame_image.py 的語法
全螢幕	screen = pygame.display.set_mode((寬,高),pygame.FULLSCREEEN)
一般畫面大小	screen = pygame.display.set_mode((寬,高))

Pygame 可透過上述簡單的語法切換成全螢幕。

››› 縮放與旋轉圖片

這次的程式雖然沒讓圖片縮放與旋轉，但 pygame 可利用下列的命令進行上述處理。

表 10-3-2　縮放與旋轉圖片

圖片的效果	語法
縮放	img_s=pygame.transform.scale(img,[寬,高])
旋轉	img_r=pygame.transform.rotate(img,[旋轉角度])
旋轉+縮放	img_rz=pygame.transform.scale(img,[旋轉角度,大小比例])

img 是儲存原始圖片的變數，img_s 是縮放之後的圖片，img_r 是旋轉後的圖片，img_rz 是旋轉與縮放的圖片。這些變數可自訂名稱，命令可產生縮放或旋轉之後的圖片，而這些圖片可利用 blit() 命令繪製。

例

```
screen.blit(img_s, [x, y])
```

旋轉角度是以度數（degree）指定。大小的比例以 1.0 為等倍，若希望寬與高放大 2 倍，就設定為 2.0。

scale() 與 rotate() 是以繪圖速度為優先的命令，所以縮放或旋轉之後的圖片有可能會出現鋸齒邊，此時可使用 rotozoom() 繪製平滑的圖片。

為了方便練習，本書準備了「pygame_image2.py」說明上述命令的程式，請從本書的支援網站下載。

Pygame 可載入與顯示 bmp、png、jpeg、gif 等圖檔格式的圖片。

Lesson

10-4 繪製圖形

接著說明以 Pygame 繪製各種圖形的方法。

››› 繪製圖形的命令

請輸入下列的程式，並且命名與儲存檔案，再執行程式。

程式 ▶ **pygame_draw.py**

```
1  import pygame                                  載入 pygame 模組
2  import sys                                     載入 sys 模組
3  import math                                    載入 math 模組
4
5  WHITE = (255, 255, 255)                        定義顏色 白
6  BLACK = (  0,   0,   0)                        定義顏色 黑
7  RED   = (255,   0,   0)                        定義顏色 紅
8  GREEN = (  0, 255,   0)                        定義顏色 綠
9  BLUE  = (  0,   0, 255)                        定義顏色 藍
10 GOLD  = (255, 216,   0)                        定義顏色 金
11 SILVER= (192, 192, 192)                        定義顏色 銀
12 COPPER= (192, 112,  48)                        定義顏色 銅
13
14 def main():                                    定義主要處理的函數
15     pygame.init()                                初始化 pygame 模組
16     pygame.display.set_caption("首次繪製           指定視窗標題
   的 Pygame 圖形")
17     screen = pygame.display.set_                 初始化繪製畫面（screen）
   mode((800, 600))
18     clock = pygame.time.Clock()                  建立 clock 物件
19     tmr = 0                                      宣告管理時間的變數 tmr
20
21     while True:                                  無限迴圈
22         tmr = tmr + 1                              讓 tmr 的值遞增 1
23         for event in pygame.event.get():           利用迴圈處理 pygame 的事件
24             if event.type == pygame.QUIT:            玩家點選視窗的「×」鍵時
25                 pygame.quit()                          停止初始化 pygame 模組
26                 sys.exit()                             結束程式
27
28         screen.fill(BLACK)                         以指定顏色清除繪製畫面
29
30         pygame.draw.line(screen, RED,              繪製線條
   [0,0], [100,200], 10)
31         pygame.draw.lines(screen, BLUE,            繪製線條
   False, [[50,300], [150,400], [50,500]])
```

32		
33	pygame.draw.rect(screen, RED, [200,50,120,80])	繪製矩形
34	pygame.draw.rect(screen, GREEN, [200,200,60,180], 5)	繪製矩形
35	pygame.draw.polygon(screen, BLUE, [[250,400], [200,500], [300,500]], 10)	繪製多邊形
36		
37	pygame.draw.circle(screen, GOLD, [400,100], 60)	繪製圓形
38	pygame.draw.ellipse(screen, SILVER, [400-80,300-40,160,80])	繪製橢圓形
39	pygame.draw.ellipse(screen, COPPER, [400-40,500-80,80,160], 20)	繪製橢圓形
40		
41	ang = math.pi*tmr/36	計算圓弧的角度
42	pygame.draw.arc(screen, BLUE, [600-100,300-200,200,400], 0, math.pi*2)	繪製圓弧
43	pygame.draw.arc(screen, WHITE, [600-100,300-200,200,400], ang, ang+math.pi/2, 8)	繪製圓弧
44		
45	pygame.display.update()	更新畫面
46	clock.tick(10)	指定影格速率
47		
48	if __name__ == '__main__':	在直接執行這個程式之際
49	main()	呼叫 main() 函數

執行這個程式後，會顯示下列的圖片。

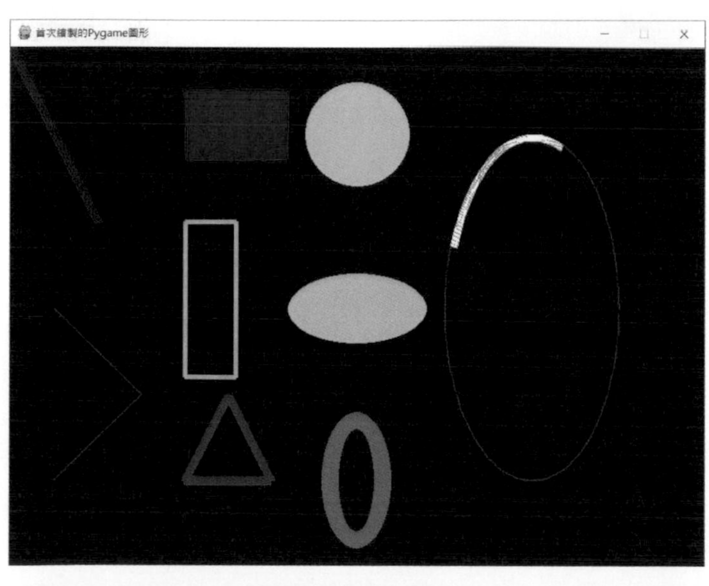

圖 10-4-1　pygame_draw.py 的執行結果

以下接著說明繪製圖形的命令。

表 10-4-1　圖形的繪製命令

圖形	pygame 的圖形繪製命令
線	pygame.draw.line(Surface,color,start_pos,end_pos,width=1)
線（連線指定座標）	pygame.draw.line(Surface,color,closed,pointlist,width=1)
矩形（四邊形）	pygame.draw.rect(Surface,color,Rect,width=0)
多邊形	pygame.drawpolygon(Surface,color,pointlist,width=0)
圓形	pygame.draw.circle(Surface,color,pos,radius,width=0)
橢圓形	pygame.draw.ellipse(Surface,color,Rect,width=0)
圓弧	pygame.draw.arc(Surface,color,Rect,start_angle,stop_angle,width=1)

※ 參數的指定是從 Pygame 官方網站（https://pygame.org/docs/）節錄

pygame 圖形繪製命令的重點如下。

- **Surface：繪製畫面。**
- **color：以 10 進位的 RGB 值指定。**
- **Rect：矩形，指定的內容是左上角的座標以及圖形的大小，即 [x,y, 寬 , 高]。**
- **pointlist：可利用 [[x0,y0], [x1,y1], [x2,y2],…] 這類語法指定多個座標。**
- **width：框線的粗細；width=0 代表不另行指定，就會是填滿顏色的圖形。**
- **圓弧的 start_angle（起始角度）與 stop_angle（結束角度）是以弧度指定。**
- **假設想以 line 連接最初與最後的點，要將 closed 設定為 True。**

››› 關於弧度

Pygame 的圓弧角度是以「弧度」這個單位指定。若將我們日常生活常見的「度數」轉換成弧度，可得到下列的值。

表 10-4-2　弧度

角度	弧度	Python（Pygame）的語法
0度	0	0
90度	π÷2	math.pi/2
180度	π	math.pi
270度	π×1.5	math.pi*1.5
360度	π×2	math.pi*2

math.pi 是數學的 π 值（3.141592653589793）。這個程式會用到 math.pi，所以載入了 math 模組。

MEMO

這個程式是以列表 [] 指定圖形的座標，但其實也能以元組 () 指定，所謂的元組就是無法變更值的列表（→ P.88）。本書為了保留座標的可變性而以列表指定座標，反觀 BLACK=(0,0,0) 這類有關顏色的定義不會改變，所以利用元組定義顏色。

Pygame 與標準模組 tkinter 兩者的圖形繪製命令是不同的命令，大家千萬不要搞混囉！

Lesson

10-5 接收按鍵輸入

這一節以 Pygame 接收按鍵輸入的方法。

⟫⟫⟫ 關於同時輸入按鍵

若要開發以方向鍵移動人物與以空白鍵讓人物跳起來的遊戲，就必須撰寫能同時接收多個按鍵輸入，及判斷方向鍵與空白鍵的程式。Pygame 能以簡單的命令判斷同時輸入的按鍵。請輸入下列的程式，並且命名與儲存檔案，再執行程式。

程式 ▶ **pygame_key.py**

	程式	說明
1	`import pygame`	載入 pygame 模組
2	`import sys`	載入 sys 模組
3		
4	`WHITE = (255, 255, 255)`	定義顏色　白
5	`BLACK = (  0,   0,   0)`	定義顏色　黑
6	`RED   = (255,   0,   0)`	定義顏色　紅
7	`GREEN = (  0, 255,   0)`	定義顏色　綠
8	`BLUE  = (  0,   0, 255)`	定義顏色　藍
9		
10	`def main():`	定義執行主要處理的函數
11	`    pygame.init()`	初始化 pygame 模組
12	`    pygame.display.set_caption("第一個Pygame 接收按鍵輸入的程式")`	指定視窗標題
13	`    screen = pygame.display.set_mode((800, 600))`	初始化繪製畫面（screen）
14	`    clock = pygame.time.Clock()`	建立 clock 物件
15	`    font = pygame.font.Font(None, 60)`	建立字型物件
16		
17	`    while True:`	無限迴圈
18	`        for event in pygame.event.get():`	以迴圈處理 pygame 的事件
19	`            if event.type == pygame.QUIT:`	玩家點選視窗的「×」鍵之後
20	`                pygame.quit()`	停止初始化 pygame 模組
21	`                sys.exit()`	結束程式
22		
23	`        key = pygame.key.get_pressed()`	將所有按鍵的狀態代入列表 key
24	`        txt1 = font.render("UP"+str(key[pygame.K_UP])+" DOWN"+str(key[pygame.K_DOWN]), True, WHITE, GREEN)`	繪製上下方向鍵的列表值的 Surface
25	`        txt2 = font.render("LEFT"+str(key[pygame.K_LEFT])+" RIGHT"+str(key[pygame.K_RIGHT]), True, WHITE, BLUE)`	繪製左右方向鍵的列表值的 Surface

26	`txt3 = font.render("SPACE"+str(key[pygame.K_SPACE])+" ENTER"+str(key[pygame.K_RETURN]), True, WHITE, RED)`	繪製空白鍵與 Enter 鍵的列表值的 Surface
27		
28	`screen.fill(BLACK)`	以指定的顏色清除整個畫面
29	`screen.blit(txt1, [100, 100])`	將繪有字串的 Surface 傳遞給 Screen
30	`screen.blit(txt2, [100, 200])`	〃
31	`screen.blit(txt3, [100, 300])`	〃
32	`pygame.display.update()`	更新畫面
33	`clock.tick(10)`	指定影格速率
34		
35	`if __name__ == '__main__':`	在直接執行這個程式之際
36	`main()`	呼叫 main() 函數

執行程式後，按下方向鍵、空白鍵、Enter 鍵時會顯示 1，也能同時判斷 2 個以上的按鍵，但不一定所有的組合都能判斷。

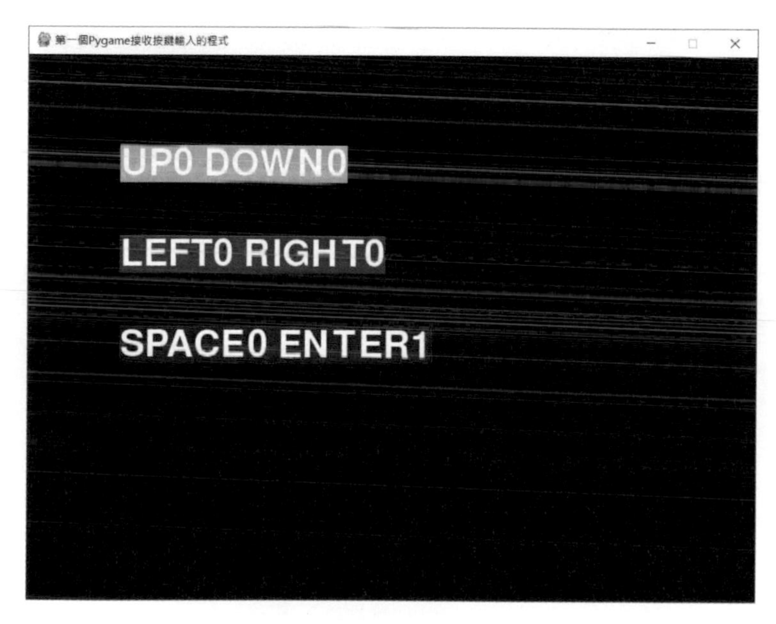

圖 10-5-1　pygame_key.py 的執行結果

Pygame 可利用 23 列的「key = pygame.key.get_pressed()」敘述取得所有按鍵的狀態。當玩家按下按鍵，key[pygame. 鍵盤常數] 的值就會變成 1。

主要的鍵盤常數如下。

表 10-5-1　主要的鍵盤常數

按鍵	常數
方向鍵	K_UP、K_DOWN、K_LEFT、K_RIGHT
空白鍵	K_SPACE
Enter／return鍵	K_RETURN
Escape鍵	K_ESCAPE
英文字母按鍵 A～Z	K_a～K_z
數字鍵 0～9	K_0～K_9
Shift鍵	K_RSHIFT、K_LSHIFT
功能鍵	K_*　*為數字

Lesson 10-3 切換成全螢幕模式的程式也於 Pygame 的事件判斷了功能鍵。Pygame 除了可透過事件處理判斷按鍵輸入，也可利用本節說明的 pygame.key.get_pressed() 命令判斷。

Lesson 10-6 接收滑鼠輸入

接著說明以 Pygame 接收滑鼠輸入的方法。

››› 接收滑鼠輸入的程式

請輸入下列的程式，並且命名與儲存檔案，再執行程式。

程式 ▶ **pygame_mouse.py**

```
1   import pygame                                       載入 pygame 模組
2   import sys                                          載入 sys 模組
3
4   BLACK = (  0,   0,   0)                             定義顏色　白
5   LBLUE = (  0, 192, 255)                             定義顏色　亮藍色
6   PINK  = (255,   0, 224)                             定義顏色　粉紅
7
8   def main():                                         定義執行主要處理的函數
9       pygame.init()                                     初始化 pygame 模組
10      pygame.display.set_caption("第一個                指定視窗標題
    Pygame 接收滑鼠輸入的程式")
11      screen = pygame.display.set_                      初始化繪製畫面（screen）
    mode((800, 600))
12      clock = pygame.time.Clock()                       建立 clock 物件
13      font = pygame.font.Font(None, 60)                 建立字型物件
14
15      while True:                                       無限迴圈
16          for event in pygame.event.get():                以迴圈處理 pygame 的事件
17              if event.type == pygame.QUIT:                 當玩家按下視窗的「×」鍵
18                  pygame.quit()                               停止初始化 pygame 模組
19                  sys.exit()                                  結束程式
20
21          mouseX, mouseY = pygame.mouse.                  將滑鼠游標代入變數
    get_pos()
22          txt1 = font.render("{},{}".                     繪製滑鼠座標值的 Surface
    format(mouseX, mouseY), True, LBLUE)
23
24          mBtn1, mBtn2, mBtn3 = pygame.                   將滑鼠按鍵的狀態代入變數
    mouse.get_pressed()
25          txt2 = font.render("{}:{}:{}".                  繪製滑鼠按鍵狀態的 Surface
    format(mBtn1, mBtn2, mBtn3), True, PINK)
26
27          screen.fill(BLACK)                              以指定顏色清理整個畫面
```

```
28          screen.blit(txt1, [100, 100])        將繪有字串的 Surface 傳遞給繪製畫面
29          screen.blit(txt2, [100, 200])        〃
30          pygame.display.update()              更新畫面
31          clock.tick(10)                       指定影格速率
32
33  if __name__ == '__main__':                 於直接執行這個程式之際
34      main()                                   呼叫的 main() 函數
```

執行程式後，會顯示滑鼠游標的座標值，也會在按下滑鼠按鍵時顯示 True。滑鼠按鍵可判斷左、中、右三個按鍵。請大家試著動動滑鼠，按按滑鼠的按鍵，看看畫面裡的值有沒有改變。

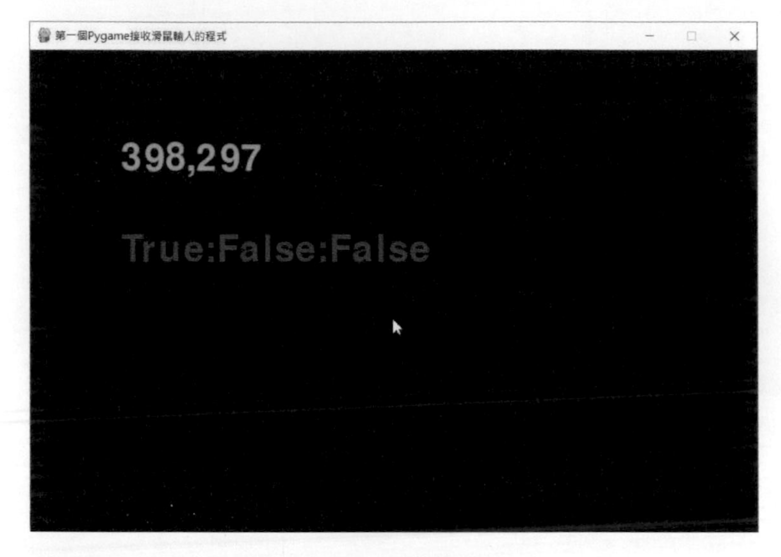

圖 10-6-1　執行 pygame_mouse.py 的結果

第 21 列的「mouseX,mouseY = pygame.mouse.get_pos()」會將滑鼠游標的 XY 座標分別代入對應的變數。第 24 列的「mBtn1,mBtn2,mBtn3 = pygame.mouse.get_pressed()」可將三個按鍵的狀態（按下為 True，放開為 False）代入不同的變數（變數皆可自訂名稱）。

第 11 章的角色扮演遊戲是以方向鍵操作主角，不需要接收滑鼠輸入。如果未來有機會開發以滑鼠操作的軟體，可參考上述的程式喔！

Lesson 10-7

輸出音效

接著說明以 Pygame 輸出音效的方法。

輸出 BGM 與 SE

Pygame 內建輸出 BGM 與 SE（音效）的命令，可利用這些命令輸出聲音。本節會使用 pygame_bgm.ogg 與 pygame_se.ogg 音效檔，請先從本書的支援網站下載，再與程式放在同一個資料夾。

若電腦未與擴音機等音訊裝置連線，一執行載入音效檔的命令就會出現錯誤。錯誤可利用 **try** 命令當成**例外處理**，在執行程式之後，會說明例外處理的部分。

請輸入下列的程式，並且命名與儲存檔案，再執行程式。

程式 ▶ pygame_music.py

```
1  import pygame                                        載入 pygame 模組
2  import sys                                           載入 sys 模組
3
4  WHITE = (255, 255, 255)                              定義顏色 白
5  BLACK = (  0,   0,   0)                             定義顏色 黑
6  CYAN  = (  0, 255, 255)                              定義顏色 水藍色
7
8  def main():                                          定義執行主要處理的函數
9      pygame.init()                                      初始化 pygame 模組
10     pygame.display.set_caption("第一個利                指定視窗標題
   用 Pygame 輸出音效的程式")
11     screen = pygame.display.set_                       初始化繪製畫面（screen）
   mode((800, 600))
12     clock = pygame.time.Clock()                        建立 clock 物件
13     font = pygame.font.Font(None, 40)                  建立字型物件
14
15     try:                                               植入例外處理
16         pygame.mixer.music.load("pygame_                 載入 BGM
   bgm.ogg")
17         se = pygame.mixer.Sound("pygame_                 載入 SE
   se.ogg")
18     except:                                            無法順利載入時
19         print("找不到 ogg 檔案或是未與音                  輸出這段訊息
   訊裝置連接")
```

```
20
21     while True:                                          無限迴圈
22         for event in pygame.event.get():                   以迴圈處理 pygame 的事件
23             if event.type == pygame.QUIT:                    當玩家按下視窗的「×」鍵
24                 pygame.quit()                                  停止初始化 pygame 模組
25                 sys.exit()                                     結束程式
26
27         key = pygame.key.get_pressed()                     將所有按鍵的狀態代入列表 key
28         if key[pygame.K_p] == 1:                           按下 P 鍵時
29             if pygame.mixer.music.get_                       若 BGM 停止播放
   busy() == False:
30                 pygame.mixer.music.play(-                      就播放 BGM
   1)
31         if key[pygame.K_s] == 1:                           按下 S 鍵時
32             if pygame.mixer.music.get_                       若 BGM 正在播放
   busy() == True:
33                 pygame.mixer.music.stop()                      就停止播放 BGM
34         if key[pygame.K_SPACE] == 1:                       按下空白鍵
35             se.play()                                        就播放 SE
36
37         pos = pygame.mixer.music.get_                      將 BGM 的播放時間代入變數
   pos()
38         txt1 = font.render("BGM pos"+str                   繪製播放時間的 Surface
   (pos), True, WHITE)
39         txt2 = font.render("[P]lay bgm :                   繪製操作方式的 Surface
   [S]top bgm : [SPACE] se", True, CYAN)
40         screen.fill(BLACK)                                 以指定顏色清理整個畫面
41         screen.blit(txt1, [100, 100])                      將繪有字串的 Surface 傳遞給繪製畫面
42         screen.blit(txt2, [100, 200])                      〃
43         pygame.display.update()                            更新畫面
44         clock.tick(10)                                     指定影格速率
45
46 if __name__ == '__main__':                               於直接執行這個程式之際
47     main()                                                 呼叫的 main() 函數
```

執行程式後，按下 P 鍵可播放 BGM，按下 S 鍵就會停止播放。畫面會顯示 BGM 的播放時間；按下空白鍵可播放 SE。

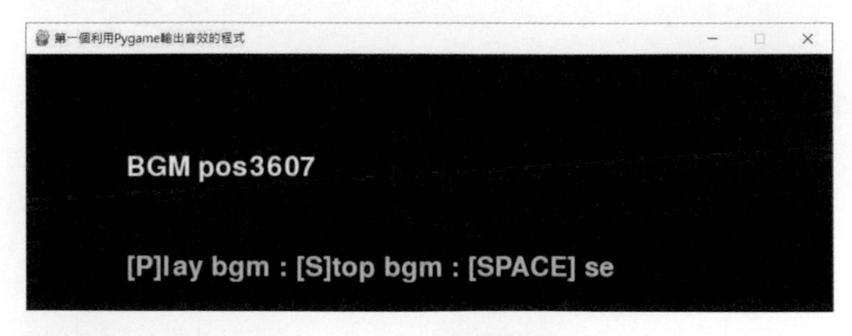

圖 10-7-1　執行 pygame_music.py 的結果

Pygame 雖然只能載入 mp3 與 ogg 格式的音效檔，但有時無法循環播放 mp3 格式的音效檔，有時還會導致軟體當機。若遇到這種情況，就改用 **ogg 格式的音效檔**。

操作 BGM 的命令如下。

表 10-7-1　Pygame 的 BGM 命令

命令	語法	補充事項
載入檔案	pygame.mixer.music.load（檔案名稱）	
播放	pygame.mixer.music.play（參數）	假設參數為 -1 就循環播放，若為 0，就只播放一次。假設設定為 5，就播放 6 次
停止播放	pygame.mixer.music.stop()	
取得播放時間	pygame.mixer.music.get_pos()	值為毫秒
取得播放狀態	pygame.mixer.music.get_busy()	若正在播放將傳回 True，否則傳回 False

SE 可透過第 17 列的語法載入。

載入 SE

```
變數 = pygame.mixer.Sound（檔案名稱）
```

播放命令可寫成第 35 列的內容。

播放 SE

```
變數 .play()
```

關於例外處理

第 15 列的程式有 **try** 的命令，第 18 列的程式則有 **except** 的命令。這兩個命令會在偵測到程式錯誤時，執行解決方案。

程式的執行錯誤稱為例外，如這次的程式準備載入音效檔時，卻無法在程式的資料夾找到該音效檔，或是電腦未與音訊裝置連線時出現錯誤，所以這個程式必須以 try 與 except 撰寫載入音效檔的處理。try 與 except 的語法如下。

語法：try、except

```
try:
    有可能發生例外時的處理
except:
    發生例外時的處理
```

若只使用 except，就會偵測所有可能發生的例外。假設開發的是商用軟體，通常會以「except 例外名稱：」的語法撰寫各種例外的解決方案，但在剛開始學習 Python 時，不需要這麼嚴謹。

只要知道可利用 try 與 except 偵測程式的執行錯誤，及執行解決方案就夠了。

Python 的例外處理命令還有 finally，不管是否發生例外，finally 區塊的處理都會執行。

COLUMN

如何在 Pygame 顯示中文

Pygame 不擅長顯示中文，若要顯示中文可使用「print(pygame.font.get_fonts())」取得電腦的中文字型，再指定要使用的中文字型，但不一定每台電腦都有該字型。

所以本專欄要告訴大家怎麼利用 IPA 字型顯示中文。只要遵守「IPA 字型使用規範」，誰都能使用 IPA 字型。

請先下載與解壓縮 IPA 字型，然後將字型檔放在程式碼的資料夾。字型檔的副檔名應為 ttf，接著在建立字型物件的程式碼指定這個字型檔。下方程式第 12 列的「資料夾名稱 / 檔案名稱」的粗體字部分是載入該字型的程式。舉例來說，ipam.ttf 檔案位於 ipam00303 資料夾的話，可將程式寫成下列內容。

程式 ▶ pygame_japanese.py

```
1  import pygame
2  import sys
3
4  WHITE = (255, 255, 255)
5  BLACK = (  0,   0,   0)
6
7  def main():
8      pygame.init()
```

```
9       pygame.display.set_caption("在 Pygame 顯示中文")
10      screen = pygame.display.set_mode((800, 600))
11      clock = pygame.time.Clock()
12      font = pygame.font.Font("ipam00303/ipam.ttf", 80)
13      tmr = 0
14
15      while True:
16          tmr = tmr + 1
17          for event in pygame.event.get():
18              if event.type == pygame.QUIT:
19                  pygame.quit()
20                  sys.exit()
21
22          txt = font.render("顯示中文"+str(tmr), True, WHITE)
23          screen.fill(BLACK)
24          screen.blit(txt, [100, 200])
25          pygame.display.update()
26          clock.tick(10)
27
28  if __name__ == '__main__':
29      main()
```

執行程式後就能顯示中文，如下圖。

圖 10-A　pygame_japanese.py 的執行結果

網路上也有許多可免費使用的中文字型，也可利用這次介紹的方法顯示中文（字型檔案的副檔名有 ttf、ttc、otf）。要使用或散佈從網路下載的字型之前，務必確認提供該字型的網站其使用說明及規範。

只要使用 Pygame 就能寫出同時輸入按鍵、輸出 BGM 與 SE 這類正統遊戲所不可或缺的處理呢。

對啊，雖然這些命令都有比較難的部分，但大家可以依樣畫葫蘆，先仿寫就好。

每次遇到無法立刻理解的部分時，我都會告訴自己「應該是這樣寫吧？」事後再複習這部分的內容。

彩華分享的是正確的學習方法。大家千萬別被困難的內容絆住腳步，請一邊開心地學習，一邊增強自己的功力。

接著要利用 Pygame 開發角色扮演遊戲。上篇學的是開發角色扮演遊戲的基礎技術，下篇則要利用基礎技術打造遊戲。

開發正統的 RPG 遊戲！（上篇）

Chapter 11

Lesson 11-1

關於角色扮演遊戲

在開始撰寫程式之前，先介紹角色扮演遊戲及本書要製作的 RPG 內容。

何謂角色扮演遊戲

主角與夥伴一邊成長，一邊展開冒險的遊戲統稱為角色扮演遊戲（Role Playing Game）。其實角色扮演遊戲原本不是電腦遊戲，而是幾個人圍著桌子，利用骰子、紙、筆，根據一些規則進行遊戲的桌遊（Table Talk RPG），但現在一提到角色扮演遊戲，多數人都會想到電腦遊戲。

1980 年代初期的《巫術》或《創世紀》非常受歡迎，日本有許多軟體開發公司開發電腦版或電視遊樂器版的角色扮演遊戲。

80 年代後期，電視遊樂器瞬間普及，《勇者鬥惡龍》與《太空戰士》造成轟動，到了 90 年代，掌上型遊樂器「Game Boy」的《寶卡夢》也非常受到歡迎，直到 90 年代後半期，透過網路一起玩的角色扮演遊戲問世，在智慧型手機普及後，角色扮演遊戲的熱度依舊不減。不過，智慧型手機的社群軟體遊玩的角色扮演遊戲，通常以解謎或迷你遊戲為主軸，再加上讓角色成長的元素。

何謂 Roguelike 遊戲

角色扮演遊戲的種類有很多，其中一種稱為「Roguelike」。《Rogue》是 1980 年代開發的電腦遊戲，遊戲內容為探索地下城。雖然遊戲的內容很單純，但在隨機生成的地下城之中探索，並以各種戰術求生存的遊戲內容，讓《Rogue》成為百玩不厭的遊戲。**圖 11-1-1** 是《Rogue》的遊戲畫面。

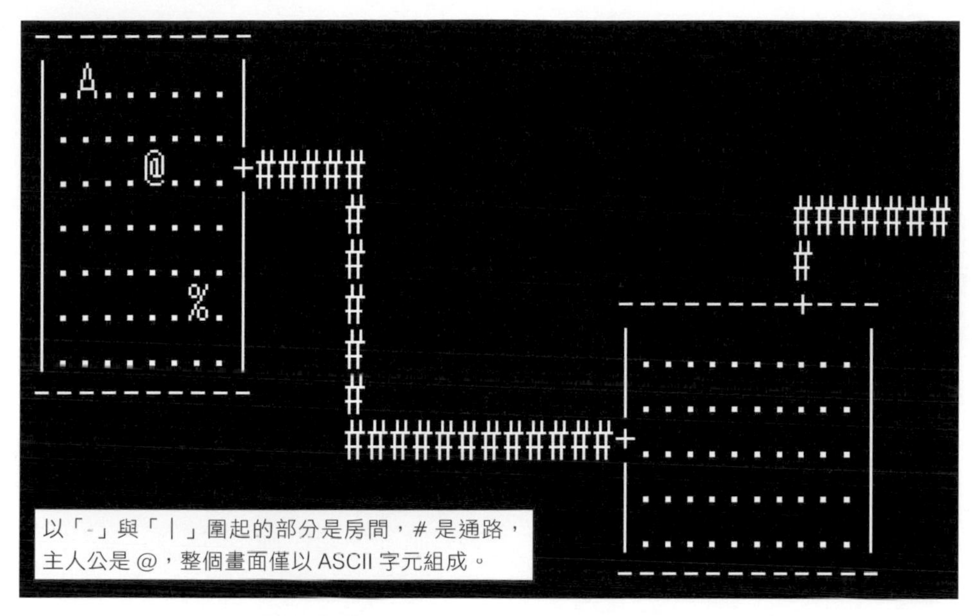

圖 11-1-1 元祖《Rogue》的畫面

繼承《Rogue》規則的遊戲稱為「Roguelike」遊戲。就筆者所知，直到 90 年代初期為止，「Roguelike」都是電腦迷非常喜歡的遊戲。進入 90 年代中期之後，電視遊戲器版的《特魯尼克大冒險．不可思議的迷宮》與《風來的西林》這類「Roguelike」遊戲問世，這類型的遊戲也漸漸地為人所知。

《勇者鬥惡龍》或《寶可夢》與「Roguelike」遊戲的決定性差異，在於前者的主角死掉可「從頭再來」，但後者的主角只要死掉「一切就結束」，而且短時間就玩完，所以會讓人想一玩再玩。自從《Rogue》問世之後，世界上有許多作者開發了「Roguelike」遊戲，就連智慧型手機也有很多種這類遊戲，受歡迎程度可見一斑。

關於接下來要開發的 RPG

本書是一本遊戲開發入門書，目的是希望初學程式設計的讀者能了解角色扮演遊戲的程式，但在各種遊戲類型之中，角色扮演遊戲的開發難度非常高，需要使用各項高階的技術，所以為了讓各位讀者了解這些技術，本書盡可能將程式的內容精簡成短短的幾行程式碼，讓大家能快速看懂完整的程式。為了保持程式碼的簡潔以及遊戲的趣味性，本書準備開發如**圖 11-1-2** 的遊戲。

■ 目標 RPG 的特徵

- 保有《Rogue》的特色，讓玩家在自動產生的地下城探索，看看誰能探索最多層。
- 戰鬥場景為輸入命令的系統，畫面編排則採用大部分的人都熟悉的介面。

先看看完成的遊戲畫面。

圖 11-1-2
本章開發的遊戲完成畫面

角色扮演遊戲通常是以移動場景與戰鬥場景組成，而「Rougelike」遊戲則是直接於移動場景與怪物對戰，不會另外切換至戰鬥畫面。本書要開發的遊戲是包含移動場景與戰鬥場景的「**正統 RPG**」，希望能藉此了解切換場景的方法。

›››規則簡介

❶ 移動場景

◎ 利用方向鍵在自動產生的地下城移動。

- 移動時，食物會減少。如果手邊有食物，生命值會邊走邊恢復。
- 當食物歸零，生命值就會邊走邊減少，當生命值歸零，遊戲就結束。
- 地下城有寶箱與繭，裡面有可在戰鬥時使用的道具或怪物。
- 找到往下的樓梯就能前往下一層。玩家的目的在於不斷往下探索，比賽誰探索的層數較多。

❷ 戰鬥場景

◎ 採玩家與敵人輪流攻擊的制度。

- 玩家可在選擇命令之後攻擊敵人。
- 當生命值被敵人打到歸零，遊戲就結束。

第 11 章要**撰寫的是 ◎ 的部分**：Lesson 11-2 ～ 11-4 會說明開發移動場景的基礎技術，Lesson 11-5 ～ 11-7 會解說開發戰鬥場景的基礎技術。

這次會在第 11、12 章學習很多技術，不過不用急著一口氣學會，之後有時間再複習就好。建議大家可在不懂之處先貼張便條紙，一邊開心地學習，一邊閱讀本書的內容就好。

Lesson 11-2

自動產生迷宮

將於 Lesson 11-2 到 11-4 說明移動畫面的製作方法，一開始先介紹自動產生迷宮的演算法。

關於地圖資料

市售遊戲軟體的荒野或城鎮通常是以 3DCG 軟體或地圖編輯器這類工具設計。假設遊戲之內有許多可造訪的地點，遊戲開發人員通常會在遊戲軟體存入大量的地圖資料。

本書要製作的角色扮演遊戲則是由電腦製作地圖。「Rougelike」遊戲的趣味之一在於每次玩，地形都不一樣，都必須思考新的戰術。隨機產生地圖也能免去利用工具製作地圖的麻煩。

那麼該怎麼讓電腦幫我們隨機製作迷宮呢？其實從過去到現在，已有不少開發人員想出產生迷宮的演算法，而本書將使用常見的「**棒倒法**」。

產生迷宮的演算法

產生迷宮的棒倒法如下，為了方便說明，在此以 7×7 格的迷宮介紹。

❶ 迷宮周圍都是牆壁。黑色格子為牆壁，白色格子為地板。假設內部全部都是地板。

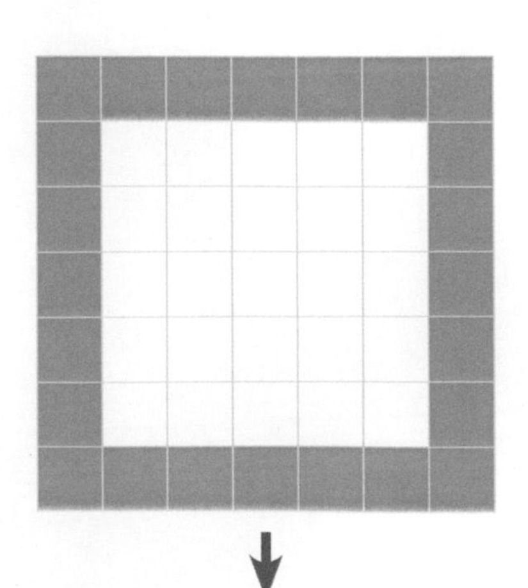

圖 11-2-1
棒倒法的演算法

❷ 接著在內部每隔一格設立一根柱子，其實就是牆壁。

❸ 接著在這些柱子的上下左右其中一處（隨機）建立牆壁。下面這張圖是以紅色標記牆壁的位置。

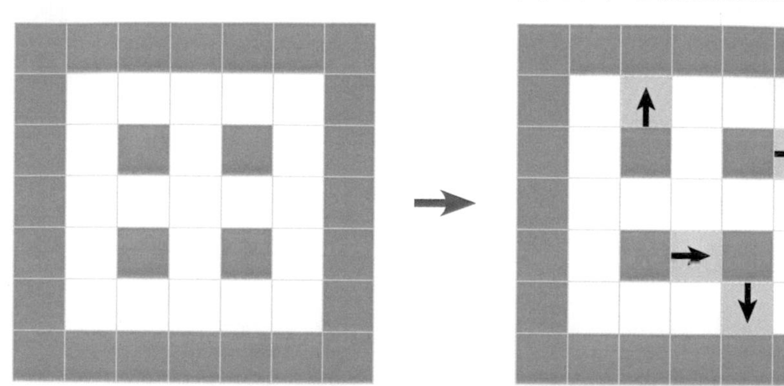

在所有的柱子旁邊建立牆壁之後，迷宮就完成了。

這次的迷宮雖然只有 7×7 格，但只要增加格子，看起來就會更像迷宮。例如若以這種方法產生寬 15、長 11 格的迷宮，就能得到如下圖的迷宮。

圖 11-2-2　15×11 的迷宮範例

棒倒法的注意事項

使用棒倒法產生迷宮時，有一點要特別注意，那就是隨機在四個方向建立牆壁，有可能會出現走不進去的空間，如右圖的正中央就是進不去的地方。

如果樓梯出現在這種進不去的位置，玩家就無法前往下一層，所以要利用下列的方法避免這種情況出現。

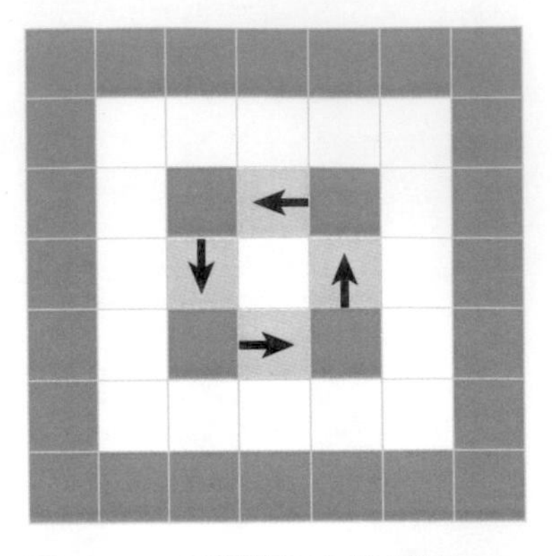

圖 11-2-3 出現進不去的地點

❹ 從最左欄的柱子的某個方向建立牆壁，接下來的柱子再於上、下、右其中一個方向建立牆壁。

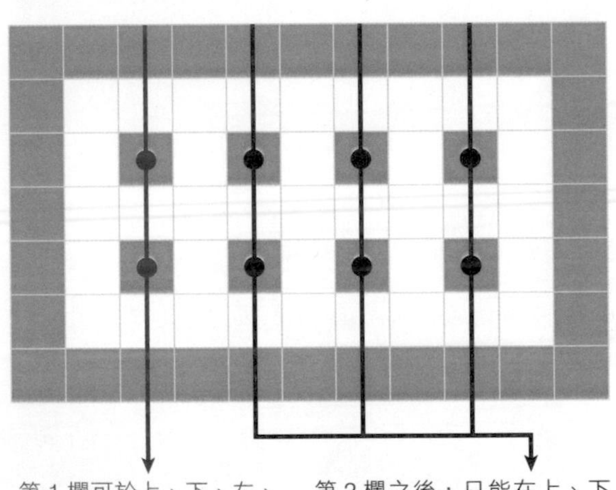

圖 11-2-4 解決方案

只要利用這種方法建立迷宮，就絕對不會出現進不去的地點。

以棒倒法建立迷宮的程式

請輸入下列的程式，並且命名與儲存檔案，再執行程式。本章的程式檔都依照內容命名（英文單字的組合），不會是 list**.py 這種名稱。

程式 ▶ **maze_maker.py**

```
1  import pygame                                     載入 pygame 模組
2  import sys                                        載入 sys 模組
3  import random                                     載入 random 模組
4
5  CYAN = (  0, 255, 255)                            定義顏色　水藍色
6  GRAY = ( 96,  96,  96)                            定義顏色　灰色
7
8  MAZE_W = 11                                       迷宮的寬度（水平的格數）
9  MAZE_H = 9                                        迷宮的長度（垂直的格數）
10 maze = []                                         儲存迷宮資料的列表
11 for y in range(MAZE_H):                           迴圈
12     maze.append([0]*MAZE_W)                         以 append() 命令初始化列表
13
14 def make_maze():                                  產生迷宮的函數
15     XP = [ 0, 1, 0,-1]                              定義從柱子延伸出牆壁的值
16     YP = [-1, 0, 1, 0]                              〃
17
18     #周圍的牆壁
19     for x in range(MAZE_W):                         圖解迷宮生成演算法❶
20         maze[0][x] = 1
21         maze[MAZE_H-1][x] = 1
22     for y in range(1, MAZE_H-1):
23         maze[y][0] = 1
24         maze[y][MAZE_W-1] = 1
25
26     #內部為一片空白的狀態
27     for y in range(1, MAZE_H-1):                    圖解迷宮生成演算法❶
28         for x in range(1, MAZE_W-1):
29             maze[y][x] = 0
30
31     #柱子
32     for y in range(2, MAZE_H-2, 2):                 圖解迷宮生成演算法❷
33         for x in range(2, MAZE_W-2, 2):
34             maze[y][x] = 1
35
36     #於柱子的上下左右建立牆壁
37     for y in range(2, MAZE_H-2, 2):                 圖解迷宮生成演算法❸
38         for x in range(2, MAZE_W-2, 2):
39          d = random.randint(0, 3)
40          if x > 2: # 從第二欄的柱子開始，              圖解迷宮生成演算法❹
不在左側建立牆壁
41              d = random.randint(0, 2)
42          maze[y+YP[d]][x+XP[d]] = 1
43
44 def main():                                       執行主要處理的函數
45     pygame.init()                                   初始化 pygame 模組
46     pygame.display.set_caption("產生迷宮              指定視窗標題
")
```

```
47     screen = pygame.display.set_mode          初始化繪製畫面（screen）
((528, 432))
48     clock = pygame.time.Clock()               建立 clock 物件
49
50     make_maze()                               呼叫產生迷宮的函數
51
52     while True:                               無限迴圈
53         for event in pygame.event.get():        利用迴圈處理 pygame 的事件
54             if event.type == pygame.QUIT:         當玩家按下視窗的「×」鍵
55                 pygame.quit()                       停止初始化 pygame 模組
56                 sys.exit()                          結束程式
57             if event.type == pygame.              當按下按鍵的事件觸發時
KEYDOWN:
58                 if event.key == pygame.K_           若按下的是空白鍵
SPACE:
59                     make_maze()                       執行產生迷宮的函數
60
61         for y in range(MAZE_H):                 利用雙重迴圈
62             for x in range(MAZE_W):               繪製迷宮
63                 W = 48                              1 格的寬度
64                 H = 48                              1 格的高度
65                 X = x*W                             計算繪圖所需的 X 座標
66                 Y = y*H                             計算繪圖所需的 Y 座標
67                 if maze[y][x] == 0: # 通道          若是通道
68                     pygame.draw.rect                  以水藍色填滿格子
(screen, CYAN, [X, Y, W, H])
69                 if maze[y][x] == 1: # 牆壁          若是牆壁
70                     pygame.draw.rect                  以灰色填滿格子
(screen, GRAY, [X, Y, W, H])
71
72         pygame.display.update()                 更新畫面
73         clock.tick(2)                           指定影格速率
74
75 if __name__ == '__main__':                    於直接執行這個程式之
76     main()                                    呼叫的 main() 函數
```

執行這個程式即可產生迷宮，按下空白鍵還可以產生新的迷宮。

圖 11-2-5
maze_maker.py 的執行結果

迷宮的寬度與長度是以第 8 ～ 9 列的 MAZE_W 與 MAZE_H 這兩個變數定義。這種一旦設定就不會再更動的變數稱為**常數**，通常會以大寫英文字母命名，藉此與一般的變數區分。

於第 14 ～ 42 列定義的 make_maze() 函數可用來產生迷宮，maze 列表的 0 是地板，1 是牆壁。接著要對照圖解迷宮生成演算法與 make_maze() 的內容；第 37 ～ 42 列是從柱子衍伸出牆壁的程式有點難，所以在此挑出來解說。

```
for y in range(2, MAZE_H-2, 2):
    for x in range(2, MAZE_W-2, 2):
     d = random.randint(0, 3)
     if x > 2: # 從第二欄的柱子開始，不在左側建立牆壁
         d = random.randint(0, 2)
     maze[y+YP[d]][x+XP[d]] = 1
```

由於 maze[2][2] 是第一個柱子的位置，所以雙重迴圈的變數 y 與 x 都是從 2 開始。變數 d 是用來儲存於哪個方向建立牆壁的亂數值。YP 與 XP 是於第 15 ～ 16 列定義的 4 個方向的座標增減量。「maze[y+YP[d]][x+XP[d]]=1」的算式可在四個方向的某個方向建立牆壁（會將 1 代入列表的元素），**圖 11-2-6** 是此算式的示意圖。

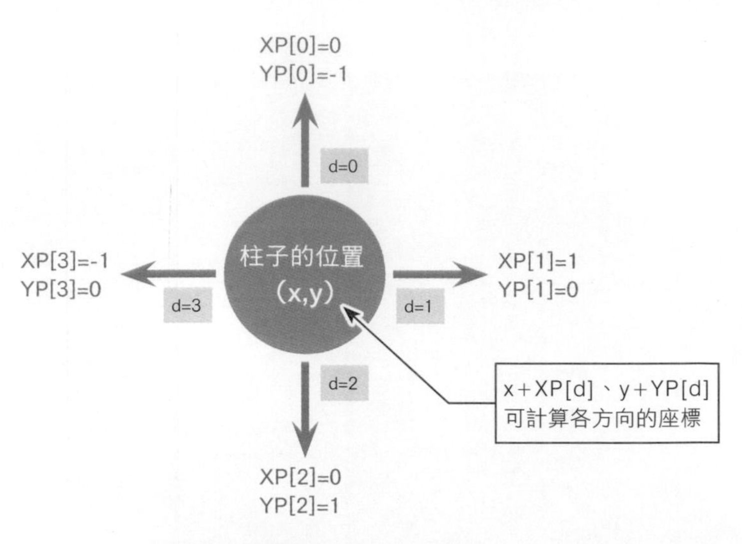

圖 11-2-6 以亂數建立牆壁

為大家複習一下產生亂數的命令。

以「r = random.randint(最小值 , 最大值)」產生介於最小值與最大值的整數之後，將該整數代入變數 r。

range() 命令可利用 range(起始值 , 結束值) 代表起始值到結束值 -1 的數值範圍。要注意的是，randint() 與 range() 的數值範圍是不同的。

Lesson 11-3 打造地下城

Lesson 11-2 打造的迷宮是地下城的藍圖，以下根據藍圖，說明於移動場景探索地下城的方法。

將迷宮改良成地下城

本書將用紙筆畫得出來的通道稱為迷宮，將可在遊戲內探索的地下迷宮稱為地下城。雖然前一節製作的迷宮也能直接當成地下城使用，但這種迷宮只有通道，看起來也很無聊，所以要改良成不只是迷宮的地下城。

下方的左圖是前一節製作的迷宮，其資料存在 maze 列表裡，當列表的值為 0，代表該處是地板，若為 1，代表該處是牆壁。這節要根據這份資料打造右圖的地下城，其中包含通道與房間。

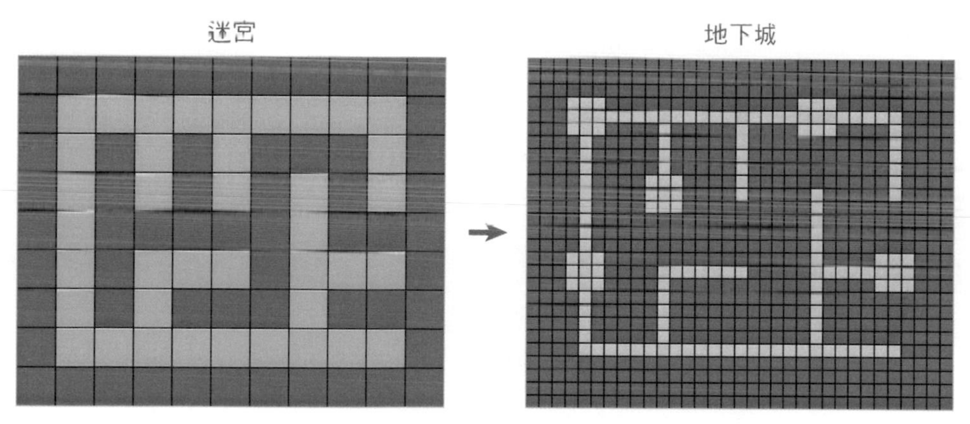

圖 11-3-1　將迷宮改造成地下城

請大家比較一下左右兩張圖，左圖的 1 格在右圖是 3×3 格的大小，左圖的地板是右圖的通道或房間。這種設計比較像是地下城，對吧？

將迷宮改造成地下城的資料轉換步驟如下。

- 轉換步驟

❶ 建立定義地下城的二維列表 dungeon。

❷ 一邊取得 maze 的格子狀態，一邊於 dungeon 設定值。

❷ 的部分包含

- 將 dungeon 的內容（元素）全部設定為牆壁。
- 取得 maze[y][x] 的值，假設該值為 0（地板）就隨機於 dungeon 建立房間。
- 假設不建立房間，就取得 maze[y][x] 上下左右的格子狀態，若其中一格為 0，就於該方向建立 dungeon 的通道。

建立地下城的程式

接著介紹從迷宮建立地下城資料的程式。這次會用到下列的圖片，請先從本書的支援網站下載，再與程式放在同一個資料夾。

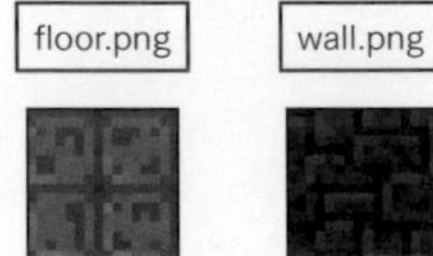

圖 11-3-2　本次使用的圖片

請輸入下列的程式，並且命名與儲存檔案，再執行程式。

程式 ▶ **dungeon_maker.py**

```
1  import pygame                          載入 pygame 模組
2  import sys                             載入 sys 模組
3  import random                          載入 random 模組
4
5  BLACK = (  0,   0,   0)               定義顏色　黑色
6  CYAN  = (  0, 255, 255)               定義顏色　水藍色
7  GRAY  = ( 96,  96,  96)               定義顏色　灰色
8
9  MAZE_W = 11                            迷宮的寬度（水平的格數）
10 MAZE_H = 9                             迷宮的長度（垂直的格數）
11 maze = []                              儲存迷宮資料的列表
12 for y in range(MAZE_H):                迴圈
13     maze.append([0]*MAZE_W)              以 append() 命令初始化列表
14
15 DUNGEON_W = MAZE_W*3                   地下城的寬度（水平的格數）
16 DUNGEON_H = MAZE_H*3                   地下城的長度（垂直的格數）
17 dungeon = []                           儲存地下城資料的列表
18 for y in range(DUNGEON_H):             迴圈
```

```
19      dungeon.append([0]*DUNGEON_W)
20
21  imgWall = pygame.image.load("wall.png")
22  imgFloor = pygame.image.load("floor.png")
23
24  def make_dungeon(): #自動產生地下城
25      XP = [ 0, 1, 0,-1]
26      YP = [-1, 0, 1, 0]
27      #周圍的牆壁
28      for x in range(MAZE_W):
29          maze[0][x] = 1
30          maze[MAZE_H-1][x] = 1
31      for y in range(1, MAZE_H-1):
32          maze[y][0] = 1
33          maze[y][MAZE_W-1] = 1
34      #迷宮內部一片空白的狀態
35      for y in range(1, MAZE_H-1):
36          for x in range(1, MAZE_W-1):
37              maze[y][x] = 0
38      #柱子
39      for y in range(2, MAZE_H-2, 2):
40          for x in range(2, MAZE_W-2, 2):
41              maze[y][x] = 1
42      #在柱子的上下左右建立牆壁
43      for y in range(2, MAZE_H-2, 2):
44          for x in range(2, MAZE_W-2, 2):
45              d = random.randint(0, 3)
46              if x > 2: # 從第二欄的柱子開始，不
在左側建立牆壁
47                  d = random.randint(0, 2)
48              maze[y+YP[d]][x+XP[d]] = 1
49
50      #根據迷宮建立地下城
51      #將所有格子設定為牆壁
52      for y in range(DUNGEON_H):
53          for x in range(DUNGEON_W):
54              dungeon[y][x] = 9
55      #配置房間與通道
56      for y in range(1, MAZE_H-1):
57          for x in range(1, MAZE_W-1):
58              dx = x*3+1
59              dy = y*3+1
60              if maze[y][x] == 0:
61                  if random.randint(0, 99) <
20: #建立房間
62                      for ry in range(-1, 2):
```

列	說明
19	以 append() 命令初始化列表
21	地下城的牆壁圖片
22	地下城的地板圖片
24	產生地下城的函數
25	定義從柱子延伸出牆壁的值
26	〃
27	第 28 ～ 48 列的程式會產生與前一個程式一樣的迷宮
28	圖解迷宮生成演算法❶
35	圖解迷宮生成演算法❶
39	圖解迷宮生成演算法❷
43	圖解迷宮生成演算法❸
46	圖解迷宮生成演算法❹
50	第 52 ～ 74 列的程式是將迷宮轉換成地下城的處理
52	利用雙重迴圈
53	的迴圈
54	將 dungeon 的值全部設定為 9（牆壁）
56	利用雙重迴圈
57	的迴圈
60	取得迷宮的資料。假設是地板的格子
61	隨機決定是否建立房間
62	利用雙重迴圈

```
63                      for rx in range(-1, 2):              的迴圈
64                          dungeon[dy+ry][dx+rx] = 0            將3×3格的空間設定為地板
65                  else: #建立通道                          不建立房間就建立通道
66                      dungeon[dy][dx] = 0                    將3×3格的中心點設定為地板
67                      if maze[y-1][x] == 0:                  假設上方的格子是地板
68                          dungeon[dy-1][dx] = 0                讓通道往上延伸
69                      if maze[y+1][x] == 0:                  假設下方的格子是地板
70                          dungeon[dy+1][dx] = 0                讓通道往下延伸
71                      if maze[y][x-1] == 0:                  假設左側的格子是地板
72                          dungeon[dy][dx-1] = 0                讓通道往左延伸
73                      if maze[y][x+1] == 0:                  假設右側的格子是地板
74                          dungeon[dy][dx+1] = 0                讓通道往右延伸
75
76  def main():                                        執行主要處理的函數
77      pygame.init()                                    初始化pygame模組
78      pygame.display.set_caption("建立地下城")         指定視窗標題
79      screen = pygame.display.set_mode((1056, 432))    初始化繪製畫面（screen）
80      clock = pygame.time.Clock()                      建立clock物件
81
82      make_dungeon()                                   呼叫產生地下城的函數
83
84      while True:                                      無限迴圈
85          for event in pygame.event.get():               利用迴圈處理pygame的事件
86              if event.type == pygame.QUIT:                當玩家按下視窗的「×」鍵
87                  pygame.quit()                              停止初始化pygame模組
88                  sys.exit()                                 結束程式
89              if event.type == pygame.KEYDOWN:             當玩家按下按鍵
90                  if event.key == pygame.K_SPACE:            若按下的是空白鍵
91                      make_dungeon()                           執行產生地下城的函數
92
93          #顯示確認用的迷宮
94          for y in range(MAZE_H):                        利用雙重迴圈
95              for x in range(MAZE_W):                      的迴圈
96                  X = x*48                                   計算繪圖所需的X座標
97                  Y = y*48                                   計算繪圖所需的Y座標
98                  if maze[y][x] == 0:                        若是通道
99                      pygame.draw.rect(screen, CYAN, [X,Y,48,48])   以水藍色填滿格子
100                 if maze[y][x] == 1:                        若是牆壁
101                     pygame.draw.rect(screen, GRAY, [X,Y,48,48])   以灰色填滿格子
102
103         #繪製地下城
104         for y in range(DUNGEON_H):                     利用雙重迴圈
105             for x in range(DUNGEON_W):                   的迴圈
106                 X = x*16+528                               計算繪圖所需的X座標
```

```
107                 Y = y*16                          計算繪圖所需的 Y 座標
108                 if dungeon[y][x] == 0:          若是通道
109                     screen.blit(imgFloor, [X,     繪製地板圖片
Y])
110                 if dungeon[y][x] == 9:          若是牆壁
111                     screen.blit(imgWall, [X,      繪製牆壁圖片
Y])
112
113         pygame.display.update()               更新畫面
114         clock.tick(2)                         指定影格速率
115
116 if __name__ == '__main__':                    於直接執行這個程式之
117     main()                                      呼叫的 main() 函數
```

執行程式後可如下圖產生地下城。每按一次空白鍵，就會隨機產生不同形狀的地下城，請大家看看會產生哪些構造的地下城。

圖 11-3-3　dungeon_maker.py 的執行結果

第 24 ～ 74 列定義的 make_dungeon() 函數會根據棒倒法建立迷宮，再根據迷宮的資料產生地下城。產生迷宮的部分與前一個程式一樣，第 52 ～ 74 列則是產生地下城所新增的部分。迷宮的資料以 0 為地板，1 為牆壁，但地下城的列表 dungeon 則以 0 為地板，以 9 為牆壁，之所以將牆壁設定為 9，是因為第 12 章要配置寶箱（值 1）與繭（值 2）。

以下，針對產生地下城的部分說明。

```
    for y in range(1, MAZE_H-1):
        for x in range(1, MAZE_W-1):
            dx = x*3+1
            dy = y*3+1
            if maze[y][x] == 0:
                if random.randint(0, 99) < 20: # 建立房間
                    for ry in range(-1, 2):
                        for rx in range(-1, 2):
                            dungeon[dy+ry][dx+rx] = 0
                else: # 建立通道
                    dungeon[dy][dx] = 0
                    if maze[y-1][x] == 0:
                        dungeon[dy-1][dx] = 0
                    if maze[y+1][x] == 0:
                        dungeon[dy+1][dx] = 0
                    if maze[y][x-1] == 0:
                        dungeon[dy][dx-1] = 0
                    if maze[y][x+1] == 0:
                        dungeon[dy][dx+1] = 0
```

迷宮的 1 格是地下城的 3×3 格空間，為了在地下城建立房間或通道，宣告「dx=x*3+1」與「dy=y*3+1」的變數。這兩個變數分別加 1 的理由在於將 dx、dy 設定為 3×3 格的中央座標值。

假設 maze[y][x] 為 0，會有 20% 的機率產生房間，若不是產生房間，就取得 maze[y][x] 的上下左右的值，並在地板的方向建立通道。

產生迷宮的演算法與將迷宮轉換成地下城的處理或許有點難，但大家不用急著全盤了解，先了解程式的全貌即可。

Lesson 11-4 在地下城移動

這次製作的角色扮演遊戲會讓人物位於視窗中間，再依照方向鍵捲動背景，本節為大家說明捲動畫面的方法。

捲動背景

第 8 章撰寫了以方向鍵移動貓咪的程式，是將背景固定（迷宮的畫面），讓人物上下左右移動，不過角色扮演遊戲與動作遊戲通常都是捲動背景，這次要製作的遊戲也是捲動地下城的背景。

接著介紹捲動背景的程式。這次會用到下列 3 張圖片，請從本書的支援網站下載，再將圖片檔與程式碼放在同一個資料夾。floor.png 與 wall.png 與前一個程式使用的圖片相同。

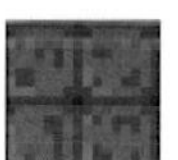
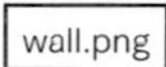

player.png

圖 11-4-1　這次使用的圖片

請輸入下列的程式，並且命名與儲存檔案，再執行程式。

程式 ▶ **walk_in_dungen.py**

```
1   import pygame                          載入 pygame 模組
2   import sys                             載入 sys 模組
3   import random                          載入 random 模組
4
5   BLACK = (  0,   0,   0)                定義顏色　黑色
6
7   MAZE_W = 11                            迷宮的寬度（水平的格數）
8   MAZE_H = 9                             迷宮的長度（垂直的格數）
9   maze = []                              儲存迷宮資料的列表
10  for y in range(MAZE_H):                迴圈
11      maze.append([0]*MAZE_W)            以 append() 命令初始化列表
12
13  DUNGEON_W = MAZE_W*3                   地下城的寬度（水平的格數）
14  DUNGEON_H = MAZE_H*3                   地下城的長度（垂直的格數）
15  dungeon = []                           儲存地下城資料的列表
```

```
16 for y in range(DUNGEON_H):
17     dungeon.append([0]*DUNGEON_W)
18
19 imgWall = pygame.image.load("wall.png")
20 imgFloor = pygame.image.load("floor.png")
21 imgPlayer = pygame.image.load("player.
   png")
22
23 pl_x = 4
24 pl_y = 4
25
26 def make_dungeon(): # 自動產生地下城
27     XP = [ 0, 1, 0,-1]
28     YP = [-1, 0, 1, 0]
29     #周圍的牆壁
30     for x in range(MAZE_W):
31         maze[0][x] = 1
32         maze[MAZE_H-1][x] = 1
33     for y in range(1, MAZE_H-1):
34         maze[y][0] = 1
35         maze[y][MAZE_W-1] = 1
36     #迷宮內部一片空白的狀態
37     for y in range(1, MAZE_H-1):
38         for x in range(1, MAZE_W-1):
39             maze[y][x] = 0
40     #柱子
41     for y in range(2, MAZE_H-2, 2):
42         for x in range(2, MAZE_W-2, 2):
43             maze[y][x] = 1
44     #在柱子的上下左右建立牆壁
45      for y in range(2, MAZE_H-2, 2):
46         for x in range(2, MAZE_W-2, 2):
47          d = random.randint(0, 3)
48          if x > 2: # 從第二欄的柱子開始，
   不在左側建立牆壁
49              d = random.randint(0, 2)
50          maze[y+YP[d]][x+XP[d]] = 1
51
52     #根據迷宮建立地下城
53     #將所有格子設定為牆壁
54     for y in range(DUNGEON_H):
55         for x in range(DUNGEON_W):
56             dungeon[y][x] = 9
57     #配置房間與通道
58     for y in range(1, MAZE_H-1):
59         for x in range(1, MAZE_W-1):
60             dx = x*3+1
61             dy = y*3+1
62             if maze[y][x] == 0:
```

- 16：迴圈
- 17：以 append() 命令初始化列表
- 19：地下城的牆壁圖片
- 20：地下城的地板圖片
- 21：主角的圖片
- 23：主角的 X 座標 ┐位於地下城何處
- 24：主角的 Y 座標 ┘
- 26：產生地下城的函數
- 27：定義從柱子延伸出牆壁的值
- 28：〃
- 30：圖解迷宮生成演算法❶
- 37：圖解迷宮生成演算法❶
- 41：圖解迷宮生成演算法❷
- 45：圖解迷宮生成演算法❸
- 48：圖解迷宮生成演算法❹
- 55：利用雙重迴圈
- 56：的迴圈 將 dungeon 的值全部設定為 9（牆壁）
- 59：利用雙重迴圈
- 60：的迴圈
- 62：取得迷宮的資料。假設是地板的格子

```
63                 if random.randint(0, 99) < 20: # 建立房間
64                     for ry in range(-1, 2):
65                         for rx in range(-1, 2):
66                             dungeon[dy+ry][dx+rx] = 0
67                 else: # 建立通道
68                     dungeon[dy][dx] = 0
69                     if maze[y-1][x] == 0:
70                         dungeon[dy-1][dx] = 0
71                     if maze[y+1][x] == 0:
72                         dungeon[dy+1][dx] = 0
73                     if maze[y][x-1] == 0:
74                         dungeon[dy][dx-1] = 0
75                     if maze[y][x+1] == 0:
76                         dungeon[dy][dx+1] = 0
77
78 def draw_dungeon(bg): # 繪製地下城
79     bg.fill(BLACK)
80     for y in range(-5, 6):
81         for x in range(-5, 6):
82             X = (x+5)*16
83             Y = (y+5)*16
84             dx = pl_x + x
85             dy = pl_y + y
86             if 0 <= dx and dx < DUNGEON_W and 0 <= dy and dy < DUNGEON_H:
87                 if dungeon[dy][dx] == 0:
88                     bg.blit(imgFloor, [X, Y])
89                 if dungeon[dy][dx] == 9:
90                     bg.blit(imgWall, [X, Y])
91             if x == 0 and y == 0: # 顯示主角
92                 bg.blit(imgPlayer, [X, Y-8])
93
94 def move_player(): # 移動主角
95     global pl_x, pl_y
96     key = pygame.key.get_pressed()
97     if key[pygame.K_UP] == 1:
98         if dungeon[pl_y-1][pl_x] != 9: pl_y = pl_y - 1
99     if key[pygame.K_DOWN] == 1:
100        if dungeon[pl_y+1][pl_x] != 9: pl_y = pl_y + 1
101    if key[pygame.K_LEFT] == 1:
102        if dungeon[pl_y][pl_x-1] != 9: pl_x = pl_x - 1
103    if key[pygame.K_RIGHT] == 1:
104        if dungeon[pl_y][pl_x+1] != 9: pl_x = pl_x + 1
```

行	說明
63	隨機決定是否建立房間
64	利用雙重迴圈
65	的迴圈
66	將 3×3 格的空間設定為地板
67	不建立房間就建立通道
68	將 3×3 格的中心點設定為地板
69	假設上方的格子是地板
70	讓通道往上延伸
71	假設下方的格子是地板
72	讓通道往下延伸
73	假設左側的格子是地板
74	讓通道往左延伸
75	假設右側的格子是地板
76	讓通道往右延伸
78	定義繪製地下城的函數
79	以指定顏色清除整個畫面
80	利用雙重迴圈
81	的迴圈
82	計算繪圖所需的 X 座標
83	計算繪圖所需的 Y 座標
84	地下城格子的 X 座標
85	地下城格子的 Y 座標
86	在地下城資料定義的範圍內
87	若是地板
88	就繪製地板的圖片
89	若是牆壁
90	就繪製牆壁的圖片
91	在視窗中心點
92	繪製主角
94	移動主角的函數
95	將這些變數宣告為全域變數
96	將所有按鍵的狀態代入列表 key
97	假設玩家按下方向鍵「上」
98	該方向也不是牆壁時，讓 Y 座標產生變化
99	假設玩家按下方向鍵「下」
100	該方向也不是牆壁時，讓 Y 座標產生變化
101	假設玩家按下方向鍵「左」
102	該方向也不是牆壁時，讓 X 座標產生變化
103	假設玩家按下方向鍵「右」
104	該方向也不是牆壁時，讓 X 座標產生變化

```
105
106 def main():                                         執行主要處理的函數
107     pygame.init()                                     初始化 pygame 模組
108     pygame.display.set_caption("在地下城              指定視窗標題
    移動")
109     screen = pygame.display.set_                      初始化繪製畫面（screen）
    mode((176, 176))
110     clock = pygame.time.Clock()                       建立 clock 物件
111
112     make_dungeon()                                    呼叫產生地下城的函數
113
114     while True:                                       無限迴圈
115         for event in pygame.event.get():                利用迴圈處理 pygame 的事件
116             if event.type == pygame.QUIT:                 當玩家按下視窗的「×」鍵
117                 pygame.quit()                               停止初始化 pygame 模組
118                 sys.exit()                                  結束程式
119
120         move_player()                                   移動主角的函數
121         draw_dungeon(screen)                            繪製地下城
122         pygame.display.update()                         更新畫面
123         clock.tick(5)                                   指定影格速率
124
125 if __name__ == '__main__':                          於直接執行這個程式之
126     main()                                            呼叫的 main() 函數
```

執行這個程式後，可利用方向鍵在地下城移動。由於這是用於確認執行過程的程式，所以畫面比較小，但第 12 章就會放大視窗，讓大家更容易看清楚內容。

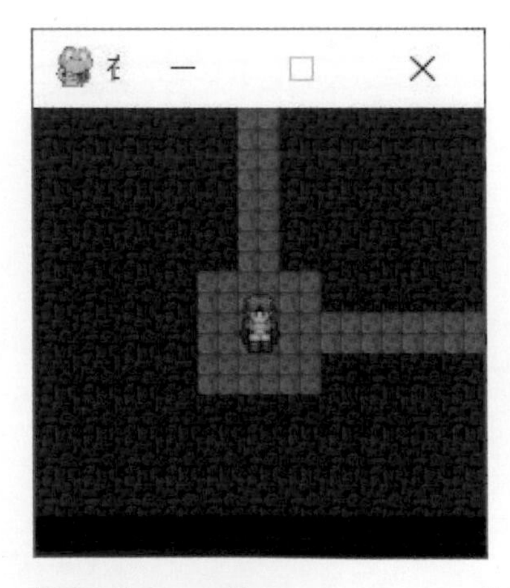

圖 11-4-2　walk_in_dungeon.py 的執行結果

於第 23 ～ 24 列宣告的 pl_x、pl_y 是用來管理主角位於地下城何處的變數。第 94 ～ 104 列的 move_player() 函數會根據玩家按下的方向鍵調整 pl_x 與 pl_y 的值。這部分與第 8 章介紹的在迷宮內部移動的處理是一樣的。

第 78 ～ 992 列的 draw_dungeon() 函數會繪製地下城的背景與主角。在此針對這部分的處理說明。

```
def draw_dungeon(bg): # 繪製地下城
    bg.fill(BLACK)
    for y in range(-5, 6):
        for x in range(-5, 6):
            X = (x+5)*16
            Y = (y+5)*16
            dx = pl_x + x
            dy = pl_y + y
            if 0 <= dx and dx < DUNGEON_W and 0 <= dy and dy < DUNGEON_H:
                if dungeon[dy][dx] == 0:
                    bg.blit(imgFloor, [X, Y])
                if dungeon[dy][dx] == 9:
                    bg.blit(imgWall, [X, Y])
            if x == 0 and y == 0: # 顯示主角
                bg.blit(imgPlayer, [X, Y-8])
```

在雙重迴圈使用的變數 y、x 都會在 -5 與 5 的範圍之內變動，這可讓主角持續位於下圖的範圍裡。

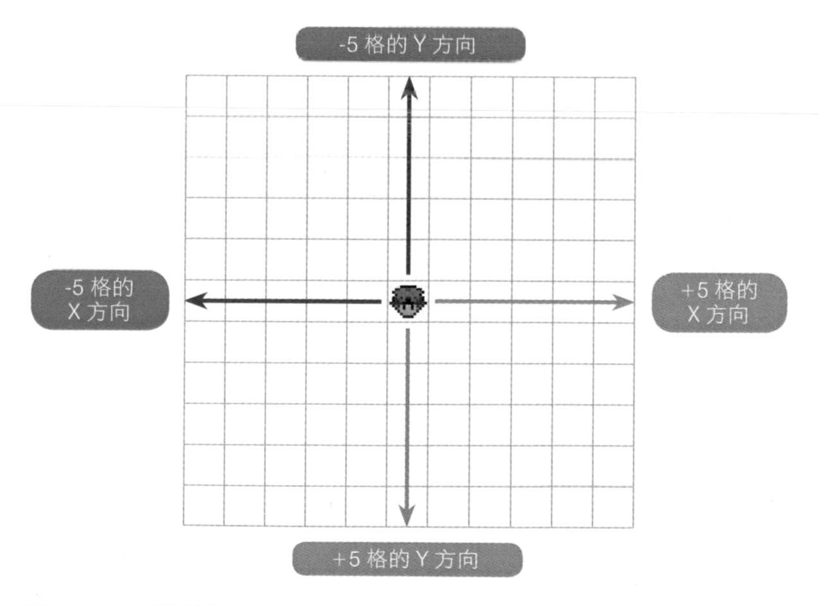

圖 11-4-3　繪製畫面的範圍

「dx = pl_x+x」與「dy = pl_y+y」這兩個變數可取得地下城列表的值。繪製地板與牆壁的座標分別是「X = (x+5)*16」與「Y = (y+5)*16」，會從視窗的左上角開始繪製。如此一來，就能以主角的位置為起點，繪製左上角 5 格到右下角 5 格大小的地下城背景。只要 pl_x、pl_y 的值改變，背景的範圍就會跟著改變，畫面也就跟著捲動了。

這個函數的重點在於將參數設定為 bg。第 121 列的 draw_dungeon(screen) 會以參數的方式傳遞繪製畫面的 screen，而 draw_dungeon() 函數會根據參數 bg 繪製畫面，如此一來，就能利用在主迴圈外側定義的函數繪製畫面。下列是上述流程的示意圖。

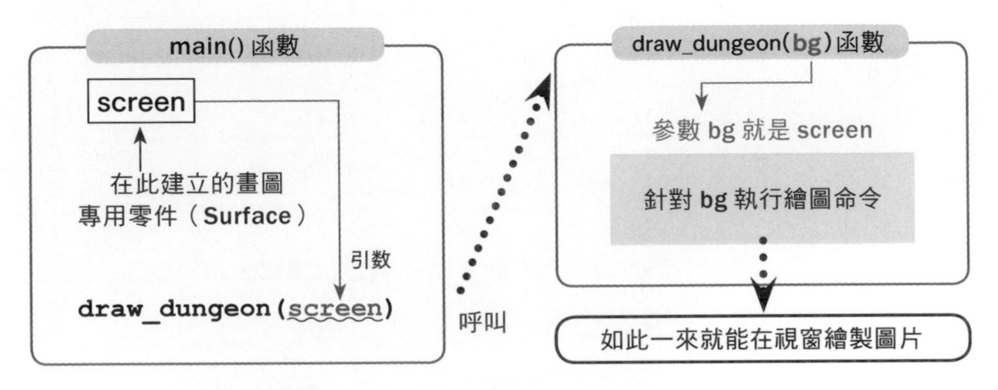

圖 11-4-4　繪製畫面的處理

假設開發的是大型軟體，通常不會將所有的處理寫在主迴圈，否則會看不出每個部分的處理是什麼。**將處理整理成函數，再於需要執行該處理時呼叫該函數，就能寫出簡潔的程式。**

目前已經能自動產生地下城，也能在地下城移動。相較於其他的程式設計語言，Python 只要幾行程式碼就能寫出需要的程式。不過，這個移動畫面的程式也寫了 126 行，或許有人覺得這段程式很長，但請大家堅持下去，讀完後續的內容囉！

Lesson

11-5 建立戰鬥場景之 1

Lesson 11-5 ～ 11-7 將介紹建立戰鬥場景的方法。

關於載入圖片

第 9 章製作的掉落物拼圖遊戲時載入了遊戲所需的所有圖片，如果圖片不多，這麼做不會有什麼問題，但圖片一多，很有可能會出現記憶體容量不足，遊戲無法執行的問題。

角色扮演遊戲通常會使用很多張圖片。以市面上的遊戲為例，光主角就會使用 200 ～ 300 張，甚至更多的圖片，因此為了避免記憶體容量不足的問題出現，不會一口氣載入所有圖片，只會在需要的場景載入需要的圖片。例如，會在戰鬥之前才載入戰鬥畫面的背景與敵人的圖片。

本書製作的角色扮演遊戲也會用到很多張敵人的圖片，所以只在切換成戰鬥場景時載入敵人圖片，以下將說明如何以上述的流程載入敵人的圖片。

顯示背景與敵人

這次會用到下列的圖片，請先從本書的支援網站下載，再與程式碼放在相同的資料夾裡。

btlbg.png

圖 11-5-1　背景的圖片檔

圖 11-5-2　敵人的圖片檔

由於這是學習專用的程式，所以敵人只有 4 種，但第 12 章的完成版會用到 10 種敵人圖片。由於戰鬥背景圖片只有一種，所以第 11、12 章的程式，都會在一開始載入背景圖片。

請輸入下列的程式，並且命名與儲存檔案，再執行程式。

程式 ▶ **battle_start.py**

```
1   import pygame                                   載入 pygame 模組
2   import sys                                      載入 sys 模組
3
4   WHITE = (255,255,255)                           定義顏色　白色
5
6   imgBtlBG = pygame.image.load("btlbg.png")       載入戰鬥背景圖片
7   imgEnemy = None                                 宣告載入敵人圖片的變數
8
9   emy_num = 0                                     管理載入圖片編號的變數
10  emy_x = 0                                       敵人的 X 座標
11  emy_y = 0                                       敵人的 Y 座標
12
13  def init_battle():                              準備進入戰鬥的函數
14      global imgEnemy, emy_num, emy_x, emy_y        將這些變數全部宣告為全域變數
15      emy_num = emy_num + 1                         遞增管理敵人圖片的編號
16      if emy_num == 5:                              假設遞增至 5
17          emy_num = 1                                 就設定為 1
18      imgEnemy = pygame.image.load("enemy"+         載入敵人圖片
    str(emy_num)+".png")
19      emy_x = 440-imgEnemy.get_width()/2            從圖片的寬度計算顯示的位置
20      emy_y = 560-imgEnemy.get_height()             從圖片的高度計算顯示的位置
21
22  def draw_battle(bg, fnt):                       繪製戰鬥畫面的函數
23      bg.blit(imgBtlBG, [0, 0])                     繪製背景
24      bg.blit(imgEnemy, [emy_x, emy_y])             繪製敵人
```

```
25      sur = fnt.render("enemy"+str(emy_        繪製檔案名稱的 Surface
    num)+".png", True, WHITE)
26      bg.blit(sur, [360, 580])                 將繪有文字的 Surface 傳遞給繪製畫面
27
28  def main():                                 定義執行主要處理的函數
29      pygame.init()                            初始化 pygame 模組
30      pygame.display.set_caption("開始戰鬥     指定視窗標題
    的處理")
31      screen = pygame.display.set_mode         初始化繪製畫面（screen）
    ((880, 720))
32      clock = pygame.time.Clock()              建立 clock 物件
33      font = pygame.font.Font(None, 40)        建立字型物件
34
35      init_battle()                            呼叫準備進入戰鬥的函數
36
37      while True:                              無限迴圈
38          for event in pygame.event.get():       以迴圈處理 pygame 的事件
39              if event.type == pygame.QUIT:        當玩家按下視窗的「×」
40                  pygame.quit()                      停止初始化 pygame 模組
41                  sys.exit()                         結束程式
42              if event.type == pygame.             當按鍵被按下的事件觸發
    KEYDOWN:
43                  if event.key == pygame.            若該按鍵為空白鍵
    K_SPACE:
44                      init_battle()                    執行準備進入戰鬥的函數
45
46          draw_battle(screen, font)              繪製戰鬥畫面
47          pygame.display.update()                更新畫面
48          clock.tick(5)                          指定影格速率
49
50  if __name__ == '__main__':                  於直接執行這個程式之際
51      main()                                   呼叫 main() 函數
```

執行這個程式後會顯示如**圖 11-5-3** 的戰鬥畫面。每按一次空白鍵，都會載入新的敵人圖片。

圖 11-5-3　battle_start.py 的執行結果

第 13 ～ 20 列的 init_battle() 函數會載入敵人的圖片，不過載入圖片的變數是第 7 列，也就是在函數外側宣告的。由於宣告這個變數時，圖片還沒載入，所以將值設定為 None。在 init_battle() 函數將該變數宣告為 global，接著在第 18 列載入特定檔案名稱的圖片。每執行 init_battle() 函數一次，emy_num 變數的值就會依照「1 → 2 → 3 → 4 → 1 → 2……」的循環變化，之後再依照編號載入指定的檔案。

在畫面顯示敵人時，為了對齊敵人的底邊（座標），利用第 19 ～ 20 列的程式計算座標。

```
emy_x = 440-imgEnemy.get_width()/2
emy_y = 560-imgEnemy.get_height()
```

利用載入圖片的變數 .get_width() 取得圖片的寬度，再利用 get_height() 取得圖片的高度。這裡的寬度與高度都是圖片的點數，**圖 11-5-4** 是這算式的示意圖。

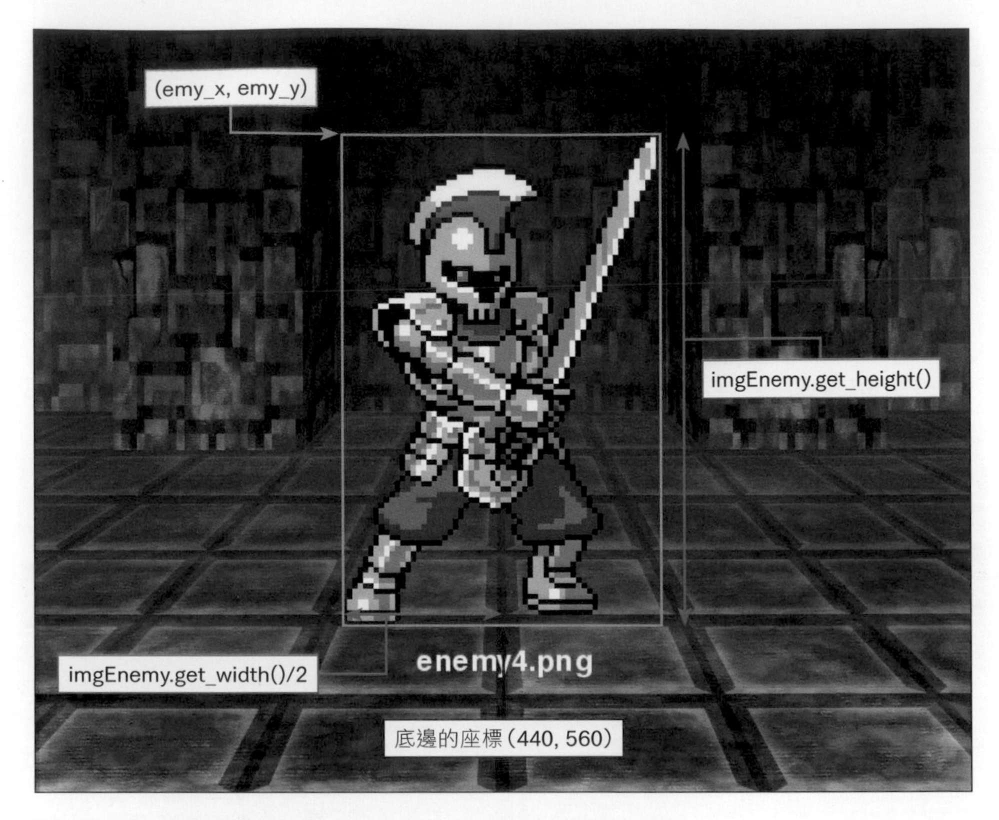

圖 11-5-4　對齊底邊的座標

只要依照上述的程式根據圖片的大小計算敵人的位置，之後不管新增多大或多小的敵人，都不需要另外寫程式調整敵人的位置。

關於記憶體

電腦可使用的記憶體會隨著電腦規格增減，所以並不是無限的。越大型的程式會使用越多變數與列表（陣列），也會消耗更多記憶體，但現在的電腦都擁有很大的記憶體，所以程式碼或變數再多，幾乎不會造成什麼問題，不過，最消耗記憶體的就是圖片。

載入圖片之後，電腦就會劃出記憶體，所以就算還沒顯示圖片，記憶體就已經先消耗了。要是一口氣載入大量的圖片，程式就很可能因為記憶體用盡而無法執行。

避免浪費記憶體是開發軟體的鐵則。現在的電腦都擁有很大的記憶體，所以開發軟體時，也不需要太過計較消耗了多少記憶體，但這不代表記憶體可以無限使用，尤其想成為專業程式設計師的人，更要記住「每台電腦的記憶體容量都是不同的」這項原則。

為了說明記憶體容量，本書的角色扮演遊戲只在需要用到敵人圖片時載入敵人圖片。若只是利用 Python 與 Pygame 開發打發時間的小遊戲，其實不需要太在意載入圖片所消耗的記憶體有多少。

筆者曾在 Windows 一口氣載入 100 張容量超大的全彩圖片，雖然花了一點時間載入，但所有的圖片都能正常顯示，所以只要別一口氣載入大量的圖片，基本上是不會有任何問題的；另外，若是開發休閒娛樂的小遊戲，100 張絕對是綽綽有餘。

不過，上述情況只適用於電腦，若是智慧型手機的程式一口氣載入多張圖片，程式就很有可能無法執行，所以開發軟體時，「在必要的時候載入必要的資源」是非常重要的概念。

以列表定義要使用的多張圖片的確很方便，但原來還可以在必要的時候載入必要的圖片啊，這次我又學到一招了！

Lesson 11-6 建立戰鬥場景之 2

戰鬥時，要告知玩家戰鬥的情況，所以接著要說明有效率地在戰鬥畫面顯示訊息的方法。

顯示訊息

本書製作的角色扮演遊戲是採取玩家與敵人輪流攻擊的制度，所以只要有一方發動攻擊，就會顯示說明傷害程度的訊息。

如果製作的是會一直顯示訊息的遊戲，最好撰寫一個會**自動顯示預設字串的程式**。這次使用的圖片與前一個程式一樣，這次不會使用 Lesson 11-5 撰寫的函數（準備進入戰鬥的函數），所以不會放入這個函數的程式碼。

請輸入下列的程式，並且命名與儲存檔案，再執行程式。

程式 ▶ **battle_message.py**

```
1  import pygame                                    載入 pygame 模組
2  import sys                                       載入 sys 模組
3  
4  WHITE = (255,255,255)                            定義顏色  白色
5  BLACK = (  0,  0,  0)                            定義顏色  黑色
6  
7  imgBtlBG = pygame.image.load("btlbg.png")        載入戰鬥背景圖片
8  imgEnemy = pygame.image.load("enemy1.            載入敵人圖片
   png")
9  emy_x = 440-imgEnemy.get_width()/2               敵人的 X 座標
10 emy_y = 560-imgEnemy.get_height()                敵人的 Y 座標
11 
12 message = [""]*10                                儲存戰鬥訊息的列表
13 def init_message():                              清空訊息的函數
14     for i in range(10):                            在迴圈裡
15         message[i] = ""                              將空白字串代入列表
16 
17 def set_message(msg):                            設定訊息的函數
18     for i in range(10):                            在迴圈裡
19         if message[i] == "":                         若有未設定字串的列表
20             message[i] = msg                           代入新的字串
21             return                                     回到函數的處理
22     for i in range(9):                             在迴圈裡
23         message[i] = message[i+1]                    錯開每段訊息
```

行	程式碼	說明
24	`    message[9] = msg`	在最後一列代入新的字串
25		
26	`def draw_text(bg, txt, x, y, fnt, col):`	繪製套用陰影效果的字串的函數
27	`    sur = fnt.render(txt, True, BLACK)`	繪有黑色字串的 Surface
28	`    bg.blit(sur, [x+1, y+2])`	將這個 Surface 傳送給繪製畫面，座標為指定座標的右下角
29	`    sur = fnt.render(txt, True, col)`	以指定顏色繪製字串的 Surface
30	`    bg.blit(sur, [x, y])`	將這個 Surface 傳送給繪製畫面，座標為指定座標
31		
32	`def draw_battle(bg, fnt):`	繪製戰鬥畫面的函數
33	`    bg.blit(imgBtlBG, [0, 0])`	繪製背景
34	`    bg.blit(imgEnemy, [emy_x, emy_y])`	繪製敵人
35	`    for i in range(10):`	在迴圈裡
36	`        draw_text(bg, message[i], 600, 100+i*50, fnt, WHITE)`	顯示戰鬥訊息
37		
38	`def main():`	定義主要處理的函數
39	`    pygame.init()`	初始化 pygame 模組
40	`    pygame.display.set_caption("於戰鬥之際顯示的訊息")`	指定視窗標題
41	`    screen = pygame.display.set_mode((880, 720))`	初始化繪製畫面（screen）
42	`    clock = pygame.time.Clock()`	建立 clock 物件
43	`    font = pygame.font.Font(None, 40)`	建立字型物件
44		
45	`    init_message()`	清空訊息
46		
47	`    while True:`	無限迴圈
48	`        for event in pygame.event.get():`	以迴圈處理 pygame 的事件
49	`            if event.type == pygame.QUIT:`	當玩家點選視窗的「×」鍵
50	`                pygame.quit()`	停止初始化 pygame 模組
51	`                sys.exit()`	結束程式
52	`            if event.type == pygame.KEYDOWN:`	當玩家按下按鍵
53	`                set_message("KEYDOWN "+str(event.key))`	將按鍵的值新增為訊息
54		
55	`        draw_battle(screen, font)`	繪製戰鬥畫面
56	`        pygame.display.update()`	更新畫面
57	`        clock.tick(5)`	指定影格速率
58		
59	`if __name__ == '__main__':`	於直接執行這個程式之際
60	`    main()`	呼叫的 main() 函數

執行程式後會顯示**圖 11-6-1** 的戰鬥畫面，每按一次按鍵，該按鍵的值就會新增為訊息。

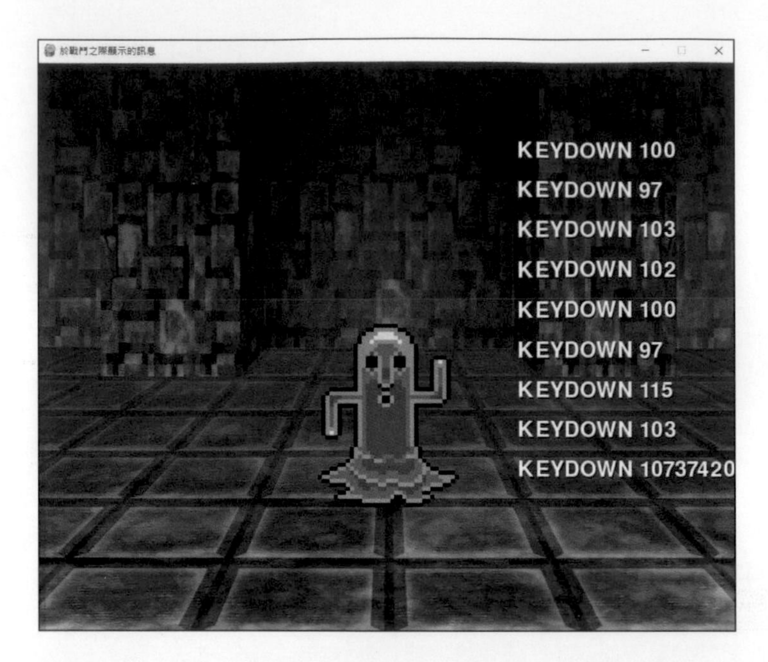

圖 11-6-1
battle_message.py
的執行結果

第 12 列建立了存放訊息的列表。第 13 ～ 15 列的 init_message() 是清空該列表的函數。

第 17 ～ 24 列的 set_message() 函數可新增訊息，會在空白的列表元素設定字串，假設沒有空白的元素，就會將 message[1] 的值放入 message[0] 的位置，message[2] 的值會放入 message[1] 的位置，每個字串都會往前一個元素的位置移動，再於 message[9] 新增字串。下列是這段處理的示意圖。

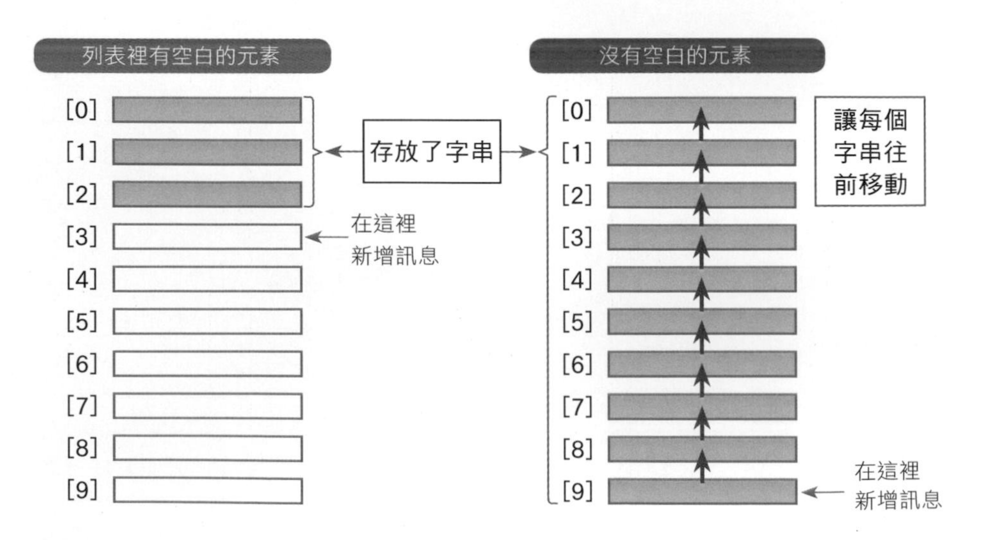

圖 11-6-2　set_message() 函數的執行流程

訊息是利用 draw_battle() 函數的第 35 ～ 36 列顯示。

- 以 **set_message()** 函數新增訊息時，只要列表還有空白的元素，就會依照由上往下的順序，在戰鬥畫面顯示字串。
- 當列表裡面沒有空白的元素，**set_message()** 函數就會讓字串往前一個元素移動，再於 **message[9]** 新增字串。戰鬥畫面裡的字串也會向上捲動。

利用參數指定要顯示的訊息，再呼叫 set_message 函數，就能自動在畫面顯示訊息。這對需要顯示多種訊息的遊戲而言，是非常方便的處理。

Lesson 11-7

建立戰鬥場景之 3

接著說明玩家與敵人輪流攻擊的處理。

如何讓玩家與敵人輪流攻擊？

乍看之下，讓玩家與敵人輪流攻擊的處理好像很難，但其實大家已經學過撰寫處理的基本技術。請回想一下，在第 9 章製作掉落物拼圖時，是不是宣告了 index 這個變數，讓標題畫面與遊戲處理分開進行呢？是的，玩家與敵人輪流攻擊的處理也是以相同的方式撰寫。

具體來說，可如下定義索引值，再分別撰寫玩家與敵人的行動。這次的程式將變數 index 簡略為 idx。

表 11-7-1　索引值與處理

idx 的值	處理內容
10	準備進入戰鬥。 將 idx 的值設定為 11，等待玩家輸入指令。
11	等待玩家輸入指令，可選擇「戰鬥」、「逃跑」的指令。若選擇「戰鬥」，就將 idx 設定為 12，若選擇「逃跑」，就將 idx 設定為 14。
12	主角（玩家）攻擊敵人的處理。 敵人的生命值減少至 0 時，將 idx 設定為 16，進入戰鬥勝利的處理，否則就將 idx 設定為 13，換敵人進行攻擊。
13	敵人攻擊主角的處理。 主角的生命值減少至 0 時，將 idx 設定為 15，進入戰鬥失敗的處理，否則就將 idx 設定為 11，等待玩家輸入指令。
14	以亂數決定是否能成功脫逃。 假設成功脫逃，就回到移動畫面。 若脫逃失敗，就將 idx 設定為 13，換敵人進行攻擊。
15	戰鬥失敗的處理。
16	戰鬥勝利的處理。

※ 在戰鬥期間，idx11 到 13 的處理會不斷進行。

回合制的程式設計手法也會用於開發模擬遊戲或桌遊，請大家務必徹底學會喲！

撰寫回合制的程式

為了方便學習，這個程式只寫了 idx10 ～ 13 的部分。

這個程式的第 4 列如下。

```
from pygame.locals import *
```

只要有這列程式，就能在撰寫 pygame.QUIT、pygame.KEYDOWN 事件及 pygame.K_SPACE 或 pygame.K_UP 鍵盤常數的時候，省略「pygame.」的部分。

這個程式除了宣告 idx 變數，還會宣告 tmr 變數，顯示訊息或是進入其他處理的時間點都由 tmr 的值管理。執行這個程式後，會說明管理遊戲流程的方法。

請輸入下列的程式，並且命名與儲存檔案，再執行程式。

程式 ▶ **battle_turn.py**

```
1  import pygame                                   載入 pygame 模組
2  import sys                                      載入 sys 模組
3  import random                                   載入 random 模組
4  from pygame.locals import *                     參考上述的說明
5
6  WHITE = (255,255,255)                           定義顏色　白色
7  BLACK = (  0,  0,  0)                           定義顏色　黑色
8
9  imgBtlBG = pygame.image.load("btlbg.png")       載入戰鬥背景圖片
10 imgEffect = pygame.image.load("effect_          載入攻擊特效圖片
   a.png")
11 imgEnemy = pygame.image.load("enemy4.           載入敵人圖片
   png")
12 emy_x = 440-imgEnemy.get_width()/2              敵人的 X 座標
13 emy_y = 560-imgEnemy.get_height()               敵人的 Y 座標
14 emy_step = 0                                    讓敵人移動到畫面近景處的變數
15 emy_blink = 0                                   讓敵人閃爍的變數
16 dmg_eff = 0                                     讓畫面搖動的變數
17 COMMAND = ["[A]ttack", "[P]otion", "[B]         以列表定義戰鬥指令
   laze gem", "[R]un"]
18
19 message = [""]*10                               儲存戰鬥訊息的列表
20 def init_message():                             清空訊息的函數
21     for i in range(10):                           在迴圈裡
22         message[i] = ""                             將空白的字串代入列表
23
24 def set_message(msg):                           設定訊息的函數
25     for i in range(10):                           在迴圈裡
```

```
26          if message[i] == "":                          若有未設定字串的列表
27              message[i] = msg                            代入新的字串
28              return                                      回到函數處理
29      for i in range(9):                              在迴圈裡
30          message[i] = message[i+1]                     讓每個訊息往前移動
31      message[9] = msg                                於最後一列代入新的字串
32
33  def draw_text(bg, txt, x, y, fnt, col):           繪製套用陰影效果的字串的函數
34      sur = fnt.render(txt, True, BLACK)              繪有黑色字串的 Surface
35      bg.blit(sur, [x+1, y+2])                        將這個 Surface 傳送給繪製畫面，座標為指定座標的右下角
36      sur = fnt.render(txt, True, col)                以指定顏色繪製字串的 Surface
37      bg.blit(sur, [x, y])                            將這個 Surface 傳送給繪製畫面，座標為指定座標
38
39  def draw_battle(bg, fnt):                         繪製戰鬥畫面的函數
40      global emy_blink, dmg_eff                       將這些變數宣告為全域變數
41      bx = 0                                          背景的 X 座標
42      by = 0                                          背景的 Y 座標
43      if dmg_eff > 0:                                 假設搖晃畫面的變數已設定了值
44          dmg_eff = dmg_eff - 1                         讓此變數遞減 1
45          bx = random.randint(-20, 20)                  以亂數決定 X 座標
46          by = random.randint(-10, 10)                  以亂數決定 Y 座標
47      bg.blit(imgBtlBG, [bx, by])                     於（bx,by）的位置繪製背景
48      if emy_blink%2 == 0:                            讓敵人閃爍的 if 條件式
49          bg.blit(imgEnemy, [emy_x, emy_y+emy_step])    繪製敵人
50      if emy_blink > 0:                               假設讓敵人閃爍的變數已設定了值
51          emy_blink = emy_blink - 1                     讓此變數遞減 1
52      for i in range(10):                             以迴圈
53          draw_text(bg, message[i], 600, 100+i*50, fnt, WHITE)    顯示戰鬥訊息
54
55  def battle_command(bg, fnt):                      顯示戰鬥指令的函數
56      for i in range(4):                              以迴圈
57          draw_text(bg, COMMAND[i], 20, 360+60*i, fnt, WHITE)     顯示戰鬥指令
58
59  def main():                                       定義主要處理的函數
60      global emy_step, emy_blink, dmg_eff             將這些變數宣告為全域變數
61      idx = 10                                        管理遊戲流程的索引
62      tmr = 0                                         管理遊戲流程的計時器
63
64      pygame.init()                                   初始化 pygame 模組
65      pygame.display.set_caption("回合制的處理")        指定視窗標題
66      screen = pygame.display.set_mode((880, 720))    初始化繪製畫面（screen）
67      clock = pygame.time.Clock()                     建立 clock 物件
```

行	程式	說明
68	`    font = pygame.font.Font(None, 30)`	建立字型物件
69		
70	`    init_message()`	清空訊息
71		
72	`    while True:`	無限迴圈
73	`        for event in pygame.event.get():`	以迴圈處理 pygame 的事件
74	`            if event.type == QUIT:`	當玩家點選視窗的「×」鍵
75	`                pygame.quit()`	停止初始化 pygame 模組
76	`                sys.exit()`	結束程式
77		
78	`        draw_battle(screen, font)`	繪製戰鬥畫面
79	`        tmr = tmr + 1`	讓 tmr 遞增 1
80	`        key = pygame.key.get_pressed()`	將所有按鍵的狀態代入列表 key
81		
82	`        if idx == 10: #開始戰鬥`	idx 10 的處理
83	`            if tmr == 1: set_message("Encounter!")`	假設 tmr 為 1 就設定訊息
84	`            if tmr == 6:`	假設 tmr 為 6
85	`                idx = 11`	就等待玩家輸入指令
86	`                tmr = 0`	
87		
88	`        elif idx == 11: #等待玩家輸入指令`	idx 11 的處理
89	`            if tmr == 1: set_message("Your turn.")`	假設 tmr 為 1 就設定訊息
90	`            battle_command(screen, font)`	顯示戰鬥指令
91	`            if key[K_a] == 1 or key[K_SPACE] == 1:`	當玩家按下 A 鍵或空白鍵
92	`                idx = 12`	進入玩家攻擊處理
93	`                tmr = 0`	
94		
95	`        elif idx == 12: #玩家展開攻擊`	idx 12 的處理
96	`            if tmr == 1: set_message("You attack!")`	假設 tmr 為 1 就設定訊息
97	`            if 2 <= tmr and tmr <= 4:`	假設 tmr 的值介於 2 與 4 之間
98	`                screen.blit(imgEffect, [700-tmr*120, -100+tmr*120])`	繪製攻擊特效
99	`            if tmr == 5:`	假設 tmr 為 5
100	`                emy_blink = 5`	將值指定給讓敵人閃爍的變數
101	`                set_message("***pts of damage!")`	設定訊息
102	`            if tmr == 16:`	當 tmr 為 16
103	`                idx = 13`	進入敵人攻擊處理
104	`                tmr = 0`	
105		
106	`        elif idx == 13: #輪到敵人攻擊`	idx 13 的處理
107	`            if tmr == 1: set_message("Enemy turn.")`	假設 tmr 為 1 就設定訊息
108	`            if tmr == 5:`	當 tmr 為 5
109	`                set_message("Enemy attack!")`	設定訊息

```
110                emy_step = 30                  將值指定給前後移動敵人的變數
111            if tmr == 9:                       當 tmr 為 9
112                set_message("***pts of          設定訊息
damage!")
113                dmg_eff = 5                    將值設定給搖晃畫面的變數
114                emy_step = 0                    讓敵人回到原本的位置
115            if tmr == 20:                      當 tmr 為 20
116                idx = 11                        等待玩家輸入指令
117                tmr = 0
118
119        pygame.display.update()               更新畫面
120        clock.tick(5)                         指定影格速率
121
122 if __name__ == '__main__':                   於直接執行這個程式之際
123     main()                                    呼叫的 main() 函數
```

執行程式後，會顯示「Your turn.」的訊息及「[A]ttack」指令。若按下 A 鍵或空白鍵，就會顯示主角攻擊敵人的畫面及「***pts of damage ！」的訊息。

接著會輪到敵人攻擊，以及顯示「Enemy turn. Enemy attack ！」的訊息，還會顯示主角受傷的畫面（背景會搖晃），也會顯示「***pts of damage ！」的訊息，之後再輪到玩家攻擊。

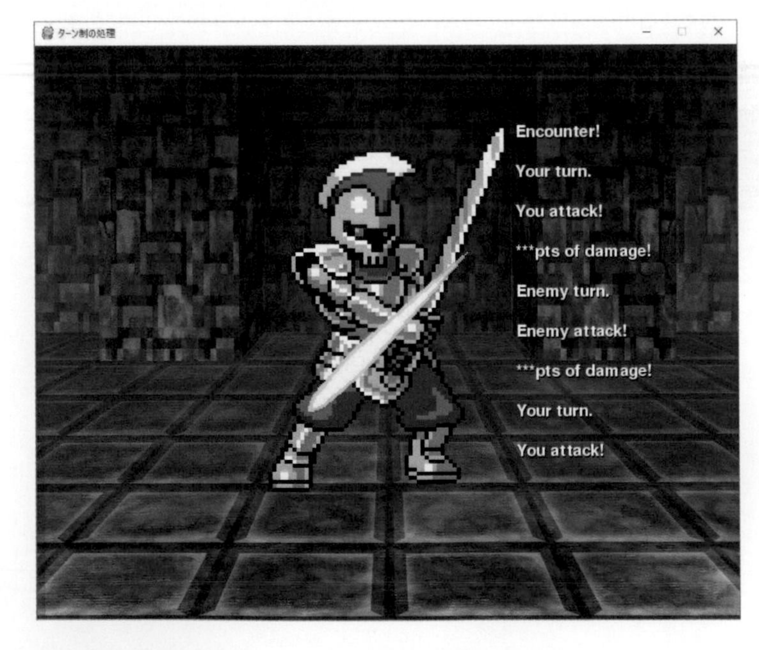

圖 11-7-1
battle_turn.py 的執行結果

接著讓我們確認一下，是否依照前面的說明，利用 idx 變數管理玩家與敵人展開攻擊的處理，也請大家注意第 79 列程式碼的 tmr 變數的計數處理，看看在不同的處理中，以 if 條件式取得 tmr 的值，藉此顯示訊息或是進入其他處理的部分。**利用索引與計時器管理遊戲流程是開發遊戲非常基本與重要的技巧**，請大家務必掌握。

下列的變數都用於管理特效。

表 11-7-2　特效變數的內容

變數名稱	用途
emy_step	增減敵人的y座標，讓敵人前後移動
emy_blink	讓敵人閃爍
dmg_eff	讓戰鬥背景搖晃

由於此程式只是用來說明的教材，所以玩家與敵人的處理會一直輪流，若要完成這個遊戲，就必須新增 [P]otion、[B]laze gem、[R]um 這些指令的處理，還要計算體力以及判斷玩家是否擊敗對手的處理，這部分都會在第 12 章提及。

encounter 是遇到敵人的意思。回合制的程式讓這個遊戲變得更像遊戲了。我知道有些內容很難，但第 12 章就能開始玩 RPG，還請大家再堅持一下囉！

COLUMN

遊戲的特效

遊戲通常會有很多特效，例如主角的體力恢復時，畫面會出現藍白光芒，受傷時，畫面會閃爍紅光，使出魔法或技巧時，也會顯示華麗的特效。在此介紹以 Pygame 內建的半透明圖形繪製命令以及捲動畫面的命令，繪製畫面特效的範例。

掌握遊戲開發的基本技巧後，就能用心設計畫面特效。大家將來若有機會開發遊戲，此專欄的內容肯定能派上用場。

程式 ▶ column11.py

```
1  import pygame                      載入 pygame 模組
2  import sys                         載入 sys 模組
3  import random                      載入 random 模組
4
5  WHITE = (255,255,255)              定義顏色　白色
6  BLACK = (  0,  0,  0)              定義顏色　黑色
```

7		
8	`def main():`	執行主要處理的函數
9	`    pygame.init()`	初始化 pygame 模組
10	`    pygame.display.set_caption("半透明效果與捲動畫面的效果")`	指定視窗標題
11	`    screen = pygame.display.set_mode((800, 600))`	初始化繪製畫面（screen）
12	`    clock = pygame.time.Clock()`	建立 clock 物件
13		
14	`    surface_a = pygame.Surface((800, 600))`	建立寬 800 點 × 高 600 點的 Surface
15	`    surface_a.fill(BLACK)`	以黑色填滿這個 Surface
16	`    surface_a.set_alpha(32)`	設定透明度
17		
18	`    CHIP_MAX = 50`	光彈的數量
19	`    cx = [0]*CHIP_MAX`	光彈的 X 座標
20	`    cy = [0]*CHIP_MAX`	光彈的 Y 座標
21	`    xp = [0]*CHIP_MAX`	光彈的 X 軸位移量
22	`    yp = [0]*CHIP_MAX`	光彈的 Y 軸位移量
23	`    for i in range(CHIP_MAX):`	在迴圈裡
24	`        cx[i] = random.randint(0, 800)`	以亂數決定光彈的 X 座標
25	`        cy[i] = random.randint(0, 600)`	以亂數決定光彈的 Y 座標
26		
27	`    while True:`	無限迴圈
28	`        for event in pygame.event.get():`	以迴圈處理 pygame 的事件
29	`            if event.type == pygame.QUIT:`	當玩家點選視窗的「×」鍵
30	`                pygame.quit()`	停止初始化 pygame 模組
31	`                sys.exit()`	結束程式
32		
33	`        screen.scroll(1, 4)`	移動（捲動）畫面裡的圖案
34	`        screen.blit(surface_a, [0, 0])`	將黑色半透明的 Surface 疊在畫面上
35		
36	`        mx, my = pygame.mouse.get_pos()`	將滑鼠游標代入變數
37	`        pygame.draw.rect(screen, WHITE, [mx-4, my-4, 8, 8])`	在滑鼠游標的座標繪製矩形
38		
39	`        for i in range(CHIP_MAX):`	利用迴圈移動光彈
40	`            if mx < cx[i] and xp[i] > -20: xp[i] = xp[i] - 1`	┬─滑鼠游標的座標與
41	`            if mx > cx[i] and xp[i] <  20: xp[i] = xp[i] + 1`	│光彈的座標比較後

```
42              if my < cy[i] and                 │讓光彈的 X 軸與 Y 軸的位移量
yp[i] > -16: yp[i] = yp[i] - 1                   │
43              if my > cy[i] and                ┘產生變化
yp[i] <  16: yp[i] = yp[i] + 1
44              cx[i] = cx[i] + xp[i]            讓光彈的 X 座標產生變化
45              cy[i] = cy[i] + yp[i]            讓光彈的 Y 座標產生變化
46              pygame.draw.circle(              繪製光彈
screen, (  0, 64,192), [cx[i],
cy[i]], 12)
47              pygame.draw.circle(               〃
screen, (  0,128,224), [cx[i],
cy[i]],  9)
48              pygame.draw.circle(               〃
screen, (192,224,255), [cx[i],
cy[i]],  6)
49
50          pygame.display.update()            更新畫面
51          clock.tick(30)                     指定影格速率
52
53  if __name__ == '__main__':               於直接執行這個程式之際
54      main()                                 呼叫 main() 函數
```

執行程式後，光彈會隨著滑鼠游標的移動軌跡在視窗之內飛舞。

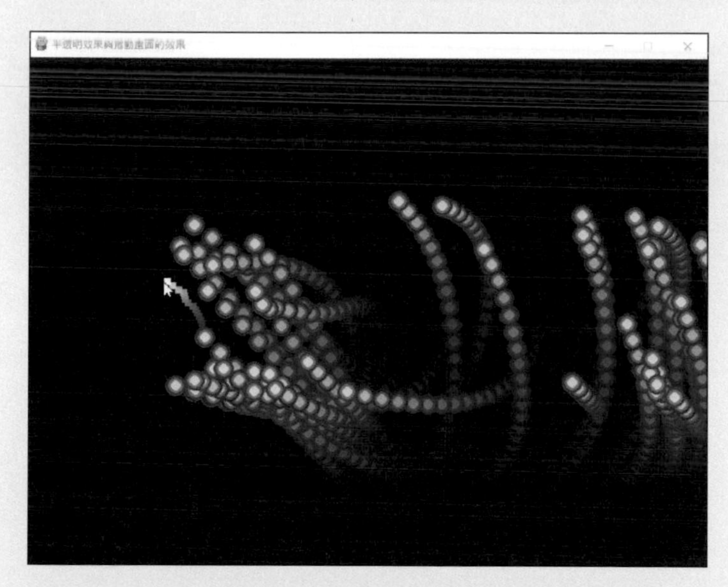

圖 **11-A**　**column11.py** 的執行結果

光彈是利用管理座標的 cx、cy 與管理位移量的 xp、yp 這兩項列表呈現慣性運動的效果。第 40 ～ 45 列是計算光彈位移量與座標的程式碼。這個程式的重點在於在座標追加位移量的部分。

第 14 ～ 16 列是建立半透明 Surface 的程式碼。set_alpha() 命令能以參數指定 Surface 的透明度（Alpha 值）。當參數的值為 0，代表 Surface 完全透明，為 256 時代表完全不透明，若設定為 128 則代表半透明。

第 33 列的 scroll() 命令是讓視窗裡的圖片捲動的部分。scroll() 的參數為讓圖片往 X 方向與 Y 方向移動的點數。

第 34 列的程式利用 blit() 命令將半透明黑色 Surface 重疊在視窗上。大家不妨把這段程式想像成每個影格的畫面都覆蓋著一層淡黑色薄膜的處理，所有的圖片都會蒙上一層淡黑色，直到完全變黑與消失。如此一來，就能讓光彈與滑鼠游標的矩形淡出畫面。

上篇撰寫了角色扮演遊戲的骨架，這章則要新增處理，讓遊戲變得更完整。請大家先玩玩完成版的遊戲，再了解程式的細節，一步步剖析角色扮演遊戲的程式。

開發正統的 RPG 遊戲！（下篇）

Chapter 12

Lesson 12-1 角色扮演遊戲的全貌

我們要製作的遊戲是一個大約一小時就能破關的小遊戲，所以本書以「**One hour Dungeon**」稱呼此遊戲。首先為大家說明 One hour Dungeon 的全貌。

One hour Dungeon的世界

Story

這裡是由劍與魔法統治的奇幻世界，雷克羅姆王國的邊境曾有座地下迷宮，而境內的古老石碑刻著許多古代文字，述説著勇者將魔王封印在這座迷宮的事蹟。在經過漫長的歲月之後，魔王的魔力漸漸消退，但他的靈魂卻衍生出各種魔物，並在這座迷宮之內肆虐。

不知道什麼時候開始，凡是想試試自己身手的冒險者，都會進入這座充滿死亡氣息的迷宮。身為初級戰士的你也想進入迷宮一探究竟的話，就帶著一把寶劍，勇敢潛入這座充滿可怕魔物與危險的迷宮。

››› 完成遊戲所需的處理

要完成 One hour Dungeon 就要將上篇撰寫的「自動產生地下城」、「在地下城內移動」及「輪流戰鬥制」整理成一個程式，再新增下列的處理。

1. 移動場景

❶ 在自動產生地下城時，在地板配置寶箱、繭與樓梯。

❷ 走到寶箱就能取得生命藥水（Potion）或火炎石（Blaze gem）；部分寶箱會設定讓食物（FOOD）腐敗的陷阱，一旦打開，FOOD 的值就會減半。

❸ 碰到繭就會開始戰鬥或取得食物。

❹ 碰到樓梯就能往下層移動；儲存抵達的最深樓層。

❺ 走路時，會計算食物與生命值，當生命值歸零，遊戲就結束。

❻ 準備主角往上下左右走的圖片，再根據方向鍵切換圖片，藉此打造主角走路的動畫。

2. 戰鬥場景

❶ 進入戰鬥後，決定敵人的種類與敵人的強度。

❷ 接收戰鬥指令。

- **戰鬥指令共四種，分別是Attack（攻擊）、Potion（生命藥水）、Blaze gem（火炎石）、Run（逃跑）。**
- **使用Potion可讓生命值恢復。**
- **使用Blaze gem可施展火炎魔法，讓敵人受重傷。**
- **選擇Run有機會逃跑，成功率則由亂數決定，假設成功逃跑，就回到移動畫面，否則就輪到敵人攻擊。**

❸ 打倒敵人後，生命值的上限與攻擊力會有一定的機率增加。

❹ 遭受敵人攻擊，導致生命值歸零時，遊戲就結束。

3. 其他

❶ 不管是在移動還是在戰鬥，都可利用 [S] 鍵調整遊戲的速度。

❷ 植入音效。

角色扮演遊戲的主角能力也能定義為資料，但 One hour Dungeon 是以算式決定敵人的能力。角色扮演遊戲若能調整遊戲速度，可以帶給玩家更好的遊戲體驗，所以本章程式將會植入這項功能。

上述的各種處理不會比前一章學到的「自動產生地下城處理」或「回合制戰鬥」處理複雜，待大家玩過這個遊戲之後，透過 Lesson 12-3 及 12-4 的程式說明上述的處理，至於一些有待說明的處理也會在 Lesson 12-4 說明。

››› 依序撰寫每個必要的處理

或許有些人會擔心「我有辦法自己寫出這麼多項處理嗎？」但請大家放寬心，因為開發遊戲的時候，會先撰寫作為骨架的系統。若以角色扮演遊戲為例，就是移動畫面與戰鬥畫面的處理，所以本書才會在第 11 章介紹這兩個部分的處理。

一旦骨架完成，後續就是逐步追加需要的處理而已，即使是遊戲開發公司的遊戲程式設計師，也沒辦法一口氣寫好所有處理，他們會依照遊戲計畫師製作的遊戲規格表設計撰寫程式的流程，在訂出優先順序之後，才開始著手撰寫程式。筆者在開發 One hour Dungeon 時，也是寫好一項處理就確認能否順利執行，一步步完成所有的程式。

此外，若在此一邊撰寫每個處理，一邊解說這些處理的內容，恐怕會浪費不少版面，所以選擇在 Lesson 12-3 介紹所有處理的程式，再於 Lesson 12-4 說明其中的細節。

一步步追加必要的處理，可讓遊戲內容越來越有趣喲！

Lesson 12-2

下載檔案與執行程式

本節將說明 One hour Dungeon 使用了哪些圖片與音效的資源檔，再執行 One hour Dungeon 的程式，確認執行的流程。

確認各種檔案

解壓縮從本書支援網站下載的 ZIP 檔案後，會產生儲存程式檔與資源檔的資料夾。圖片檔在「image」資料夾裡，音效檔在「sound」資料夾裡。

配置資源檔的階層（資料夾）會隨著遊戲開發環境或開發語言而調整，但如果會用到很多張圖片或音效檔，通常會依照下列的原則分類。

- **將圖片檔整理成獨立資料夾**
- **將音效檔整理成獨立資料夾**
- **若有文字檔或地圖檔，也可以各自整理成獨立資料夾**
- **替每個資料夾取一個簡單易懂的名字，以方便了解存放的內容**

One hour Dungeon 使用的圖檔與音效檔如下。

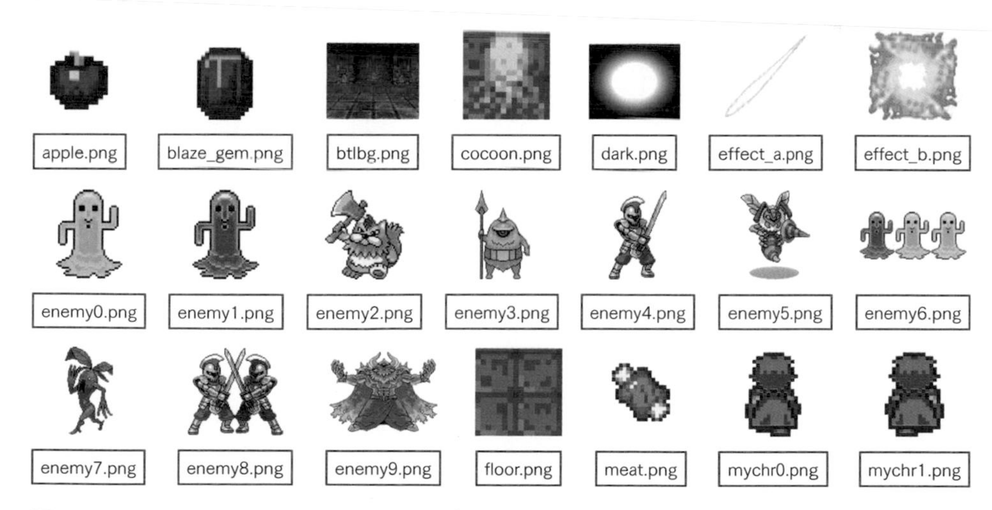

圖 12-2-1　One hour Dungeon 使用的圖檔

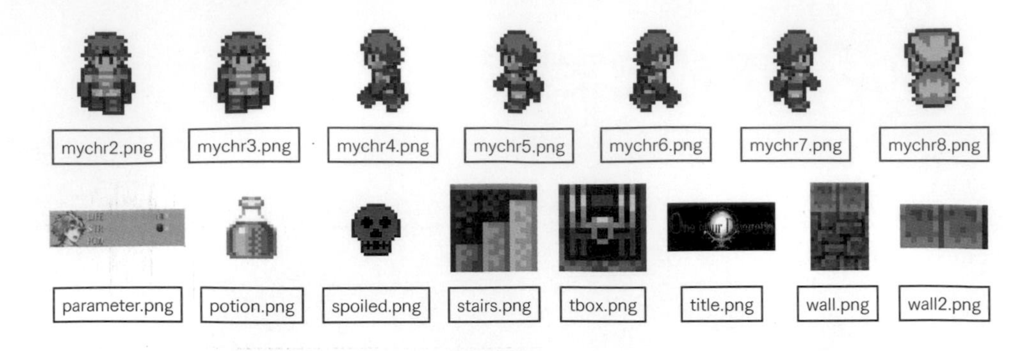

表 12-2-1 One hour Dungeon 使用的音效檔

檔案名稱	使用的場景
ohd_bgm_battle.ogg	戰鬥畫面的BGM
ohd_bgm_field.ogg	移動畫面的BGM
ohd_bgm_title.ogg	標題畫面的BGM
ohd_jin_gameover.ogg	遊戲結束時的音樂
ohd_jin_jevup.ogg	主角升級時的音樂
ohd_jin_win.ogg	戰鬥勝利時的音樂
ohd_se_attack.ogg	攻擊對手的音效
ohd_se_blaze.ogg	使用火炎石的音效
ohd_se_potion.ogg	使用生命藥水的音效

※ 音效都只有幾秒鐘左右。

操作方法與遊戲規則

請執行 one_hour_dungeon.py，確認遊戲操作方式。操作方式與遊戲規則如下。程式會在 Lesson 12-3 列出，雖然有點長，但仍請大家試著輸入。

▪ 操作方法

- 在標題畫面按下空白鍵後，遊戲立刻開始。
- 可在移動畫面以方向鍵移動。
- 可在戰鬥畫面利用 ↑ ↓ 鍵選擇指令，再以空白鍵或 Enter 鍵決定指令。
- 可直接以 A、P、B、R 鍵選擇指令。

▪ 遊戲流則

❶ 移動畫面

- 只要移動，食物就會減少，在還有食物的情況下走路，生命值會慢慢恢復。

- 在食物歸零的情況下走路時，生命值會不斷減少；生命值歸零時，遊戲結束。
- 地下城的寶箱放了可於戰鬥使用的道具。
- 有些寶箱是讓食物腐壞的陷阱。
- 繭有可能是怪物或食物，若是遇到怪物就展開戰鬥。
- 可從樓梯往下層移動。
- 遊戲目的在於不斷往下層移動，標題畫面會顯示曾經抵達的樓層數。

❷ 戰鬥畫面

- 採玩家與敵人輪流攻擊的制度。玩家可選擇指令，與敵人戰鬥。
- 打倒敵人後，主角的能力值會增加。
- 遭受敵人攻擊，生命值歸零時，遊戲結束。

※ 遊戲的訊息皆以簡單的英文寫成，省去顯示中文的設定。

第一次玩 Rougelike 遊戲的讀者要特別注意食物的存量，否則食物吃光之後，主角就會死掉。

執行程式時的注意事項

假設電腦未連接音響或耳機，有可能會發生錯誤，畫面可能是黑漆漆一片，所以請先接上音訊設備再執行程式。

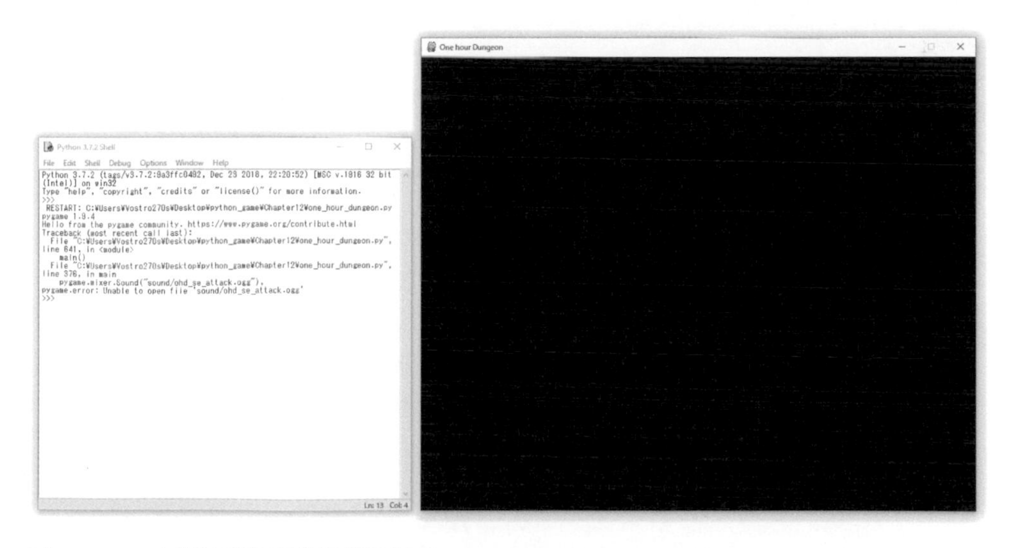

圖 12-2-2　未連接音訊設備的錯誤畫面

Lesson

12-3 程式內容

一開始，先確認 One hour Dungeon 的程式全貌，Lesson 12-4 會仔細說明變數與相關的用途，以及說明索引值、相關處理與函數的內容。建議大家一邊閱讀說明，一邊了解程式的內容。

程式 ▶ One hour Dungeon 的程式（one_hour_dungeon.py）

```
1  import pygame
2  import sys
3  import random
4  from pygame.locals import *
5  
6  #定義顏色
7  WHITE = (255, 255, 255)
8  BLACK = (  0,   0,   0)
9  RED   = (255,   0,   0)
10 CYAN  = (  0, 255, 255)
11 BLINK = [(224,255,255), (192,240,255), (128,224,255), (64,192,255), (128,224,255), (192,240,255)]
12 
13 #載入圖片
14 imgTitle = pygame.image.load("image/title.png")
15 imgWall = pygame.image.load("image/wall.png")
16 imgWall2 = pygame.image.load("image/wall2.png")
17 imgDark = pygame.image.load("image/dark.png")
18 imgPara = pygame.image.load("image/parameter.png")
19 imgBtlBG = pygame.image.load("image/btlbg.png")
20 imgEnemy = pygame.image.load("image/enemy0.png")
21 imgItem = [
22     pygame.image.load("image/potion.png"),
23     pygame.image.load("image/blaze_gem.png"),
24     pygame.image.load("image/spoiled.png"),
25     pygame.image.load("image/apple.png"),
26     pygame.image.load("image/meat.png")
27 ]
28 imgFloor = [
29     pygame.image.load("image/floor.png"),
30     pygame.image.load("image/tbox.png"),
31     pygame.image.load("image/cocoon.png"),
32     pygame.image.load("image/stairs.png")
33 ]
34 imgPlayer = [
35     pygame.image.load("image/mychr0.png"),
36     pygame.image.load("image/mychr1.png"),
```

```
37        pygame.image.load("image/mychr2.png"),
38        pygame.image.load("image/mychr3.png"),
39        pygame.image.load("image/mychr4.png"),
40        pygame.image.load("image/mychr5.png"),
41        pygame.image.load("image/mychr6.png"),
42        pygame.image.load("image/mychr7.png"),
43        pygame.image.load("image/mychr8.png")
44    ]
45    imgEffect = [
46        pygame.image.load("image/effect_a.png"),
47        pygame.image.load("image/effect_b.png")
48    ]
49
50    #宣告變數
51    speed = 1
52    idx = 0
53    tmr = 0
54    floor = 0
55    fl_max = 1
56    welcome = 0
57
58    pl_x = 0
59    pl_y = 0
60    pl_d = 0
61    pl_a = 0
62    pl_lifemax = 0
63    pl_life = 0
64    pl_str = 0
65    food = 0
66    potion = 0
67    blazegem = 0
68    treasure = 0
69
70    emy_name = ""
71    emy_lifemax = 0
72    emy_life = 0
73    emy_str = 0
74    emy_x = 0
75    emy_y = 0
76    emy_step = 0
77    emy_blink = 0
78
79    dmg_eff = 0
80    btl_cmd = 0
81
82    COMMAND = ["[A]ttack", "[P]otion", "[B]laze gem", "[R]un"]
83    TRE_NAME = ["Potion", "Blaze gem", "Food spoiled.", "Food +20", "Food +100"]
84    EMY_NAME = [
85        "Green slime", "Red slime", "Axe beast", "Ogre", "Sword man",
```

```
86      "Death hornet", "Signal slime", "Devil plant", "Twin killer", "Hell"
87      ]
88
89  MAZE_W = 11
90  MAZE_H = 9
91  maze = []
92  for y in range(MAZE_H):
93      maze.append([0]*MAZE_W)
94
95  DUNGEON_W = MAZE_W*3
96  DUNGEON_H = MAZE_H*3
97  dungeon = []
98  for y in range(DUNGEON_H):
99      dungeon.append([0]*DUNGEON_W)
100
101 def make_dungeon(): #自動產生地下城
102     XP = [ 0, 1, 0,-1]
103     YP = [-1, 0, 1, 0]
104     #周圍的牆壁
105     for x in range(MAZE_W):
106         maze[0][x] = 1
107         maze[MAZE_H-1][x] = 1
108     for y in range(1, MAZE_H-1):
109         maze[y][0] = 1
110         maze[y][MAZE_W-1] = 1
111     #地下城一片空白的狀態
112     for y in range(1, MAZE_H-1):
113         for x in range(1, MAZE_W-1):
114             maze[y][x] = 0
115     #柱子
116     for y in range(2, MAZE_H-2, 2):
117         for x in range(2, MAZE_W-2, 2):
118             maze[y][x] = 1
119     #從柱子的上下左右延伸出牆壁
120     for y in range(2, MAZE_H-2, 2):
121         for x in range(2, MAZE_W-2, 2):
122          d = random.randint(0, 3)
123          if x > 2: #自第二欄的柱子之後，不在左側建立牆壁
124              d = random.randint(0, 2)
125          maze[y+YP[d]][x+XP[d]] = 1
126
127     #根據迷宮建立地下城
128     #將地下城的所有空間設定為牆壁
129     for y in range(DUNGEON_H):
130         for x in range(DUNGEON_W):
131             dungeon[y][x] = 9
132     #配置房間與通道
133     for y in range(1, MAZE_H-1):
134         for x in range(1, MAZE_W-1):
```

```
135             dx = x*3+1
136             dy = y*3+1
137             if maze[y][x] == 0:
138                 if random.randint(0, 99) < 20: #建立房間
139                     for ry in range(-1, 2):
140                         for rx in range(-1, 2):
141                             dungeon[dy+ry][dx+rx] = 0
142                 else: #建立通道
143                     dungeon[dy][dx] = 0
144                     if maze[y-1][x] == 0: dungeon[dy-1][dx] = 0
145                     if maze[y+1][x] == 0: dungeon[dy+1][dx] = 0
146                     if maze[y][x-1] == 0: dungeon[dy][dx-1] = 0
147                     if maze[y][x+1] == 0: dungeon[dy][dx+1] = 0
148 
149 def draw_dungeon(bg, fnt): #繪製地下城
150     bg.fill(BLACK)
151     for y in range(-4, 6):
152         for x in range(-5, 6):
153             X = (x+5)*80
154             Y = (y+4)*80
155             dx = pl_x + x
156             dy = pl_y + y
157             if 0 <= dx and dx < DUNGEON_W and 0 <= dy and dy < DUNGEON_H:
158                 if dungeon[dy][dx] <= 3:
159                     bg.blit(imgFloor[dungeon[dy][dx]], [X, Y])
160                 if dungeon[dy][dx] == 9:
161                     bg.blit(imgWall, [X, Y-40])
162                     if dy >= 1 and dungeon[dy-1][dx] == 9:
163                         bg.blit(imgWall2, [X, Y-80])
164             if x == 0 and y == 0: # 顯示主角
165                 bg.blit(imgPlayer[pl_a], [X, Y-40])
166     bg.blit(imgDark, [0, 0]) #在四個角落配置暗沉的圖片
167     draw_para(bg, fnt) #顯示主角的能力
168 
169 def put_event(): #於地板配置道具
170     global pl_x, pl_y, pl_d, pl_a
171     #配置樓梯
172     while True:
173         x = random.randint(3, DUNGEON_W-4)
174         y = random.randint(3, DUNGEON_H-4)
175         if(dungeon[y][x] == 0):
176             for ry in range(-1, 2): #將樓梯周圍的空間設定為地板
177                 for rx in range(-1, 2):
178                     dungeon[y+ry][x+rx] = 0
179             dungeon[y][x] = 3
180             break
181     #配置寶箱與繭
182     for i in range(60):
183         x = random.randint(3, DUNGEON_W-4)
```

```
184            y = random.randint(3, DUNGEON_H-4)
185            if(dungeon[y][x] == 0):
186                dungeon[y][x] = random.choice([1,2,2,2,2])
187        #玩家的初始位置
188        while True:
189            pl_x = random.randint(3, DUNGEON_W-4)
190            pl_y = random.randint(3, DUNGEON_H-4)
191            if(dungeon[pl_y][pl_x] == 0):
192                break
193        pl_d = 1
194        pl_a = 2
195
196    def move_player(key): #主角的移動
197        global idx, tmr, pl_x, pl_y, pl_d, pl_a, pl_life, food, potion, blazegem, treasure
198
199        if dungeon[pl_y][pl_x] == 1: #走到寶箱的位置
200            dungeon[pl_y][pl_x] = 0
201            treasure = random.choice([0,0,0,1,1,1,1,1,1,2])
202            if treasure == 0:
203                potion = potion + 1
204            if treasure == 1:
205                blazegem = blazegem + 1
206            if treasure == 2:
207                food = int(food/2)
208            idx = 3
209            tmr = 0
210            return
211        if dungeon[pl_y][pl_x] == 2: #走到繭的位置
212            dungeon[pl_y][pl_x] = 0
213            r = random.randint(0, 99)
214            if r < 40: #食物
215                treasure = random.choice([3,3,3,4])
216                if treasure == 3: food = food + 20
217                if treasure == 4: food = food + 100
218                idx = 3
219                tmr = 0
220            else: #敵人出現
221                idx = 10
222                tmr = 0
223            return
224        if dungeon[pl_y][pl_x] == 3: #走到樓梯的位置
225            idx = 2
226            tmr = 0
227            return
228
229        #以方向鍵上下左右移動
230        x = pl_x
231        y = pl_y
232        if key[K_UP] == 1:
```

```
233             pl_d = 0
234             if dungeon[pl_y-1][pl_x] != 9:
235                 pl_y = pl_y - 1
236         if key[K_DOWN] == 1:
237             pl_d = 1
238             if dungeon[pl_y+1][pl_x] != 9:
239                 pl_y = pl_y + 1
240         if key[K_LEFT] == 1:
241             pl_d = 2
242             if dungeon[pl_y][pl_x-1] != 9:
243                 pl_x = pl_x - 1
244         if key[K_RIGHT] == 1:
245             pl_d = 3
246             if dungeon[pl_y][pl_x+1] != 9:
247                 pl_x = pl_x + 1
248         pl_a = pl_d*2
249         if pl_x != x or pl_y != y: #移動時，計算食物的存量與體力
250             pl_a = pl_a + tmr%2 #移動時的原地踏步動畫
251             if food > 0:
252                 food = food - 1
253                 if pl_life < pl_lifemax:
254                     pl_life = pl_life + 1
255             else:
256                 pl_life = pl_life - 5
257                 if pl_life <= 0:
258                     pl_life = 0
259                     pygame.mixer.music.stop()
260                     idx = 9
261                     tmr = 0
262 
263 def draw_text(bg, txt, x, y, fnt, col): #顯示套用陰影效果的文字
264     sur = fnt.render(txt, True, BLACK)
265     bg.blit(sur, [x+1, y+2])
266     sur = fnt.render(txt, True, col)
267     bg.blit(sur, [x, y])
268 
269 def draw_para(bg, fnt): #顯示主角的能力
270     X = 30
271     Y = 600
272     bg.blit(imgPara, [X, Y])
273     col = WHITE
274     if pl_life < 10 and tmr%2 == 0: col = RED
275     draw_text(bg, "{}/{}".format(pl_life, pl_lifemax), X+128, Y+6, fnt, col)
276     draw_text(bg, str(pl_str), X+128, Y+33, fnt, WHITE)
277     col = WHITE
278     if food == 0 and tmr%2 == 0: col = RED
279     draw_text(bg, str(food), X+128, Y+60, fnt, col)
280     draw_text(bg, str(potion), X+266, Y+6, fnt, WHITE)
281     draw_text(bg, str(blazegem), X+266, Y+33, fnt, WHITE)
```

```
282
283 def init_battle(): #準備進入戰鬥
284     global imgEnemy, emy_name, emy_lifemax, emy_life, emy_str, emy_x, emy_y
285     typ = random.randint(0, floor)
286     if floor >= 10:
287         typ = random.randint(0, 9)
288     lev = random.randint(1, floor)
289     imgEnemy = pygame.image.load("image/enemy"+str(typ)+".png")
290     emy_name = EMY_NAME[typ] + " LV" + str(lev)
291     emy_lifemax = 60*(typ+1) + (lev-1)*10
292     emy_life = emy_lifemax
293     emy_str = int(emy_lifemax/8)
294     emy_x = 440-imgEnemy.get_width()/2
295     emy_y = 560-imgEnemy.get_height()
296
297 def draw_bar(bg, x, y, w, h, val, max): #敵人體力條
298     pygame.draw.rect(bg, WHITE, [x-2, y-2, w+4, h+4])
299     pygame.draw.rect(bg, BLACK, [x, y, w, h])
300     if val > 0:
301         pygame.draw.rect(bg, (0,128,255), [x, y, w*val/max, h])
302
303 def draw_battle(bg, fnt): #繪製戰鬥畫面
304     global emy_blink, dmg_eff
305     bx = 0
306     by = 0
307     if dmg_eff > 0:
308         dmg_eff = dmg_eff - 1
309         bx = random.randint(-20, 20)
310         by = random.randint(-10, 10)
311     bg.blit(imgBtlBG, [bx, by])
312     if emy_life > 0 and emy_blink%2 == 0:
313         bg.blit(imgEnemy, [emy_x, emy_y+emy_step])
314     draw_bar(bg, 340, 580, 200, 10, emy_life, emy_lifemax)
315     if emy_blink > 0:
316         emy_blink = emy_blink - 1
317     for i in range(10): #顯示戰鬥訊息
318         draw_text(bg, message[i], 600, 100+i*50, fnt, WHITE)
319     draw_para(bg, fnt) #顯示主角能力
320
321 def battle_command(bg, fnt, key): #輸入與顯示指令
322     global btl_cmd
323     ent = False
324     if key[K_a]: #A鍵
325         btl_cmd = 0
326         ent = True
327     if key[K_p]: #P鍵
328         btl_cmd = 1
329         ent = True
330     if key[K_b]: #B鍵
```

```
331            btl_cmd = 2
332            ent = True
333        if key[K_r]: #R鍵
334            btl_cmd = 3
335            ent = True
336        if key[K_UP] and btl_cmd > 0: #↑鍵
337            btl_cmd -= 1
338        if key[K_DOWN] and btl_cmd < 3: #↓鍵
339            btl_cmd += 1
340        if key[K_SPACE] or key[K_RETURN]:
341            ent = True
342        for i in range(4):
343            c = WHITE
344            if btl_cmd == i: c = BLINK[tmr%6]
345            draw_text(bg, COMMAND[i], 20, 360+i*60, fnt, c)
346        return ent
347
348    #顯示戰鬥訊息的處理
349    message = [""]*10
350    def init_message():
351        for i in range(10):
352            message[i] = ""
353
354    def set_message(msg):
355        for i in range(10):
356            if message[i] == "":
357                message[i] = msg
358                return
359        for i in range(9):
360            message[i] = message[i+1]
361        message[9] = msg
362
363    def main(): #主要處理
364        global speed, idx, tmr, floor, fl_max, welcome
365        global pl_a, pl_lifemax, pl_life, pl_str, food, potion, blazegem
366        global emy_life, emy_step, emy_blink, dmg_eff
367        dmg = 0
368        lif_p = 0
369        str_p = 0
370
371        pygame.init()
372        pygame.display.set_caption("One hour Dungeon")
373        screen = pygame.display.set_mode((880, 720))
374        clock = pygame.time.Clock()
375        font = pygame.font.Font(None, 40)
376        fontS = pygame.font.Font(None, 30)
377
378        se = [ #音效
379            pygame.mixer.Sound("sound/ohd_se_attack.ogg"),
```

```
380            pygame.mixer.Sound("sound/ohd_se_blaze.ogg"),
381            pygame.mixer.Sound("sound/ohd_se_potion.ogg"),
382            pygame.mixer.Sound("sound/ohd_jin_gameover.ogg"),
383            pygame.mixer.Sound("sound/ohd_jin_levup.ogg"),
384            pygame.mixer.Sound("sound/ohd_jin_win.ogg")
385        ]
386
387        while True:
388            for event in pygame.event.get():
389                if event.type == QUIT:
390                    pygame.quit()
391                    sys.exit()
392                if event.type == KEYDOWN:
393                    if event.key == K_s:
394                        speed = speed + 1
395                        if speed == 4:
396                            speed = 1
397
398            tmr = tmr + 1
399            key = pygame.key.get_pressed()
400
401            if idx == 0: #標題畫面
402                if tmr == 1:
403                    pygame.mixer.music.load("sound/ohd_bgm_title.ogg")
404                    pygame.mixer.music.play(-1)
405                screen.fill(BLACK)
406                screen.blit(imgTitle, [40, 60])
407                if fl_max >= 2:
408                    draw_text(screen, "You reached floor {}.".format(fl_max), 300, 460, font, CYAN)
409                draw_text(screen, "Press space key", 320, 560, font, BLINK[tmr%6])
410                if key[K_SPACE] == 1:
411                    make_dungeon()
412                    put_event()
413                    floor = 1
414                    welcome = 15
415                    pl_lifemax = 300
416                    pl_life = pl_lifemax
417                    pl_str = 100
418                    food = 300
419                    potion = 0
420                    blazegem = 0
421                    idx = 1
422                    pygame.mixer.music.load("sound/ohd_bgm_field.ogg")
423                    pygame.mixer.music.play(-1)
424
425            elif idx == 1: #玩家的移動
426                move_player(key)
427                draw_dungeon(screen, fontS)
428                draw_text(screen, "floor {} ({},{})".format(floor, pl_x, pl_y), 60, 40, fontS, WHITE)
```

```
429         if welcome > 0:
430             welcome = welcome - 1
431             draw_text(screen, "Welcome to floor {}.".format(floor), 300, 180, font, CYAN)
432 
433     elif idx == 2: #切換畫面
434         draw_dungeon(screen, fontS)
435         if 1 <= tmr and tmr <= 5:
436             h = 80*tmr
437             pygame.draw.rect(screen, BLACK, [0, 0, 880, h])
438             pygame.draw.rect(screen, BLACK, [0, 720-h, 880, h])
439         if tmr == 5:
440             floor = floor + 1
441             if floor > fl_max:
442                 fl_max = floor
443             welcome = 15
444             make_dungeon()
445             put_event()
446         if 6 <= tmr and tmr <= 9:
447             h = 80*(10-tmr)
448             pygame.draw.rect(screen, BLACK, [0, 0, 880, h])
449             pygame.draw.rect(screen, BLACK, [0, 720-h, 880, h])
450         if tmr == 10:
451             idx = 1
452 
453     elif idx == 3: #取得道具或踩到陷阱
454         draw_dungeon(screen, fontS)
455         screen.blit(imgItem[treasure], [320, 220])
456         draw_text(screen, TRE_NAME[treasure], 380, 240, font, WHITE)
457         if tmr == 10:
458             idx = 1
459 
460     elif idx == 9: #遊戲結束
461         if tmr <= 30:
462             PL_TURN = [2, 4, 0, 6]
463             pl_a = PL_TURN[tmr%4]
464             if tmr == 30: pl_a = 8 #主角倒地的畫面
465             draw_dungeon(screen, fontS)
466         elif tmr == 31:
467             se[3].play()
468             draw_text(screen, "You died.", 360, 240, font, RED)
469             draw_text(screen, "Game over.", 360, 380, font, RED)
470         elif tmr == 100:
471             idx = 0
472             tmr = 0
473 
474     elif idx == 10: #開始戰鬥
475         if tmr == 1:
476             pygame.mixer.music.load("sound/ohd_bgm_battle.ogg")
477             pygame.mixer.music.play(-1)
```

```
478                 init_battle()
479                 init_message()
480             elif tmr <= 4:
481                 bx = (4-tmr)*220
482                 by = 0
483                 screen.blit(imgBtlBG, [bx, by])
484                 draw_text(screen, "Encounter!", 350, 200, font, WHITE)
485             elif tmr <= 16:
486                 draw_battle(screen, fontS)
487                 draw_text(screen, emy_name+" appear!", 300, 200, font, WHITE)
488             else:
489                 idx = 11
490                 tmr = 0
491 
492         elif idx == 11: #輪到玩家攻擊(等待指令輸入)
493             draw_battle(screen, fontS)
494             if tmr == 1: set_message("Your turn.")
495             if battle_command(screen, font, key) == True:
496                 if btl_cmd == 0:
497                     idx = 12
498                     tmr = 0
499                 if btl_cmd == 1 and potion > 0:
500                     idx = 20
501                     tmr = 0
502                 if btl_cmd == 2 and blazegem > 0:
503                     idx = 21
504                     tmr = 0
505                 if btl_cmd == 3:
506                     idx = 14
507                     tmr = 0
508 
509         elif idx == 12: #玩家發動攻擊
510             draw_battle(screen, fontS)
511             if tmr == 1:
512                 set_message("You attack!")
513                 se[0].play()
514                 dmg = pl_str + random.randint(0, 9)
515             if 2 <= tmr and tmr <= 4:
516                 screen.blit(imgEffect[0], [700-tmr*120, -100+tmr*120])
517             if tmr == 5:
518                 emy_blink = 5
519                 set_message(str(dmg)+"pts of damage!")
520             if tmr == 11:
521                 emy_life = emy_life - dmg
522                 if emy_life <= 0:
523                     emy_life = 0
524                     idx = 16
525                     tmr = 0
526             if tmr == 16:
```

```
527                 idx = 13
528                 tmr = 0
529 
530         elif idx == 13: #輪到敵人攻擊
531             draw_battle(screen, fontS)
532             if tmr == 1:
533                 set_message("Enemy turn.")
534             if tmr == 5:
535                 set_message(emy_name + " attack!")
536                 se[0].play()
537                 emy_step = 30
538             if tmr == 9:
539                 dmg = emy_str + random.randint(0, 9)
540                 set_message(str(dmg)+"pts of damage!")
541                 dmg_eff = 5
542                 emy_step = 0
543             if tmr == 15:
544                 pl_life = pl_life - dmg
545                 if pl_life < 0:
546                     pl_life = 0
547                     idx = 15
548                     tmr = 0
549             if tmr == 20:
550                 idx = 11
551                 tmr = 0
552 
553         elif idx == 14: #逃得掉嗎？
554             draw_battle(screen, fontS)
555             if tmr == 1: set_message("...")
556             if tmr == 2: set_message("......")
557             if tmr == 3: set_message(".........")
558             if tmr == 4: set_message("............")
559             if tmr == 5:
560                 if random.randint(0, 99) < 60:
561                     idx = 22
562                 else:
563                     set_message("You failed to flee.")
564             if tmr == 10:
565                 idx = 13
566                 tmr = 0
567 
568         elif idx == 15: #失敗
569             draw_battle(screen, fontS)
570             if tmr == 1:
571                 pygame.mixer.music.stop()
572                 set_message("You lose.")
573             if tmr == 11:
574                 idx = 9
575                 tmr = 29
```

```
576
577         elif idx == 16: #勝利
578             draw_battle(screen, fontS)
579             if tmr == 1:
580                 set_message("You win!")
581                 pygame.mixer.music.stop()
582                 se[5].play()
583             if tmr == 28:
584                 idx = 22
585                 if random.randint(0, emy_lifemax) > random.randint(0, pl_lifemax):
586                     idx = 17
587                     tmr = 0
588
589         elif idx == 17: #升級
590             draw_battle(screen, fontS)
591             if tmr == 1:
592                 set_message("Level up!")
593                 se[4].play()
594                 lif_p = random.randint(10, 20)
595                 str_p = random.randint(5, 10)
596             if tmr == 21:
597                 set_message("Max life + "+str(lif_p))
598                 pl_lifemax = pl_lifemax + lif_p
599             if tmr == 26:
600                 set_message("Str + "+str(str_p))
601                 pl_str = pl_str + str_p
602             if tmr == 50:
603                 idx = 22
604
605         elif idx == 20: #Potion
606             draw_battle(screen, fontS)
607             if tmr == 1:
608                 set_message("Potion!")
609                 se[2].play()
610             if tmr == 6:
611                 pl_life = pl_lifemax
612                 potion = potion - 1
613             if tmr == 11:
614                 idx = 13
615                 tmr = 0
616
617         elif idx == 21: #Blaze gem
618             draw_battle(screen, fontS)
619             img_rz = pygame.transform.rotozoom(imgEffect[1], 30*tmr, (12-tmr)/8)
620             X = 440-img_rz.get_width()/2
621             Y = 360-img_rz.get_height()/2
622             screen.blit(img_rz, [X, Y])
623             if tmr == 1:
624                 set_message("Blaze gem!")
```

```
625                 se[1].play()
626             if tmr == 6:
627                 blazegem = blazegem - 1
628             if tmr == 11:
629                 dmg = 1000
630                 idx = 12
631                 tmr = 4
632
633         elif idx == 22: #戰鬥結束
634             pygame.mixer.music.load("sound/ohd_bgm_field.ogg")
635             pygame.mixer.music.play(-1)
636             idx = 1
637
638         draw_text(screen, "[S]peed "+str(speed), 740, 40, fontS, WHITE)
639
640         pygame.display.update()
641         clock.tick(4+2*speed)
642
643 if __name__ == '__main__':
644     main()
```

這段程式很長，應該很難看過一遍就理解，所以在 Lesson 12-4 會仔細的剖析程式。

自動產生地下城、在地下城內移動、回合制戰鬥都是這類遊戲的骨架，若有不清楚的部分，可以翻回第 11 章複習喲！

Lesson 12-4

程式的細節

說明 One hour Dungeon 使用的變數、索引與函數。

變數與相關的用途

❶ 載入圖片的變數（※ 宣告為全域變數）

```
imgTitle = pygame.image.load("img/title.png")
```

會如上宣告為 img*** 的名稱。

❷ 儲存資料的變數（※ 宣告為全域變數）

變數名稱	用途
speed	管理遊戲的速度（影格速率）
idx、tmr	管理遊戲流程
floor fl_max welcom	目前的樓層 去過的樓層（最大值） 顯示「Welcome to floor *.」這類訊息的時間
pl_x、pl_y、pl_d、pl_a	主角在地下城的位置、方向與動畫模式
pl_lifemax、pl_life、pl_str	主角的最大生命值、生命值與攻擊力
food	食物
potion、blazegem	取得的 Potion 與 Blaze gem 的數量
treasure	打開寶箱或走到繭的位置所出現的東西
emy_name、emy_lifemax、emy_life、emy_str	敵人的名稱、生命值最大值、生命值、攻擊力
emy_x、emy_y	敵人圖片在戰鬥畫面裡的座標
emy_step、emy_blink	敵人出現效果的變數。emy_step 會讓敵人的圖片前後移動，emy_blink 可讓敵人的圖片閃爍
dmg_eff	在玩家遭受攻擊時，讓畫面搖晃的變數
btl_cmd	儲存戰鬥指令的值

❸ 移動畫面的列表（※ 宣告為全域變數）

列表名稱	用途
maze	儲存自動產生的迷宮的資料
dungeon	儲存根據迷宮產生的地下城的資料

❹ 戰鬥畫面的列表（※ 宣告為全域變數）

列表名稱	用途
message	儲存戰鬥時的訊息

❺ 其他的變數（※ 在 main() 函數之內宣告為區域變數）

列表名稱	用途
dmg	計算攻擊時的傷害
lif_p、str_p	主角成長時，生命值的最大值與攻擊力要增加多少

❻ 載入音效的列表（※ 在 main() 函數之內宣告為區域變數）

```
se = [
    pygame.mixer.Sound("snd/ohd_se_attack.ogg"),
    :
]
```

››› 索引值

這個程式將索引值設定為 idx 變數，主要是利用下列的值進行不同的處理。

表 12-4-1　idx 的處理

idx 的值	執行何種處理	處理的內容
0	標題畫面	▪ 播放標題畫面的BGM、顯示標題的圖案 ▪ 顯示曾抵達多深的樓層 ▪ 按下空白鍵就自動產生地下城，將最初的值代入遊戲的變數，輸出移動畫面的BGM，進入移動畫面（idx1）
1	玩家的移動	▪ 利用方向鍵移動主角 ▪ 判斷是否走到寶箱或繭的位置 ▪ 走到樓梯的位置時，進入idx2的處理 ▪ 是道具或陷阱時，進入idx3的處理 ▪ 進入戰鬥時，進入idx10的處理 ▪ 生命值歸零時，進入idx9的處理
2	切換畫面	▪ 前往下個樓層的效果 ▪ 執行產生地下城的函數，再回到idx1

idx 的值	執行何種處理	處理的內容
3	取得道具或踩到陷阱	▪ 顯示打開寶箱之後的結果，再回到idx1
9	遊戲結束	▪ 顯示主角倒地的模樣 ▪ 經過一段時間後，回到標題畫面（idx0）
10	戰鬥開始	▪ 準備進入戰鬥以及顯示畫面，再由玩家展開攻擊（idx11）
11	輪到玩家攻擊	▪ 等待玩家輸入指令，再執行對應的處理（idx12、20、21、14）
12	玩家發動攻擊	▪ 玩家攻擊敵人的處理 ▪ 敵人的生命值減少與打倒敵人之後，就進入戰鬥勝利的處理（idx16） ▪ 敵人的生命值尚未歸零時，輪到敵人攻擊（idx13）
13	輪到敵人攻擊	▪ 敵人攻擊主角的處理 ▪ 減少主角的生命值，若不支倒地就進入戰鬥失敗的處理（idx15） ▪ 主角的生命值尚未歸零時，輪到主角攻擊（idx11）
14	能成功逃走嗎？	▪ 隨機決定成功逃跑的機率 ▪ 若成功逃跑，回到移動畫面（idx1），否則就輪到敵人攻擊（idx13）
15	戰鬥失敗	▪ 顯示戰鬥失敗的畫面，進入遊戲結束的處理（idx9）
16	戰鬥勝利	▪ 顯示戰鬥勝利的畫面 ▪ 以一定的機率進入升級處理（idx17） ▪ 若未升級就進入結束戰鬥的處理（idx22）
17	升級	▪ 增加主角的能力值與結束戰鬥（idx22）
20	使用 Potion 的處理	▪ 讓生命值恢復，輪到敵人攻擊（idx13）
21	使用 Blaze gem 的處理	▪ 播放特效，並將值存入計算傷害的變數，再進入 idx12 的處理（計算敵人傷害的處理位於 idx12）
22	戰鬥結束	▪ 播放移動時的 BGM，進入 idx1 的處理

››› 定義的所有函數

在此列出所有的函數，包含第 11 章學過的函數。

表 12-4-2　函數的處理

	函數	處理的內容
①	make_dungeon()	自動產生地下城
②	draw_dungeon(bg,fnt)	繪製地下城
③	put_event()	在地板配置物品（樓梯、寶箱、繭） 決定主角的位置
④	move_player(key)	主角的移動

⑤	draw_text(bg,txt,x,y,fnt,col)	顯示套用陰影效果的文字
⑥	draw_para(bg,fnt)	顯示主角的能力
⑦	init_battle()	準備戰鬥（載入敵人的圖片或其他處理）
⑧	draw_bar(bg,x,y,w,h,val,max)	敵人的體力條
⑨	draw_battle(bg,fnt)	繪製戰鬥畫面
⑩	battle_command(bg,fnt,key)	輸入與顯示戰鬥指令
⑪	init_message()	清空戰鬥訊息的列表
⑫	set_message(msg)	設定戰鬥訊息
⑬	main()	主要處理

››› 處理的細節

以下針對困難的處理進行說明。

❶ 配置樓梯：第 172 ～ 180 列的 put_event() 函數

這次利用 while True 的迴圈在地下城的某處配置樓梯，再以 break 脫離配置樓梯的迴圈。配置樓梯時，會將樓梯的周圍設定為地板，這是為了避免在單一通道配置樓梯時，沒辦法走到樓梯的另一側（如果只有一條路，就只能走下樓梯）的狀況。

```
while True:
    x = random.randint(3, DUNGEON_W-4)
    y = random.randint(3, DUNGEON_H-4)
    if(dungeon[y][x] == 0):
        for ry in range(-1, 2): #將樓梯周圍的空間設定為地板
            for rx in range(-1, 2):
                dungeon[y+ry][x+rx] = 0
        dungeon[y][x] = 3
        break
```

❷ 利用公式計算敵人的能力值：第 285 ～ 293 列的 init_battle() 函數

依照下列的規則將敵人種類的值代入 typ 變數，並將敵人的等級代入 lev 變數。

- typ ←介於 0 至目前樓層的亂數，若超過 10 層樓，則為 0 ～ 9 的亂數（敵人有 10 種）。
- lev ← 1 到目前樓層的亂數。

```
    typ = random.randint(0, floor)
    if floor >= 10:
        typ = random.randint(0, 9)
    lev = random.randint(1, floor)
    imgEnemy = pygame.image.load("image/enemy"+str(typ)+".png")
    emy_name = EMY_NAME[typ] + " LV" + str(lev)
    emy_lifemax = 60*(typ+1) + (lev-1)*10
    emy_life = emy_lifemax
    emy_str = int(emy_lifemax/8)
```

敵人的生命值是以「60*(typ+1) + (lev-1)*10」的算式計算，這個算式會替每種敵人設定等級，而且就算是同一種敵人，等級越高，生命值越高。此外，敵人的攻擊力為生命值的八分之一，如此一來，越往下層探索，就會遇到越強的敵人。

❸ 選擇戰鬥指令的 battle_command() 函數：第 321 ～ 346 列

利用函數接收按鍵以及繪製指令。

```
def battle_command(bg, fnt, key): #輸入與顯示指令
    global btl_cmd
    ent = False
    if key[K_a]: #A 鍵
        btl_cmd = 0
        ent = True
    if key[K_p]: #P 鍵
        btl_cmd = 1
        ent = True
    if key[K_b]: #B 鍵
        btl_cmd = 2
        ent = True
    if key[K_r]: #R 鍵
        btl_cmd = 3
        ent = True
    if key[K_UP] and btl_cmd > 0: #↑鍵
        btl_cmd -= 1
    if key[K_DOWN] and btl_cmd < 3: #↓鍵
        btl_cmd += 1
    if key[K_SPACE] or key[K_RETURN]:
        ent = True
    for i in range(4):
```

```
        c = WHITE
        if btl_cmd == i: c = BLINK[tmr%6]
        draw_text(bg, COMMAND[i], 20, 360+i*60, fnt, c)
    return ent
```

這個函數是以 return 命令傳回 ent 變數的值，ent 的初始值為 False。當玩家按下按鍵，指令編號會代入 btl_cmd，但是當玩家按下 A、P、B、R 鍵、空白鍵或 Enter 鍵，會將 ent 設定為 True。如此一來，就能在 main() 函數的指令輸入處理（第 495 列）判斷玩家是否選擇了指令（呼叫這個函數後，若傳回 True，代表玩家選擇了指令）。

❹ 升級：main() 函數的 585 列

One hour Dungeon 沒有經驗值的參數。只要展開戰鬥，就有一定的機率升級，生命值的最大值與攻擊力也會增加。這次是利用敵人與主角的生命值最大值產生亂數，藉此決定主角能否升級，至於升級的條件式如下。

```
if random.randint(0, emy_lifemax) > random.randint(0, pl_lifemax):
```

這個條件式可在玩家（主角）遇到強敵（生命值較高的敵人）時，讓升級的機率提升。反之，主角打倒比較弱的敵人，也不一定能升級。若將升級的機率固定為五分之一，有可能會給玩家「打倒強敵也不太會升級」的壞印象。

若能像這程式一樣，利用敵人與主角的強度落差決定升級的機率，才能讓主角以合理的方式升級。

❺ 調整遊戲速度的機能：第 392 ～ 396 列與 641 列

在 Pygame 的事件處理取得玩家按下 S 鍵的狀態，再讓管理遊戲速度的變數 speed 值在 1 ～ 3 的範圍內調整。

```
            if event.type == KEYDOWN:
                if event.key == K_s:
                    speed = speed + 1
                    if speed == 4:
                        speed = 1
```

將指定影格速率的 clock.tick() 參數設定為 4+2*speed，再依照 speed 的值調整遊戲的速度。

```
        clock.tick(4+2*speed)
```

預設（speed 值為 1）的影格速率為 6。熟悉遊戲之後，玩家可試著調快遊戲速度，更自在地遊玩。

❻ 文字效果的顏色

讓文字套用閃爍效果的顏色，是第 11 列的程式在列表撰寫元組的值。

```
BLINK = [(224,255,255), (192,240,255), (128,224,255), (64,192,255),
(128,224,255), (192,240,255)]
```

❼ 地下城的牆壁

地下城的牆壁是以 wall.png 與 wall2.png 這兩張圖營造立體感。在上下牆壁相連之後重疊了 wall3.png（draw_dungeon() 函數的第 160 ～ 163 列）。

❽ 地下城的氛圍

讓移動場景的四個角落變暗，呈現宛如地下城的氛圍，是先以 draw_dungeon() 函數繪製地下城的背景，再以第 166 列的程式重疊暗沉的圖片（dark.png）。

❾ 成功逃跑的機率

由於 One hour Dungeon 只會在走到繭的位置時展開戰鬥，所以是否要戰鬥，全由玩家自行決定，也因此將成功逃跑的機率（第 560 列）設定得比較低。此外，將第 4 章專欄介紹的「撤退處理」放入 Rougelike 遊戲的話，很可能會抹殺遊戲的緊張感，所以這個程式沒有使用撤退處理。

❿ 攻擊的特效

以 Blaze gem 攻擊敵人的特效，是使用第 10 章（P.230）的縮放與旋轉圖片命令（第 619 列）。

改良 One hour Dungeon

改良別人撰寫的程式，也能學到很多程式設計的技巧。讓我們試著改良一下 One hour Dungeon 的程式。

例：置換圖片

在改良程式前，可先從置換圖片著手，換成自己喜歡的圖片，會讓人更有興趣學習。

例：調整寶箱與繭的數量及敵人的強度

改良程式最好從簡單一點的部分著手，例如可試著調整寶箱與繭的數量。這部分只需要調整迴圈的次數以及 choice() 命令的值。

- **第 182 列的 range() 的參數值，可調整寶箱與繭的數量。**
- **第 186 列的 random.choice() 的參數值，可調整寶箱與繭出現的比例。**
- **第 201 列的 random.choice() 的參數值，可調整寶箱內容（Potion、Blaze gem 陷阱）的比例。**

此外，可試著調整 init_battle() 函數的生命值與攻擊力的算式，調整敵人的強度（能力值）。

改良遊戲的主架構

請試著改良遊戲的主架構。

例如想增加陷阱地板或是可以穿透的牆壁。地下城的資料是放在 dungeon 列表裡面，當值為 0 代表是地板，1 為寶箱、2 為繭，3 為樓梯，9 為牆壁。若是將 4 設定為陷阱地板，讓主角踩到這格就會受傷或是彈到其他位置，就等於追加了新的陷阱。當然也可以將 8 設定為可穿透的牆壁。

One hour Dungeon 沒有儲存資料的功能，如果能追加儲存與載入資料的功能，這個遊戲肯定會更完整。要儲存資料必須具備輸出與輸入檔案的知識，這部分將於下面的專欄說明。

COLUMN

Python 的檔案處理

如何利用 Python 存取檔案，利用檔案的輸出與輸入處理儲存、載入軟體的資料，請參閱下列程式。

▪ 將字串存成檔案的程式

請輸入下列的程式，並且命名與儲存檔案，再執行程式。

程式 ▶ **column12_file_write.py**

```
1  file = open("test.txt", 'w')             以寫入模式（w）開啟檔案
2  for i in range(10):                      迴圈，讓 i 從 0 遞增至 9
3      file.write("line "+str(i)+"¥n")      將字串存成檔案
4  file.close()                             關閉檔案
```

執行程式後，程式碼的資料夾會新增 test.txt 檔案。開啟 test.txt 之後，會看到下列的字串。

```
line 0
line 1
line 2
line 3
line 4
line 5
line 6
line 7
line 8
line 9
```

■ 從檔案讀取資料的程式

請先建立 test2.txt 檔案，並在這檔案輸入一些字串。由於這次要讀取多列字串，所以請輸入 2 列以上的字串。

text2.txt 的內容範例

```
早安
午安
晚安
```

輸入下列程式後，與 test2.txt 放在同一資料夾再執行。

程式 ▶ column12_file_read.py

```
1  file = open("test2.txt", 'r')      以讀取模式（r）開啟檔案
2  rl = file.readlines()              將檔案的所有字串載入變數 rl
3  file.close()                       關閉檔案
4  for i in rl:                       以迴圈刪除每 1 列的
5      print(i.rstrip("¥n"))            換行字元再輸出
```

執行程式會後載入 test2.txt 的內容，再於 Shell 視窗輸出該內容。

第 2 列的 readlines() 是載入檔案所有內容的命令。檔案的內容會載入 rl，其值如下。

```
['早安\n', '午安\n', '晚安\n']
```

\n 是換行字元，第 4 列的迴圈會在輸出每一列的內容時，利用 i.rstrip("\n") 刪除換行字元。可試著將第 5 列的程式改成 print(i)，應該就會看到包含換行字元的內容，也會發現每一行的資料莫名的換行。

寫入或載入的程式都是以 **file.close()** 關閉檔案。要是忘記關閉就無法繼續操作這個程式，所以千萬要記得關閉開啟的檔案。

■ 字串與數值的轉換

寫入檔案的資料都是字串。當生命值儲存為字串時，就無法當成數值操作，此時若要將字串轉換成數值，可使用 int() 命令或 float() 命令。

接著介紹將字串轉換成數值的程式。請輸入下列的程式，並且命名與儲存檔案，再執行程式。

列表 ▶ **column12_int.py**

```
1  num1 = "1000"             將 1000 這個字串代入 num1
2  print(num1+num1)          以 + 連接字串再輸出結果
3  num2 = int(num1)          將 num1 轉換成數值再代入 num2
4  print(num2+num2)          以 + 加總數值再輸出結果
```

執行程式後，第 2 列的 print() 命令會輸出 10001000，第 4 列的 print() 命令會輸出 2000。

```
10001000
2000
>>> |
```

圖 12A

若要將字串轉換成小數點，可將 int() 命令換成 float() 命令。將數值轉換成字串的命令是 str() 命令。

專欄介紹了下列的內容：

- **將字串存入檔案**
- **從檔案讀取字串**
- **字串與數值的轉換**

運用這些知識就能將遊戲的變數值存成檔案，也能從檔案載入這些變數值。

程式的寫法分成程序式語言與物件導向兩種。第 11~12 章介紹的程式都是以程序式語言的方式撰寫。雖然程序式語言也能開發正統的遊戲，但要更有效率地開發大型程式，最好具備物件導向的知識。本章就來介紹物件導向程式設計的內容。

物件導向程式設計

Chapter 13

Lesson 13-1

關於物件導向程式設計

POINT

必知事項

物件導向程式設計是 Python 的基本概念，本章將使用標準模組作說明。另外特別提醒，在第 10 ～ 12 章學習的 Pygame 不是物件導向程式設計所需的模組。

從 Python、C/C++ 衍生的 C 語言、Java、JavaScript 都是常用於開發軟體的程式語言，也都支援物件導向程式設計的概念。首先為大家介紹所謂的物件導向。

何謂物件導向程式設計

物件導向程式設計就是多個物件一起驅動系統的概念。物件導向程式設計會將**資料**（以變數操作的數值或字串）與**功能**（以函數定義的處理）整理成所謂的**類別**，再根據該類別建置**物件**，接著撰寫程式，讓這些物件存取資料及一同執行處理。

此外，物件又稱為**實體**，所謂的實體都是從類別建立的。

類別與物件

物件導向程式設計通常會先從類別建立物件（實體），再由物件進行處理。類別就像是機器的設計圖，而物件就是根據設計圖開發的機器。

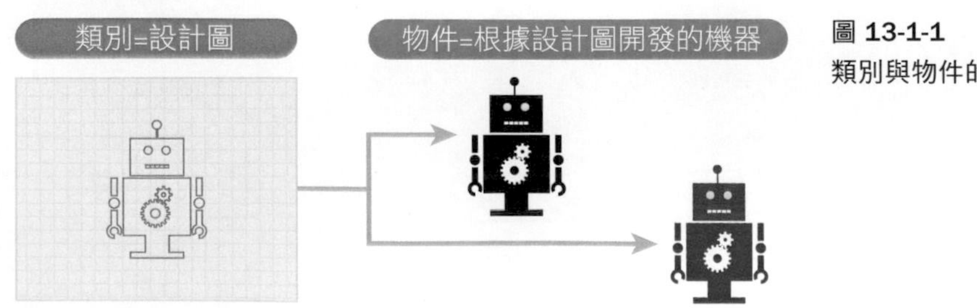

圖 13-1-1
類別與物件的關係

如果以一個遊戲軟體為例，類別是角色的設計圖，而物件則是實際創建的角色。

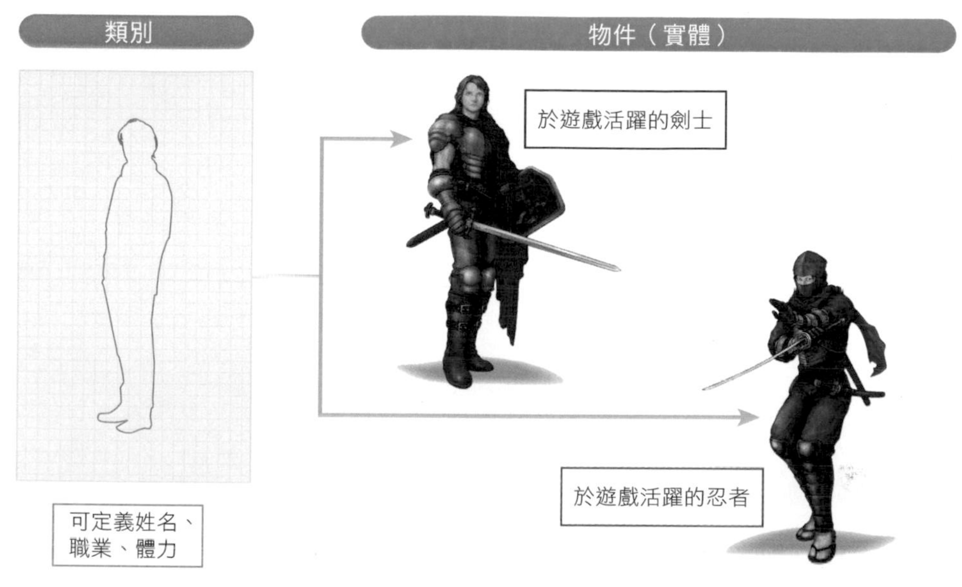

圖 13-1-2　以遊戲的角色為例

或許只有字面解釋，不太容易想像物件導向程式設計是怎麼一回事，所以會在 Lesson 13-2 定義類別，確認建置物件的程式，藉此介紹物件導向程式設計的概念。

本書的目的在於解說遊戲的開發流程，所以也會**透過創建角色的類別學習物件導向程式設計的概念**。

為什麼要學會物件導向程式設計的概念？

在學習物件導向的程式之前，要為大家說明物件導向為何備受推崇的理由。

程式的寫法分成**程序語言**與**物件導向**兩種，假設要開發的是大型程式，物件導向會比程序語言更容易了解處理的內容與流程，即程式更容易維護與改良，這也是如此受歡迎的一大理由。

物件導向程式設計非常適合開發大型軟體。如果只是為了消遣而學習程式設計，不一定非得學習物件導向的概念，但如果想成為專業的遊戲程式設計師，物件導向就是必學的概念。

有些人可能是第一次聽到物件導向這個字眼，有些人可能會覺得這個字眼「似曾相識」，這很正常，因為日常生活不會用到這個字眼。

或許您曾聽過物件導向的概念，卻覺得很難理解。的確，在學習程式設計的過程中，物件導向是門檻較高的一類，不過本書將以短短幾列程式說明物件導向的基礎，還請大家放輕鬆地學習。

Lesson 13-2 類別與物件

如何定義 Python 的類別，及根據類別建置物件的方法。

建立類別

一開始先介紹定義類別的基本語法，格式如下。

語法：定義類別

```
class 類別名稱:
    def __init__(self):
        self.變數名稱 = 初始值
```

Python 會以「**class** 類別名稱」的方式宣告類別，接著會於 **def__init__(self)** 撰寫要在這類別建立的物件所使用的變數，此變數也稱為**屬性**。關於屬性的部分會在 P.329 說明。

def__init__(self) 稱為**建構式**，是一個類別只有一個的特別函數。建構式的處理只在根據類別建立物件時執行一次。不一定每個類別都需要建構式，所以能定義沒有建構式的類別。

Python 類別的建構式或函數一定會有 **self** 參數，代表的是物件本身。

一開始或許不太容易了解 self 的意思，可以先照著語法撰寫就好。

定義類別，建立物件

要透過四個步驟確認類別與物件，撰寫「建立遊戲角色」的程式。

第一步是先定義類別。這次的類別名稱為 GameCharacter，類別名稱的首字通常會是大寫，所以這類別的名稱使用大寫的 G。建構式的參數除了 self 還有 job（職業）與 life（生命值）。請輸入下列的程式，並且命名與儲存檔案，再執行程式。

程式 ▶ **list1302_1.py**

```
1  class GameCharacter:                    宣告類別
2      def __init__(self, job, life):        建構式
3          self.job = job                      將參數值代入 job 屬性
4          self.life = life                    將參數值代入 life 屬性
```

執行程式後不會得到任何結果，因為**這個程式只定義了類別，沒進行任何處理**。

第二步驟是根據類別建置物件。請輸入下列的程式，並且命名與儲存檔案，再執行程式。

程式 ▶ **list1302_2.py**

```
1  class GameCharacter:                    宣告類別
2      def __init__(self, job, life):        建構式
3          self.job = job                      將參數值代入 job 屬性
4          self.life = life                    將參數值代入 life 屬性
5
6  warrior = GameCharacter("戰士", 100)    建立 warrior 物件
7  print(warrior.job)                      輸出 warrior 的 job 屬性值
8  print(warrior.life)                     輸出 warrior 的 life 屬性值
```

執行程式後，IDLE 的 Shell 視窗會輸出「戰士」與「100」。

圖 13-2-1
list1302_2.py 的執行結果

如果把遊戲世界裡的戰士（物件）想像成以魔法黏土（類別）捏成的角色或許會比較容易理解類別與物件吧？第 1 ～ 4 列定義了角色的特質，第 6 列程式的 warrior 就是以該特質建立的戰士實體。

在這程式裡，warrior 變數就是所謂的物件，物件可利用下列的語法建置。

語法：建置物件

```
物件變數 = 類別名稱 ()
```

建構式除了 self 還有其他參數的情況

```
物件變數 = 類別名稱（參數）
```

list1302_2.py 定義的類別在建構式追加了 2 個參數，再以第 3 ～ 4 列的程式，將透過參數接收的值代入 **self. 變數**，此變數稱為**屬性**，可讓物件保有資料。屬性可如第 7 ～ 8 列的**物件變數 . 屬性**參照值，也可利用這語法代入新值。

雖然只定義類別不會得到任何結果，但還是能根據類別創置物件（實體），再將屬性值（以這程式來說即為職業與生命值）指派給物件。第三步就是由物件本身輸出屬性值。請輸入下列的程式，並且命名與儲存檔案，再執行程式。

程式 ▶ list1302_3.py

```
1  class GameCharacter:                        宣告類別
2      def __init__(self, job, life):            建構式
3          self.job = job                          將參數值代入 job 屬性
4          self.life = life                        將參數值代入 life 屬性
5
6      def info(self):                           輸出屬性值的函數（方法）
7          print(self.job)                         輸出 job 屬性的值
8          print(self.life)                        輸出 life 屬性的值
9
10 warrior = GameCharacter("戰士", 100)        建立 warrior 物件
11 warrior.info()                              執行 warrior 的 info() 方法
```

執行程式後，一樣會在 Shell 視窗輸出「戰士」與「100」，這裡就不特別列出執行畫面。

雖然執行過程與前一個程式相同，但這個程式利用第 11 列的 warrior.info() 輸出職業名稱與生命值。info() 是於第 6 ～ 8 列撰寫的函數，也位於類別之內。這種在類別之內定義的函數稱為**方法**，方法可如第 11 列程式的**物件變數 . 方法**語法執行。物件導向程式設計就是像這樣以方法定義物件的功能。

把物件導向的程式想成「命令物件做事」應該會比較容易了解。請試著想像成要戰士物件 warrior 執行 info() 命令。

第四步是根據類別建置多個物件。請輸入下列的程式，並且命名與儲存檔案，再執行程式。

程式 ▶ **list1302_4.py**

```
1  class GameCharacter:                              宣告類別
2      def __init__(self, job, life):                  建構式
3          self.job = job                                將參數值代入 job 屬性
4          self.life = life                              將參數值代入 life 屬性
5
6      def info(self):                                 輸出屬性值的函數（方法）
7          print(self.job)                               輸出 job 屬性的值
8          print(self.life)                              輸出 life 屬性的值
9
10 human1 = GameCharacter("騎士", 120)               建立 human1 物件
11 human1.info()                                     執行 human1 的 info() 方法
12
13 human2 = GameCharacter("魔法師", 80)              建立 human2 物件
14 human2.info()                                     執行 human2 的 info() 方法
```

執行程式後會輸出 2 個物件的職業名稱與生命值。第 10 列的 human1 是騎士物件，第 13 列的 human2 是魔法師物件。

```
騎士
120
魔法師
80
>>>
```

圖 13-2-2
list1302_4.py 的輸出結果

這次以 human1、human2 兩個變數建立了物件，但其實利用列表建立多個物件會更方便喲！

Lesson 13-3

利用 tkinter 學習物件導向

以 tkinter 顯示視窗，再透過圖片確認物件導向程式的執行過程，以直接觀察物件的方式，進一步了解類別與物件的知識。

使用 tkinter

Lesson 13-2 透過 Shell 視窗的文字確認了物件，本節要利用 tkinter 顯示視窗，確認類別與物件的內容。這次會用到右側的圖片，請先從本書的支援網站下載，再與程式碼放在同一個資料夾。

swordsman.png

請輸入下列的程式，並且命名與儲存檔案，再執行程式。

程式 ▶ **list1303_1.py**

```
1  import tkinter                                        載入 tkinter 模組
2  FNT = ("Times New Roman", 30)                         指定字型的變數
3
4  class GameCharacter:                                  定義類別
5      def __init__(self, job, life, imgfile):             建構式
6          self.job = job                                    將參數值代入 job 屬性
7          self.life = life                                  將參數值代入 life 屬性
8          self.img = tkinter.PhotoImage(file=imgfile)       將圖片載入 img 屬性
9
10     def draw(self):                                     顯示圖片與資訊的方法
11         canvas.create_image(200, 280, image=self.img)     繪製圖片
12         canvas.create_text(300, 400, text=self.job,       顯示字串（job 的值）
   font=FNT, fill="red")
13         canvas.create_text(300, 480, text=self.           顯示字串（life 的值）
   life, font=FNT, fill="blue")
14
15 root = tkinter.Tk()                                   建立視窗物件
16 root.title("利用 tkinter 撰寫物件導向程式")             指定標題
17 canvas = tkinter.Canvas(root, width=400, height=560,  建立畫布的零件
   bg="white")
18 canvas.pack()                                         配置畫布
```

```
19
20  character = GameCharacter("劍士", 200, "swordsman.png")   建立角色物件
21  character.draw()                                         執行這個角色的 draw() 方法
22
23  root.mainloop()                                          顯示視窗
```

執行程式後，會如右圖顯示劍士的圖片與資訊。

要請注意第 8 列的建構式。

```
self.img = tkinter.PhotoImage(file=
imgfile)
```

這列程式利用建構式的參數接收了圖檔的檔案名稱，再將圖片載入 self.img。**屬性除了可以操作數值與字串，還可以處理圖片檔**。

請確認第 10 ～ 13 列的 draw() 方法是於第 21 列的程式執行，及在畫布顯示圖片這兩個部分。

圖 13-3-1　list1303_1.py 的執行結果

以屬性操作圖片是這程式的重點。在第 20 列程式創置的 character 物件擁有職業名稱、生命值及圖片的資料。

利用列表建立多個物件

除了先前的 swordsman.png 外，這次還會用到右側的圖片，請先從本書的支援網站下載，再與程式碼放在同一個資料夾。

請輸入下列的程式，並且命名與儲存檔案，再執行程式。

程式 ▶ **list1303_2.py**

```
1   import tkinter                                                        載入 tkinter 模組
2   FNT = ("Times New Roman", 30)                                         指定字型的變數
3
4   class GameCharacter:                                                  定義類別
5       def __init__(self, job, life, imgfile):                             建構式
6           self.job = job                                                    將參數值代入 job 屬性
7           self.life = life                                                  將參數值代入 life 屬性
8           self.img = tkinter.PhotoImage(file=imgfile)                       將圖片載入 img 屬性
9
10      def draw(self, x, y):                                               顯示圖片與資訊的方法
11          canvas.create_image(x+200, y+280, image=self.img)                 繪製圖片
12          canvas.create_text(x+300, y+400, text=self.                       顯示字串（job 的值）
    job, font=FNT, fill="red")
13          canvas.create_text(x+300, y+480, text=self.                       顯示字串（life 的值）
    life, font=FNT, fill="blue")
14
15  root = tkinter.Tk()                                                   建立視窗物件
16  root.title("利用 tkinter 撰寫物件導向程式")                               指定標題
17  canvas = tkinter.Canvas(root, width=800, height=560,                  建立畫布的零件
    bg="white")
18  canvas.pack()                                                         配置畫布
19
20  character = [                                                         以列表建立物件
21      GameCharacter("劍士", 200, "swordsman.png"),                        劍士的物件
22      GameCharacter("忍者", 160, "ninja.png")                             忍者的物件
23  ]
24  character[0].draw(0, 0)                                               執行劍士物件的 draw() 方法
25  character[1].draw(400, 0)                                             執行忍者物件的 draw() 方法
26
27  root.mainloop()                                                       顯示視窗
```

執行程式後會顯示劍士與忍者。

基本的處理與前面的 list1303_1.py 相同，只有 draw() 方法寫成 draw(self,x,y)，新增了兩個參數，及指定圖片與字串的位置。

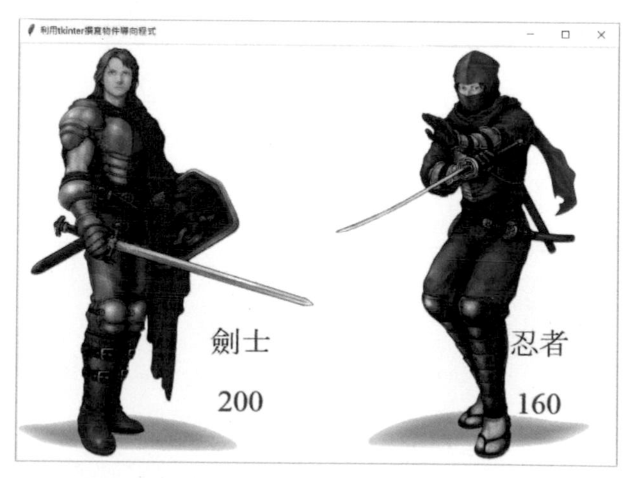

圖 13-3-2　list1303_2.py 的執行結果

第 20 ～ 23 列的程式是以列表創置 2 個物件。第 24 ～ 25 列的程式則分別執行了這兩個物件的 draw() 方法。

定義功能，讓兩個物件對戰

在類別定義的方法可賦予物件功能。list1303_1.py 與 list1303_2.py 的程式在類別定義了 draw() 方法。若以物件導向的概念開發遊戲，通常會定義下列的方法。

- **讓角色移動的方法**
- **計算角色生命值的方法**

這些功能若有變數（屬性），可在建構式追加該變數。

為了讓大家更了解物件的功能，這次要在前面的 list1303_2.py 新增與對手交戰的方法，將程式改良成近似遊戲的內容。這程式會將之前用來儲存職業名稱的變數 job 改成儲存角色名稱的變數 name。

請輸入下列的程式，並且命名與儲存檔案，再執行程式。

程式 ▶ list1303_3.py

```
1  import tkinter                                          載入 tkinter 模組
2  import time                                             載入 time 模組
3  FNT = ("Times New Roman", 24)                           指定字型的變數
4
5  class GameCharacter:                                    定義類別
6      def __init__(self, name, life, x, y, imgfile,         建構式
   tagname):
7          self.name = name                                    將參數值代入 name 屬性
8          self.life = life                                    將參數值代入 life 屬性
9          self.lmax = life                                    將參數值代入 lmax 屬性
10         self.x = x                                          將參數值代入 x 屬性
11         self.y = y                                          將參數值代入 y 屬性
12         self.img = tkinter.PhotoImage(file=imgfile)         將圖片載入 img 屬性
13         self.tagname = tagname                              將參數值代入 tagname 屬性
14
15     def draw(self):                                       顯示圖片與資訊的方法
16         x = self.x                                          將圖片的位置（X 座標）
                                                               代入變數 x
17         y = self.y                                          將圖片的位置（Y 座標）
                                                               代入變數 y
18         canvas.create_image(x, y, image=self.img,           繪製圖片
   tag=self.tagname)
19         canvas.create_text(x, y+120, text=self.name,        顯示字串（name 的值）
   font=FNT, fill="red", tag=self.tagname)
```

行	程式	說明
20	`        canvas.create_text(x, y+200, text="life{}/{}".format(self.life, self.lmax), font=FNT, fill="lime", tag=self.tagname)`	顯示字串（life 與 lmax 的值）
21		
22	`    def attack(self):`	執行攻擊處理的方法
23	`        dir = 1`	圖片移動方向
24	`        if self.x >= 400:`	右側的角色
25	`            dir = -1`	設定為往左側移動
26	`        for i in range(5): #攻擊動作(水平移動)`	利用迴圈的
27	`            canvas.coords(self.tagname, self.x+i*10*di, self.y)`	coords() 命令變更圖片的位置
28	`            canvas.update()`	更新畫布
29	`            time.sleep(0.1)`	停頓 0.1 秒
30	`        canvas.coords(self.tagname, self.x, self.y)`	讓圖片回到原本的位置
31		
32	`    def damage(self):`	執行受傷處理的方法
33	`        for i in range(5): #傷害(圖片閃爍)`	在迴圈裡
34	`            self.draw()`	執行顯示角色的方法
35	`            canvas.update()`	更新畫布
36	`            time.sleep(0.1)`	停頓 0.1 秒
37	`            canvas.delete(self.tagname)`	刪除圖片（暫時刪除）
38	`            canvas.update()`	更新畫布
39	`            time.sleep(0.1)`	停頓 0.1 秒
40	`        self.life = self.life - 30`	讓生命值減少 30
41	`        if self.life > 0:`	假設生命值大於 0
42	`            self.draw()`	顯示角色
43	`        else:`	否則
44	`            print(self.name+"被打敗了...")`	於 Shell 視窗輸出「被打敗了」的訊息
45		
46	`def click_left():`	於點選左側按鈕之際執行的函數
47	`    character[0].attack()`	執行劍士攻擊處理的方法
48	`    character[1].damage()`	執行忍者受傷處理的方法
49		
50	`def click_right():`	於點選右側按鈕之際執行的函數
51	`    character[1].attack()`	執行忍者攻擊處理的方法
52	`    character[0].damage()`	執行劍士受傷處理的方法
53		
54	`root = tkinter.Tk()`	建立視窗物件
55	`root.title("以物件導向的概念開發戰鬥場景")`	指定標題
56	`canvas = tkinter.Canvas(root, width=800, height=600, bg="white")`	建立畫布的零件
57	`canvas.pack()`	配置畫布
58		
59	`btn_left = tkinter.Button(text="攻 →", command=click_left)`	建立左側按鈕
60	`btn_left.place(x=160, y=560)`	配置按鈕
61	`btn_right = tkinter.Button(text="← 攻 ", command=click_right)`	建立右側按鈕
62	`btn_right.place(x=560, y=560)`	配置按鈕
63		

64	character = [	以列表建立物件
65	GameCharacter("曉之劍士「蓋亞」", 200, 200, 280, "swordsman.png", "LC"),	劍士的物件
66	GameCharacter("暗之忍者「半藏」", 160, 600, 280, "ninja.png", "RC")	忍者的物件
67	]	
68	character[0].draw()	執行劍士物件的 draw() 方法
69	character[1].draw()	執行忍者物件的 draw() 方法
70		
71	root.mainloop()	顯示視窗

執行程式後，劍士與忍者的腳邊會顯示攻擊按鈕，點選按鈕即可攻擊對手。當生命值小於等於 0，圖片就會消失，Shell 視窗也會顯示「〇〇被打到了……」的訊息。

圖 13-3-3 list1303_3.py 的執行結果

接著說明於 GameCharacter 類別定義的建構式與方法。

表 13-3-1 GameCharacter 類別的建構式與方法

行號	建構式／方法	處理
6～13 列	建構式 __init__()	以參數接收角色的姓名、生命值、位置、圖片檔名稱與標籤名稱，再代入變數（屬性）。
15～20 列	draw() 方法	顯示角色的圖片、姓名與生命值。
22～30 列	attack() 方法	讓圖片左右移動，播放攻擊對手的效果。
32～44 列	damage() 方法	讓圖片閃爍，播放遭受攻擊的效果。減少生命值之後，若生命值尚未歸零就顯示圖片，若小於等於0，則於 Shell 視窗輸出被打倒的訊息。

撰寫第 59 列建立按鈕的程式之後，當玩家點選劍士腳邊的按鈕就會呼叫 click_left() 函數，這函數程式會在第 47 ～ 48 列執行劍士展開攻擊的方法及忍者受傷的方法。若點選忍者腳邊的按鈕，也會執行忍者展開攻擊的方法與劍士受傷的方法。

為了讓畫面的效果在一定的時間之後消失，使用了 **time.sleep()** 命令（29、36、39 列的程式）。要使用這命令必須載入 **time 模組**，再於 sleep() 的參數指定處理暫停的秒數。

讓劍士與忍者的圖片移動與閃爍的處理是以標籤名稱完成。以列表建立物件時，會於第 65 ～ 55 列將標籤名稱傳遞給物件（劍士圖片的標籤名稱為 LC，忍者圖片為 RC），物件是以屬性的方式保有這個標籤名稱。

如果稍微改良一下這程式，就能做出道地的遊戲。若想學習物件導向程式設計，可試著挑戰製作遊戲，累積相關的知識。

Lesson
13-4 進一步學習物件導向程式設計

Lesson 13-1 至 13-3 說明了物件導向程式設計的基礎知識，為了進一步學習物件導向程式設計，本節要說明繼承類別與重新定義類別的內容。這部分雖然有點難，但請大家堅持讀下去。

類別的繼承

物件導向程式設計的手法可在某個類別新增功能，建立新的類別，而這種手法就稱為**繼承**類別。

以角色扮演遊戲說明繼承類別的方法。第一步，先建立操作角色的姓名與生命值的基本類別。假設這類別的名稱為「C」，接著要根據類別 C 建立夥伴的類別 P 與怪物的類別 M。

夥伴會裝備武器與盔甲，所以類別 P 會新增管理裝備的 weapon 與 armor 變數，怪物則有火、風、土、水、闇、光這六大類元素，所以類別 M 會新增管理這些元素的變數 element。下列是類別的示意圖。

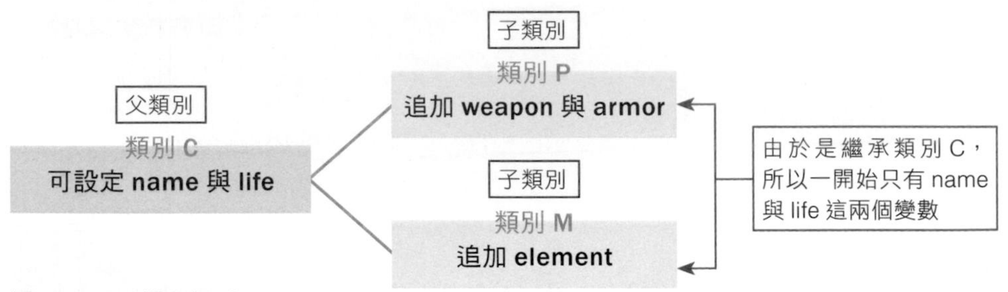

圖 13-4-1　繼承類別

被繼承的類別稱為父類別或超類別，繼承父類別的類別稱為子類別。簡單來說，根據某個類別建立類別就是所謂的繼承。

Python 可利用下列的語法建立繼承父類別的子類別。

語法：建立子類別

```
class 子類別名稱 ( 父類別名稱 ):
    子類別的內容
```

覆寫類別

子類別可藉由**覆寫**父類別的建構式或方法擴充功能，這種覆寫的英文稱為「override」。

接著要透過程式介紹繼承與覆寫的方法，而這程式是以角色扮演遊戲為藍圖，定義建立村民的類別。戰士的類別則以繼承村民的類別定義，換言之，村民的類別是父類別，戰士的類別是子類別。戰士類別會覆寫建構式與方法，藉此擴充功能。

這次不會使用圖片。請輸入下列的程式，並且命名與儲存檔案，再執行程式。

程式 ▶ **list1304_1.py**

```
1  class Human:                                   定義 Human 類別（這個是父類別）
2      def __init__(self, name, life):              建構式
3          self.name = name                           將參數值代入 name 屬性
4          self.life = life                           將參數值代入 life 屬性
5
6      def info(self):                              輸出屬性值的方法
7          print(self.name)                           輸出 name 屬性的值
8          print(self.life)                           輸出 life 屬性的值
9
10
11 class Soldier(Human):                          定義繼承 Human 類別的 Soldier 類別
12     def __init__(self, name, life, weapon):      覆寫建構式
13         super().__init__(name, life)               執行父類別的建構式
14         self.weapon = weapon                       將參數值代入 weapon 屬性
15
16     def info(self):                              覆寫 info() 方法
17         print("我的名字是"+self.name)              輸出字串與 name 屬性
18         print("我的體力{}".format(self.life))      輸出字串與 life 屬性
19
20     def talk(self):                              於 Solider 類別重義的方法
21         print("帶著" + self.weapon + "踏上冒險的    輸出台詞
   旅程")
22
23
24 man = Human("托姆(村民)", 50)                  建立村民物件
25 man.info()                                     執行這個物件的 info() 方法
26 print("----------")                            輸出內容以 ------------- 間隔
27 prince = Soldier("阿克雷思(王子)", 200, "光之劍")
28 prince.info()                                  執行這個物件的 info() 方法
29 prince.talk()                                  執行這個物件的 talk() 方法
```

執行程式後會得到下列的結果。

```
托姆(村民)
50
-----------
我的名字是阿克雷思(王子)
我的體力200
帶著光之劍踏上冒險的旅程
>>>
```

圖 13-4-2
list1304_1.py 的執行結果

第 11 ～ 21 列撰寫的 Soldier 類別繼承了第 1 ～ 8 列的 Human 類別。Soldier 類別以 def__init__(self,name,life,weapon) 覆寫了建構式，再以參數傳遞武器的名稱。此外，為了代入 name 與 life 的值，還以第 13 列程式的 super().__init__(name,life) 執行父類別的建構式。super() 代表「超類別（父類別）」的意思。

Soldier 類別也覆寫了 info() 方法，所以於第 24 列建立托姆物件後，執行該物件的 info() 方法，得到的結果會與第 27 列建立的阿克雷思物件的 info() 方法不一樣。阿克雷思的 info() 方法會被覆寫成輸出「我的名字是〇」以及「我的體力是□」的功能。

之後又在 Soldier 類別新增了 talk() 方法。繼承父類別的子類別通常會透過這種方式擴充功能。

以上就是類別的繼承與覆寫。這部分有點難，所以沒能立刻看懂也沒關係。物件導向程式設計手法不是一朝一夕能學會的內容，建議按部就班學習即可。

了解物件導向程式設計手法後，就能開發以 Pygame 撰寫的遊戲程式了。

COLUMN

筆者也陷入苦戰的物件導向程式設計

筆者（以下簡稱我）大概是從 1980 年代開始學習程式設計。當時物件導向程式設計手法尚未普及。當年還是學生的我沒讀過介紹物件導向程式設計手法的電腦相關書籍。不過，因為我只閱讀遊戲類的電腦雜誌，所以說不定商業類的電腦雜誌或書籍早就介紹過了。不論如何，當時都不是視物件導向程式設計手法為珍寶的時代。

進入 1990 年代後，電腦發展速度非常快，網路也開始普及，許多大型軟體的開發案也乘著這股氣勢推動。通常這類開發案都會由多位程式設計師一起推動，但如果能以物件導向的方式撰寫程式，就能進一步分工合作。此外，物件導向的程式語法也有避免軟體當機的機制，所以自 90 年代之後，Java 這類以物件導向為前提設計的程式語言也開始普及。

應該有不少人覺得物件導向的概念很難吧？其實我剛開始學習物件導向時，也一直覺得「怎麼都沒辦法想通呢……」。某天，我問自己「要不要把之前以程序式語言寫成的程式全部改成物件導向的程式呢？」這件事成為我了解物件導向的起點。當我將程序式語言寫成的部分程式改寫成物件導向程式後，我便對物件導向的概念有了進一步的了解。

程式設計初學者或只是為了消遣而學習程式設計的讀者，不太需要花心思了解物件導向的概念。程序語言的手法一樣能開發遊戲，這章的內容只需要大致了解即可。

假設是未來想成為職業遊戲程式設計師的讀者，建議在熟悉程式設計的技巧後，挑戰物件導向的程式設計手法，從改良本章的範例程式著手，也是了解物件導向概念的方法之一。繼承與覆寫不是很容易理解的概念，沒辦法立刻看懂也無妨。只要持續學習程式設計，總有一天能開發屬於自己的原創遊戲，屆時應該就能了解何謂物件導向了。

大家已經學到很多知識了，也一定能開發屬於自己的遊戲。請大家試著開發遊戲囉！

大家辛苦了，有緣再相會囉！

若能活用本書的知識，就能開發原創的遊戲。本章要透過 Python 研究部的活動介紹三個程式（程式可從本書的支援網頁下載）。

特別附錄

池山高校 Python 研究部

Profile

顧問　長田啟介

數學老師。在程式設計納入學校課程後，便於服務的高中創立 Python 研究部及擔任顧問。大學時代有機會學到 Python，之後也把學習 Python 當成興趣。

Profile

星野太雅

高中二年級學生。聽到「學程式有助於考試與找工作」之後，便參加這個社團。喜歡遊戲也希望有天能開發屬於自己的遊戲。

Profile

小池綠

高中一年級學生。聽到電腦程式都是以英文單字撰寫後，以「說不定能學好英文」的動機參加這個社團。雖然也想過加入英文會話社團，但喜歡未知世界的她基於好奇心，選擇參加 Python 研究部。

Appendix

Intro　一起開發遊戲吧

池山高中是某縣的縣立高中，在大學時代學過 Python 的長田老師發起了「Python 研究部」，也負責擔任顧問。目前社團成員只有 2 人，不過，成員之一的星野抱著「很想開發遊戲」的熱情，所以這社團每天都會召開讀書會。

教科書當然就是《**Python 遊戲開發講座** 》。這本從 Python 的基礎開始介紹，循序漸進從簡單的小遊戲學習正統 RPG 遊戲的書，沒想到只需要一個月就能讀完。

雖然還是有很多地方不太懂，但讀完這本書，應該稍微有點信心了吧？

嗯，多虧了這本書，讓我覺得有天也能開發出屬於自己的遊戲了。差不多可以製作遊戲了吧？

我覺得要是有學習英文單字的軟體就好了。

了解，那就先讓我們試著將本書的迷宮程式，改造成一筆畫成的迷宮遊戲。

不是開發原創的遊戲嗎？

在開發原創的遊戲前，先試著讓學過的內容發揚光大，才能溫故知新喲！第一個目標就放在打造一筆畫成的迷宮遊戲，而且還要設計很多個關卡，等到這個遊戲開發成功，就來製作英文單字學習軟體，最後再一起製作原創的遊戲。
我們了解了！

第 1 個遊戲　一筆畫成的迷宮遊戲

規則

塗滿所有地板就過關，總共有 5 關。

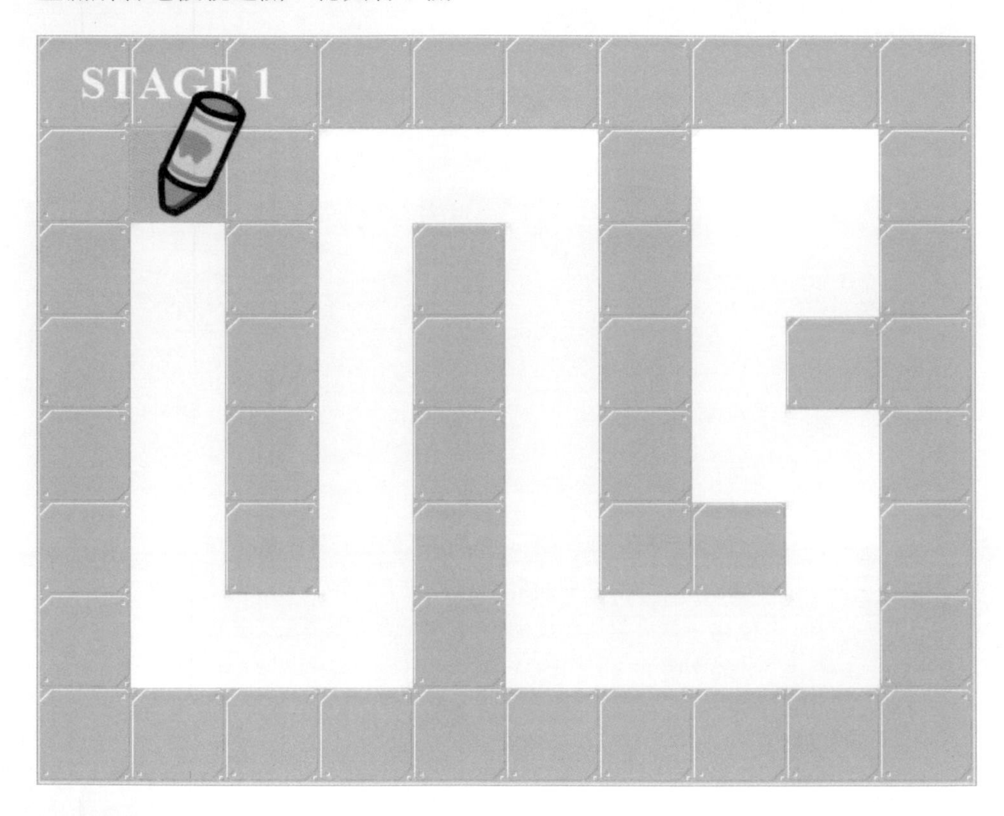

操作方法

- 利用方向鍵移動蠟筆。
- 可按下左側 Shift 鍵或 G 鍵重玩。

程式 ▶ **maze_game.py**

```
1   import tkinter
2   import tkinter.messagebox
3   
4   idx = 0
5   tmr = 0
6   stage = 1
7   ix = 0
8   iy = 0
09  key = 0
10  
11  def key_down(e):
12      global key
13      key = e.keysym
14  
15  def key_up(e):
16      global key
17      key = 0
18  
19  maze = [[],[],[],[],[],[],[],[]]
20  
21  def stage_data():
22      global ix, iy
23      global maze #要變更列表所有的內容，必須宣告為global
24      if stage == 1:
25          ix = 1
26          iy = 1
27          maze = [#0為地板、1為填過色的地板、9牆壁
28          [9, 9, 9, 9, 9, 9, 9, 9, 9, 9],
29          [9, 0, 9, 0, 0, 0, 9, 0, 0, 9],
30          [9, 0, 9, 0, 9, 0, 9, 0, 0, 9],
31          [9, 0, 9, 0, 9, 0, 9, 0, 9, 9],
32          [9, 0, 9, 0, 9, 0, 9, 0, 0, 9],
33          [9, 0, 9, 0, 9, 0, 9, 9, 0, 9],
34          [9, 0, 0, 0, 9, 0, 0, 0, 0, 9],
35          [9, 9, 9, 9, 9, 9, 9, 9, 9, 9]
36          ]
37      if stage == 2:
38          ix = 8
39          iy = 6
40          maze = [
41          [9, 9, 9, 9, 9, 9, 9, 9, 9, 9],
42          [9, 0, 0, 0, 0, 0, 0, 0, 0, 9],
43          [9, 0, 0, 0, 0, 0, 0, 9, 0, 9],
44          [9, 0, 0, 9, 9, 0, 0, 9, 0, 9],
45          [9, 0, 0, 9, 9, 0, 0, 9, 0, 9],
46          [9, 9, 9, 9, 9, 0, 0, 9, 0, 9],
47          [9, 9, 9, 9, 9, 0, 0, 0, 0, 9],
48          [9, 9, 9, 9, 9, 9, 9, 9, 9, 9]
```

```
49          ]
50      if stage == 3:
51          ix = 3
52          iy = 3
53          maze = [
54          [9, 9, 9, 9, 9, 9, 9, 9, 9, 9],
55          [9, 9, 9, 0, 0, 0, 0, 9, 9, 9],
56          [9, 9, 0, 0, 0, 0, 0, 0, 9, 9],
57          [9, 0, 0, 0, 0, 0, 0, 0, 0, 9],
58          [9, 0, 9, 0, 0, 0, 0, 0, 0, 9],
59          [9, 0, 0, 0, 0, 0, 0, 0, 9, 9],
60          [9, 9, 0, 0, 0, 0, 0, 9, 9, 9],
61          [9, 9, 9, 9, 9, 9, 9, 9, 9, 9]
62          ]
63      if stage == 4:
64          ix = 4
65          iy = 3
66          maze = [
67          [9, 9, 9, 9, 9, 9, 9, 9, 9, 9],
68          [9, 0, 0, 0, 0, 0, 0, 0, 0, 9],
69          [9, 0, 0, 0, 9, 0, 0, 0, 0, 9],
70          [9, 0, 0, 0, 0, 0, 0, 0, 0, 9],
71          [9, 0, 0, 9, 0, 0, 0, 9, 0, 9],
72          [9, 0, 0, 0, 0, 0, 0, 9, 0, 9],
73          [9, 0, 0, 0, 0, 0, 0, 0, 0, 9],
74          [9, 9, 9, 9, 9, 9, 9, 9, 9, 9]
75          ]
76      if stage == 5:
77          ix = 1
78          iy = 6
79          maze = [
80          [9, 9, 9, 9, 9, 9, 9, 9, 9, 9],
81          [9, 0, 0, 0, 0, 0, 0, 0, 0, 9],
82          [9, 0, 9, 0, 0, 0, 0, 0, 0, 9],
83          [9, 0, 0, 0, 0, 0, 9, 9, 0, 9],
84          [9, 0, 0, 0, 0, 9, 9, 9, 0, 9],
85          [9, 0, 0, 9, 0, 0, 0, 0, 0, 9],
86          [9, 0, 0, 0, 0, 0, 0, 0, 0, 9],
87          [9, 9, 9, 9, 9, 9, 9, 9, 9, 9]
88          ]
89      maze[iy][ix] = 1
90  
91  def draw_bg():
92      for y in range(8):
93          for x in range(10):
94              gx = 80*x
95              gy = 80*y
96              if maze[y][x] == 0:
97                  cvs.create_rectangle(gx, gy, gx+80, gy+80, fill="white", width=0,
```

```
 tag="BG")
98              if maze[y][x] == 9:
99                  cvs.create_image(gx+40, gy+40, image=wall, tag="BG")
100     cvs.create_text(120, 40, text="STAGE "+str(stage), fill="white", font=("Times
 New Roman", 30, "bold"), tag="BG")
101     gx = 80*ix
102     gy = 80*iy
103     cvs.create_rectangle(gx, gy, gx+80, gy+80, fill="pink", width=0, tag="BG")
104     cvs.create_image(gx+60, gy+20, image=pen, tag="PEN")
105 
106 def erase_bg():
107     cvs.delete("BG")
108     cvs.delete("PEN")
109 
110 def move_pen():
111     global idx, tmr, ix, iy, key
112     bx = ix
113     by = iy
114     if key == "Left" and maze[iy][ix-1] == 0:
115         ix = ix-1
116     if key == "Right" and maze[iy][ix+1] == 0:
117         ix = ix+1
118     if key == "Up" and maze[iy-1][ix] == 0:
119         iy = iy-1
120     if key == "Down" and maze[iy+1][ix] == 0:
121         iy = iy+1
122     if ix != bx or iy != by:
123         maze[iy][ix] = 2
124         gx = 80*ix
125         gy = 80*iy
126         cvs.create_rectangle(gx, gy, gx+80, gy+80, fill="pink", width=0, tag="BG")
127         cvs.delete("PEN")
128         cvs.create_image(gx+60, gy+20, image=pen, tag="PEN")
129 
130     if key == "g" or key == "G" or key == "Shift_L":
131         key = 0
132         ret = tkinter.messagebox.askyesno("放棄", "重玩嗎？")
133         root.focus_force() #for Mac
134         if ret == True:
135             stage_data()
136             erase_bg()
137             draw_bg()
138 
139 def count_tile():
140     cnt = 0
141     for y in range(8):
142         for x in range(10):
143             if maze[y][x] == 0:
144                 cnt = cnt + 1
```

```
145     return cnt
146 
147 def game_main():
148     global idx, tmr, stage
149     if idx == 0: #初始化
150         stage_data()
151         draw_bg()
152         idx = 1
153     if idx == 1: #筆的移動與過關判定
154         move_pen()
155         if count_tile() == 0:
156             txt = "STAGE CLEAR"
157             if stage == 5:
158                 txt = "ALL STAGE CLEAR!"
159             cvs.create_text(400, 320, text=txt, fill="white", font=("Times New 
    Roman", 40, "bold"), tag="BG")
160             idx = 2
161             tmr = 0
162     if idx == 2: #過關
163         tmr = tmr + 1
164         if tmr == 30:
165             if stage < 5:
166                 stage = stage + 1
167                 stage_data()
168                 erase_bg()
169                 draw_bg()
170                 idx = 1
171     root.after(200, game_main)
172 
173 root = tkinter.Tk()
174 root.title("一筆畫成的迷宮遊戲")
175 root.resizable(False, False)
176 root.bind("<KeyPress>", key_down)
177 root.bind("<KeyRelease>", key_up)
178 cvs = tkinter.Canvas(root, width=800, height=640)
179 cvs.pack()
180 pen = tkinter.PhotoImage(file="pen.png")
181 wall = tkinter.PhotoImage(file="wall.png")
182 game_main()
183 root.mainloop()
```

「一筆畫成的迷宮遊戲」maze_game.py 的說明

這程式是從第 8 章的迷宮遊戲改良而來。

stage_data() 函數定義了 5 個關卡的迷宮資料，也會依照管理關卡的 stage 變數將各關卡的迷宮形狀存入二維列表 maze。

執行遊戲主要處理的 game_main() 函數會在索引值為 1 時讓蠟筆可以移動，也會判斷玩家是否填滿了迷宮的地板，接著會在索引值為 2 執行過關時的處理。若想複習索引值的使用方法，可翻至 Lesson 9-9。

這遊戲雖然只有 5 關，但只要在 stage_data() 函數新增迷宮資料，再改寫 157 列與 165 列的 if 條件式就能增加關卡了。

變數與函數的說明

變數名稱	用途
idx,tmr	管理遊戲流程的索引與計時器
stage	關卡編號
ix,iy	蠟筆的位置
key	玩家按下的按鍵
maze	儲存迷宮資料的列表

函數名稱	內容
key_down(e)	按下按鍵執行的功能
key_up(e)	放開按鍵執行的功能
stage_data()	設定各關卡的資料
draw_bg()	繪製畫面
erase_bg()	消除畫面
move_pen()	移動蠟筆
count_tile()	計算沒填滿的格子
game_main()	執行主要處理

我很少玩這種益智遊戲，但這遊戲又單純又好玩耶！

乍看之下很簡單，但也有很難的關卡呢！

只要改寫列表的迷宮資料，就能創造各種迷宮，也可以增加關卡喲！有機會可以試著增加自訂的迷宮。

下一個要製作的是英文單字學習軟體。

第 2 個遊戲 英文單字學習軟體

操作方法

- 以鍵盤輸入於畫面顯示的英文單字再按下 [Enter] 鍵。
- 可按下 [Delete] 鍵或 [BackSpace] 鍵重新輸入。

程式 ▶ **study_words.py**

```
1  import tkinter
2
3  FNT1 = ("Times New Roman", 12)
4  FNT2 = ("Times New Roman", 24)
5
6  WORDS = [
7  "apple", "蘋果",
8  "book", "書",
9  "cat", "貓",
10 "dog", "狗",
11 "egg", "雞蛋",
12 "fire", "火焰",
13 "gold", "金色",
14 "head", "頭",
15 "ice", "冰",
16 "juice", "果汁",
17 "king", "國王",
18 "lemon", "檸檬",
```

```
19 "mother", " 媽媽 ",
20 "notebook", " 筆記本 ",
21 "orange", " 橘子 ",
22 "pen", " 筆 ",
23 "queen", " 女王 ",
24 "room", " 房間 ",
25 "sport", " 體育 ",
26 "time", " 時間 ",
27 "user", " 使用者 ",
28 "vet", " 獸醫 ",
29 "window", " 窗戶 ",
30 "xanadu", " 桃花源 ",
31 "yellow", " 黃色 ",
32 "zoo", " 動物園 "
33 ]
34 MAX = int(len(WORDS)/2)
35 score = 0
36 word_num = 0
37 yourword = ""
38 koff = False #讓玩家將英文字母一一輸入答案的標誌
39
40 def key_down(e):
41     global score, word_num, yourword, koff
42     if koff == True:
43         koff = False
44         kcode = e.keycode
45         ksym  = e.keysym
46         if 65 <= kcode and kcode <= 90: #大寫英文字母
47             yourword = yourword + chr(kcode+32)
48         if 97 <= kcode and kcode <= 122: #小寫英文字母
49             yourword = yourword + chr(kcode)
50         if ksym == "Delete" or ksym == "BackSpace":
51             yourword = yourword[:-1] #利用這行程式刪掉尾巴的1個字母
52         input_label["text"] = yourword
53         if ksym == "Return":
54             if input_label["text"] == english_label["text"]:
55                 score = score + 1
56                 set_label()
57
58 def key_up(e):
59     global koff
60     koff = True
61
62 def set_label():
63     global word_num, yourword
64     score_label["text"] = score
65     english_label["text"] = WORDS[word_num*2]
66     japanese_label["text"] = WORDS[word_num*2+1]
67     input_label["text"] = ""
```

```
68        word_num = (word_num + 1)%MAX
69        yourword = ""
70
71    root = tkinter.Tk()
72    root.title("單字學習軟體")
73    root.geometry("400x200")
74    root.resizable(False, False)
75    root.bind("<KeyPress>", key_down)
76    root.bind("<KeyRelease>", key_up)
77    root["bg"] = "#DEF"
78
79    score_label = tkinter.Label(font=FNT1, bg="#DEF", fg="#4C0")
80    score_label.pack()
81    english_label = tkinter.Label(font=FNT2, bg="#DEF")
82    english_label.pack()
83    japanese_label = tkinter.Label(font=FNT1, bg="#DEF", fg="#444")
84    japanese_label.pack()
85    input_label = tkinter.Label(font=FNT2, bg="#DEF")
86    input_label.pack()
87    howto_label = tkinter.Label(text="輸入英文單字後按下[Enter]鍵\n重新輸入按下
      [Delete]或[BS]", font=FNT1, bg="#FFF", fg="#ABC")
88    howto_label.pack()
89
90    set_label()
91    root.mainloop()
```

「英文單字學習軟體」sutdy_words.py的說明

這程式不會用到掉落物拼圖或 RPG 的即時處理，算是等待使用者輸入再進行處理的事件驅動型軟體。事件驅動型軟體的製作方法在第 7 章（抽籤）與第 8 章（診斷遊戲）介紹過。

這程式的重點在於 key_down(e) 函數，這函數會在玩家按下按鍵時，執行在標籤新增英文字母的處理。為了讓玩家將英文字母一一輸入答案，特別宣告了 koff 變數。koff 的值會在玩家按下按鍵時變成 False，在玩家放開按鍵時變成 True，同時只有在 if koff == True 這條件式成立時（也就是先放開按鍵，再按下按鍵的時候），才能接收玩家按下的按鍵。

key_down() 函數設計成以 Delete 鍵或 BackSpace 鍵刪除文字的功能。51 列的變數 = 變數 [:-1] 可刪除變數裡的字串的最後一個字，之後會在玩家按下 Enter 鍵時判斷玩家輸入的字串是否與英文單字一致。

變數與函數的說明

變數名稱	用途
WORDS	定義英文單字與中文的意思
MAX	定義英文單字的數量 len()可傳回列表的元素數量
score	答對時加1
word_num	判斷正在輸入第幾個英文單字
yourword	使用者正在輸入的單字
koff	在放開按鍵時建立的標誌 為了讓玩家將英文字母一一輸入答案

函數名稱	內容
key_down(e)	按下按鍵時的處理
key_up(e)	放開按鍵時的處理
set_label()	在標誌顯示單字

這程式要增加幾個英文單字都可以，只需要在 WORDS 列表新增即可。一開始只放了一些國中程度的英文單字，之後大家可增加一些符合自己程度的單字喔！

我要放一些小考的英文單字！

這程式也能讓我記住鍵盤按鍵的位置耶！

對啊，要是有習慣打字的社團新成員，就能利用這程式幫助他們記住鍵盤的排列順序。

第 3 個遊戲 打磚塊

老師，接下來要開發原創遊戲了嗎？

對啊！讓我們動手開發吧！

要開發什麼呢？

我喜歡動作遊戲，能開發這種遊戲嗎？

1970 年代有個非常熱門的遊戲叫做「打磚塊」。雖然不算是動作遊戲，但也是反應要很快的遊戲，我想你們應該也會喜歡才對。讓我們試著開發這個遊戲。

啊！我知道「打磚塊」！我爸爸有在電腦玩，聽說是他小時候玩的遊戲耶！

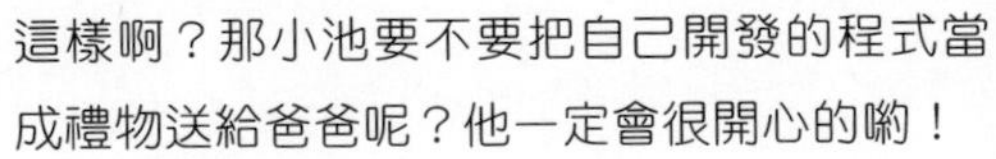

這樣啊？那小池要不要把自己開發的程式當成禮物送給爸爸呢？他一定會很開心的喲！

我的反應可是很敏銳的，老師趕快教我們怎麼開發吧！

規則

- 利用板子反彈球，利用反彈的球打破磚塊，全部打破就過關。
- 每打破一塊磚塊得 **10** 分，每反彈一次球得 **1** 分（若以板子左右兩側的邊角反彈得 **2** 分）。

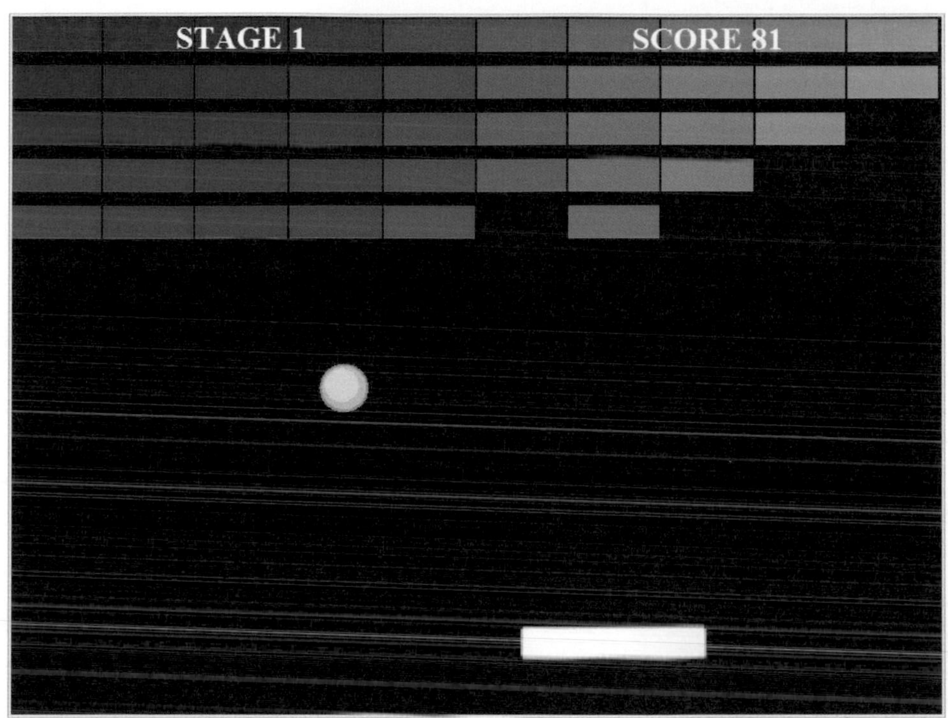

操作方法

利用鍵盤的方向鍵控制板子往左右移動。

- 攻略提示

利用板子的邊角反彈球，就能改變球的飛行角度。

程式 ▶ **block_game.py**

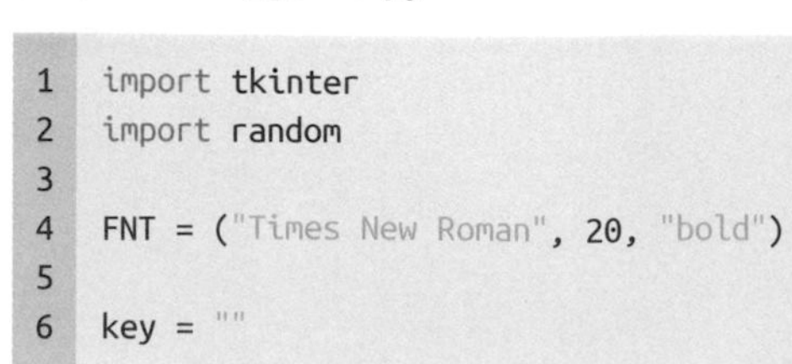

```
1  import tkinter
2  import random
3
4  FNT = ("Times New Roman", 20, "bold")
5
6  key = ""
```

```
7   keyoff = False
8   idx = 0
9   tmr = 0
10  stage = 0
11  score = 0
12  bar_x = 0
13  bar_y = 540
14  ball_x = 0
15  ball_y = 0
16  ball_xp = 0
17  ball_yp = 0
18  is_clr = True
19  
20  block = []
21  for i in range(5):
22      block.append([1]*10)
23  for i in range(10):
24      block.append([0]*10)
25  
26  def key_down(e):
27      global key
28      key = e.keysym
29  
30  def key_up(e):
31      global keyoff
32      keyoff = True
33  
34  def draw_block():
35      global is_clr
36      is_clr = True
37      cvs.delete("BG")
38      for y in range(15):
39          for x in range(10):
40              gx = x*80
41              gy = y*40
42              if block[y][x] == 1:
43                  cvs.create_rectangle(gx+1, gy+4, gx+79, gy+32, fill=block_color(x,y), 
    width=0, tag="BG")
44                  is_clr = False
45      cvs.create_text(200, 20, text="STAGE "+str(stage), fill="white", font=FNT, tag="BG")
46      cvs.create_text(600, 20, text="SCORE "+str(score), fill="white", font=FNT, tag="BG")
47  
48  def block_color(x, y): #利用format()命令轉換成16進位的值
49      col = "#{0:x}{1:x}{2:x}".format(15-x-int(y/3), x+1, y*3+3)
50      return col
51  
52  def draw_bar():
53      cvs.delete("BAR")
54      cvs.create_rectangle(bar_x-80, bar_y-12, bar_x+80, bar_y+12, fill="silver", 
    width=0, tag="BAR")
```

```
55      cvs.create_rectangle(bar_x-78, bar_y-14, bar_x+78, bar_y+14, fill="silver",
    width=0, tag="BAR")
56      cvs.create_rectangle(bar_x-78, bar_y-12, bar_x+78, bar_y+12, fill="white", width=0,
    tag="BAR")
57
58  def move_bar():
59      global bar_x
60      if key == "Left" and bar_x > 80:
61          bar_x = bar_x - 40
62      if key == "Right" and bar_x < 720:
63          bar_x = bar_x + 40
64
65  def draw_ball():
66      cvs.delete("BALL")
67      cvs.create_oval(ball_x-20, ball_y-20, ball_x+20, ball_y+20, fill="gold",
    outline="orange", width=2, tag="BALL")
68      cvs.create_oval(ball_x-16, ball_y-16, ball_x+12, ball_y+12, fill="yellow", width=0,
    tag="BALL")
69
70  def move_ball():
71      global idx, tmr, score, ball_x, ball_y, ball_xp, ball_yp
72      ball_x = ball_x + ball_xp
73      if ball_x < 20:
74          ball_x = 20
75          ball_xp = -ball_xp
76      if ball_x > 780:
77          ball_x = 780
78          ball_xp = -ball_xp
79      x = int(ball_x/80)
80      y = int(ball_y/40)
81      if block[y][x] == 1:
82          block[y][x] = 0
83          ball_xp = -ball_xp
84          score = score + 10
85
86      ball_y = ball_y + ball_yp
87      if ball_y >= 600:
88          idx = 2
89          tmr = 0
90          return
91      if ball_y < 20:
92          ball_y = 20
93          ball_yp = -ball_yp
94      x = int(ball_x/80)
95      y = int(ball_y/40)
96      if block[y][x] == 1:
97          block[y][x] = 0
98          ball_yp = -ball_yp
```

```
99              score = score + 10
100
101         if bar_y-40 <= ball_y and ball_y <= bar_y:
102             if bar_x-80 <= ball_x and ball_x <= bar_x+80:
103                 ball_yp = -10
104                 score = score + 1
105             elif bar_x-100 <= ball_x and ball_x <= bar_x-80:
106                 ball_yp = -10
107                 ball_xp = random.randint(-20, -10)
108                 score = score + 2
109             elif bar_x+80 <= ball_x and ball_x <= bar_x+100:
110                 ball_yp = -10
111                 ball_xp = random.randint(10, 20)
112                 score = score + 2
113
114     def main_proc():
115         global key, keyoff
116         global idx, tmr, stage, score
117         global bar_x, ball_x, ball_y, ball_xp, ball_yp
118         if idx == 0:
119             tmr = tmr + 1
120             if tmr == 1:
121                 stage = 1
122                 score = 0
123             if tmr == 2:
124                 ball_x = 160
125                 ball_y = 240
126                 ball_xp = 10
127                 ball_yp = 10
128                 bar_x = 400
129                 draw_block()
130                 draw_ball()
131                 draw_bar()
132                 cvs.create_text(400, 300, text="START", fill="cyan", font=FNT, tag="TXT")
133             if tmr == 30:
134                 cvs.delete("TXT")
135                 idx = 1
136         elif idx == 1:
137             move_ball()
138             move_bar()
139             draw_block()
140             draw_ball()
141             draw_bar()
142             if is_clr == True:
143                 idx = 3
144                 tmr = 0
145         elif idx == 2:
146             tmr = tmr + 1
147             if tmr == 1:
```

```
148                 cvs.create_text(400, 260, text="GAME OVER", fill="red", font=FNT, tag="TXT")
149             if tmr == 15:
150                 cvs.create_text(300, 340, text="[R]eplay", fill="cyan", font=FNT, tag="TXT")
151                 cvs.create_text(500, 340, text="[N]ew game", fill="yellow", font=FNT,
  tag="TXT")
152             if key == "r":
153                 cvs.delete("TXT")
154                 idx = 0
155                 tmr = 1
156             if key == "n":
157                 cvs.delete("TXT")
158                 for y in range(5):
159                     for x in range(10):
160                         block[y][x] = 1
161                 idx = 0
162                 tmr = 0
163         elif idx == 3:
164             tmr = tmr + 1
165             if tmr == 1:
166                 cvs.create_text(400, 260, text="STAGE CLEAR", fill="lime", font=FNT,
  tag="TXT")
167             if tmr == 15:
168                 cvs.create_text(400, 340, text="NEXT [SPACE]", fill="cyan", font=FNT,
  tag="TXT")
169             if key == "space":
170                 cvs.delete("TXT")
171                 for y in range(5):
172                     for x in range(10):
173                         block[y][x] = 1
174                 idx = 0
175                 tmr = 1
176                 stage = stage + 1
177 
178     if keyoff == True:
179         keyoff = False
180         if key != "":
181             key = ""
182 
183     root.after(50, main_proc)
184 
185 root = tkinter.Tk()
186 root.title("打磚塊")
187 root.resizable(False, False)
188 root.bind("<Key>", key_down)
189 root.bind("<KeyRelease>", key_up)
190 cvs = tkinter.Canvas(root, width=800, height=600, bg="black")
191 cvs.pack()
192 main_proc()
193 root.mainloop()
```

「打磚塊」block_game.py 的說明

打磚塊是利用 after() 命令執行即時處理的程式。

其中包含介紹過的處理，如下：

- 磚塊、板子、球都是利用繪製圖形的命令在 tkinter 的 Canvas 繪製圖形（第 6 章的專欄）
- 利用列表管理磚塊、利用鍵盤輸入移動板子（第 8 章）
- 利用索引與計時器管理遊戲流程（第 9 章）

這些都是開發正式遊戲所需的技術，若還不夠熟悉，可再翻閱複習。

這程式沒有使用 Pygame。其實大家已透過掉落物拼圖程式了解，只憑 Python 的標準模組 tkinter 就能做出畫面即時變化的動作遊戲。建議在製作小遊戲時使用 tkinter，製作比較困難的遊戲時才改用 Pygame。

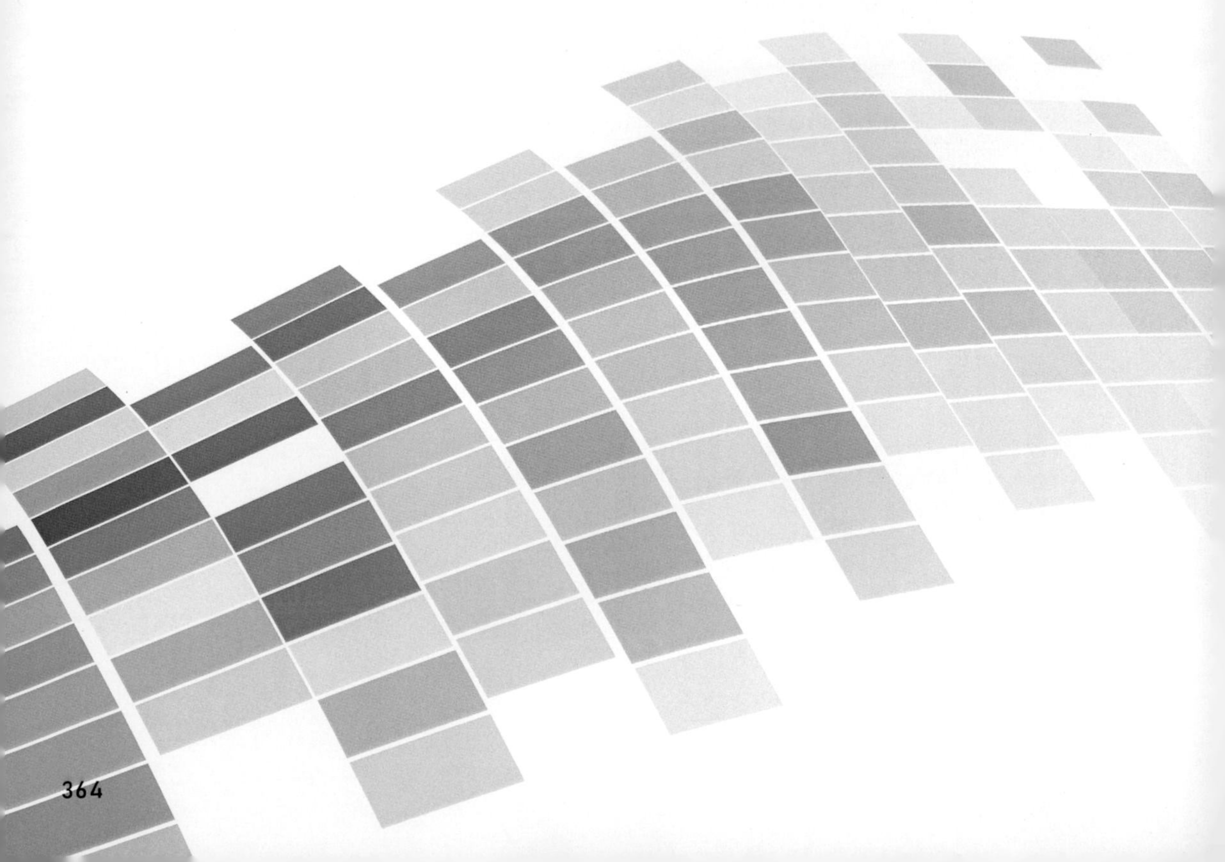

››› 變數與函數的說明

變數名稱	用途
key、keyoff	按鍵輸入
idx、tmr	管理遊戲流程的索引與計時器
stage	關卡編號
score	分數
bar_x、bar_y	板子的座標
ball_x、ball_y	球的座標
ball_xp、ball_yp	球的移動量
is_clr	過關時會 True 在顯示磚塊的時候設定為 False，藉此確認是否還有磚塊殘留
block	管理磚塊的列表

函數名稱	內容
key_down(e)	按下按鍵時的處理
key_up(e)	放開按鍵時的處理
draw_block()	繪製磚塊
block_color(x,y)	根據磚塊的位置設定 16 進的顏色 `col = "#{0:x}{1:x}{2:x}".format(15-x-int(y/3), x+1, y*3+3)` 會轉換成 16 進位再放進這裡
draw_bar()	繪製板子
move_bar()	移動板子
draw_ball()	繪製球
move_ball()	移動球 進行破壞磚塊與利用板子反彈的處理
main_proc()	執行主要處理

索引	內容
0	遊戲開始
1	遊戲進行中
2	遊戲結束
3	過關

啊，失誤了！

過 9 關了！

學長好厲害喔！

就說是我擅長的遊戲啊！

好像玩得很開心啊！

老師，我要把這遊戲帶回家送給爸爸，
說不定他會玩到半夜。

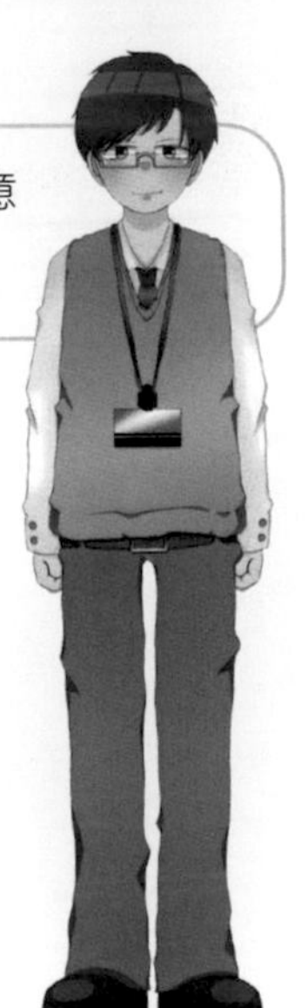

凡事還是要適可而止啦！要多注意
爸爸喲（笑）！

過 10 關了！

就這樣，池山高中 Python 研究部從製作遊戲開始活動。

一開始先學習 Python 的基礎，之後居然能開發「打磚塊」的遊戲，是不是很厲害呢？請大家試著玩玩這些遊戲，或是效法他們，利用本書的知識改造程式或是製作原創的遊戲。

POINT

可從本書的支援網站下載這些遊戲

Python 研究部製作的三個遊戲都附在本書的範例檔裡：「py_samples」→「Appendis」資料夾。

結語

感謝大家讀到最後，辛苦了。

我的夢想是寫一本有關電腦技術的書，而另一個夢想是寫一本開發遊戲的書。感謝 Sotech 公司的今村先生邀稿，我才有機會撰寫 JavaScript、Java 技術的相關書籍，及這本《Python 遊戲開發講座 》。由衷的感謝讓我有機會完成夢想的今村先生，他一直記得我想寫一本遊戲開發的書，當他突然告訴我「遊戲開發書的企劃通過」時，當天夜裡真的是喜不成眠，便決定既然要寫書，就要讓讀者真的學會寫遊戲的本事。

為了寫成遊戲開發初學者也能了解的內容，及避免初學者因為讀不懂而受挫，我在撰寫本書時，常請完全不同程式為何物的老婆閱讀原稿，感謝她在實際輸入程式後，指出特別難懂的部分，真的由衷感謝老婆願意助我一臂之力。

本書一直都是以構思遊戲創意→試寫程式，確認程式執行流程→讀者是否理解箇中道理的方式撰寫。雖然遇到很多挫折，但身為遊戲開發人員的我，非常享受寫書的過程，希望大家也能開心地讀完本書。

接著讓我稍微聊一下自己的遊戲開發經驗以及一些有助於開發遊戲的故事。大學畢業後，我就進入 Namco 服務。當時被分派到製作類似娃娃機或禮品機（機械式遊戲機）的部門，也因此走上遊戲規劃師與遊戲創意人員的道路。看來是因為我從機械工學科畢業，所以才被分派到製造機械式遊戲機的部門，但其實我最想做的是電視遊樂器軟體的遊戲企劃，所以剛開始工作的時候，覺得有點小小的遺憾。不過，當我在公司內部企劃比稿大賽提出的想法被採用及準備商品化時，瞬間覺得這份工作很有趣。為了讓這項企劃通過，我可說是以「亂槍打鳥」的心態，向公司提出了好多本企劃書，想必當時的上司光是看這些企劃就看得一個頭兩個大。

在這個部門待了很長一段時間後，我發現一些身為遊戲創意人員需要的基本素質。由於機械式遊戲機沒辦法執行太複雜的處理，所以在思考新產品的企劃時，一定要找出遊戲的趣味所在。這部分沒辦法利用圖片、音效或畫面效果矇混過關，如果遊戲很無聊，在簡報時，可是會被吐槽到體無完膚的（笑）。離開這個部門後，我開始製作電視遊樂器的軟體與手機應用程式，但不管是企劃哪種遊戲，我一定會從最基本的「趣味性」開始著手。感謝 Namco 的訓練，讓我能在日後的企業比稿時，清楚地說出「這個遊戲哪裡有趣」，我認為，這也讓比稿獲勝的機率提升不少。可見當年剛進公司，一心想去其他部門的我實在是太膚淺了。

希望上述的經驗談能幫助想成為遊戲創意人員的讀者，開始思考「遊戲的趣味性到底是什麼」的問題。假設是想成為專業的遊戲創意人員，請在撰寫企劃書或是開發遊戲時，訓練自己口頭簡報的能力，才能清楚說出自己的創意哪裡有趣。如果只是為了消遣開發遊戲，就不用想得太複雜，開發自己喜歡的遊戲就好。有時候我也會為了休閒而開發遊戲或是研究演算法，但這時候只寫自己喜歡的東西。「有興趣才能學得透」，只有持續做喜歡的事，技術才得以提升。

由衷感謝大家讀到最後，希望本書真能助一臂之力，就容我在此停筆。

廣瀨豪　2019 年初夏

索引

U

W

Y

2 劃

3 劃

4 劃

5 劃

6 劃

7 劃

8 劃

9 劃

10 劃

11 劃

Attention

範例檔的密碼

本書提供的範例檔是 ZIP 格式的檔案，也設定了解壓縮的密碼，請輸入下列的密碼解壓縮。

密碼：Pnohtyg

參與的遊戲創意人員

■ 白川彩華、水鳥川菫

原設計案：World Wide Software

插畫：生天目 麻衣

■ 第 6 章

巫女的插畫：巾 明日香

■ 第 7 章

貓咪圖示：廣瀨 將士

■ 第 9 章

掉落物拼圖的插畫：遠藤 梨奈

■ 第 11 ～ 12 章

標題標誌、插畫：IROTORIDORI

點陣圖設計：橫倉 太樹

音效：青木 晉太郎

■ **第 13 章**

戰士與忍者的插畫：SEKIRYUTA

■ **Appendix**

老師與學生的插畫：巾 明日香

■ **Prologue**

插畫：井上 敬子

■ **Special Thanks**

菊地 寬之老師（TBC 學院）

作者簡介

■ **廣瀨豪**

早稻田大學理工學部畢業。於 Namco 擔任遊戲規劃師、於任天堂與 KONAMI 的合辦公司擔任程式設計師與總監之後獨立創業，設立製作遊戲的 World Wide Software 股份有限公司，從事電視遊樂器軟體、業務用遊戲機、手機應用程式、網路應用程式及各種遊戲的開發。在經營公司的同時，也在教育機構指導程式設計與遊戲開發，及撰寫相關書籍。第一次開發遊戲是在國中時，之後就本著工作與興趣，以 C/C++、Java、JavaScript、Python 程式語言開發遊戲。著有《いちばんやさしい JavaScript 入門教室》、《いちばんやさしい Java 入門教室》（以上皆由 Sotech 公司出版）

Python 遊戲開發講座入門篇｜基礎知識與 RPG 遊戲

作　　者：廣瀨豪
譯　　者：許郁文
企劃編輯：莊吳行世
文字編輯：詹祐甯
設計裝幀：張寶莉
發 行 人：廖文良

發 行 所：碁峰資訊股份有限公司
地　　址：台北市南港區三重路 66 號 7 樓之 6
電　　話：(02)2788-2408
傳　　真：(02)8192-4433
網　　站：www.gotop.com.tw
書　　號：ACG006300
版　　次：2021 年 12 月初版
　　　　　2024 年 07 月初版五刷
建議售價：NT$750

國家圖書館出版品預行編目資料

Python 遊戲開發講座入門篇：基礎知識與 RPG 遊戲 / 廣瀨豪原著；許郁文譯. -- 初版. -- 臺北市：碁峰資訊, 2021.12
面；　公分
ISBN 978-626-324-033-9(平裝)
1.Python(電腦程式語言)
312.32P97　　110020011